Helmut Lindner

Strom

Erzeugung, Verteilung und Anwendung der Elektrizität

Deutsches Museum Rowohlt

rororo

Die Buchreihe zur Kulturgeschichte der Naturwissenschaften und der Technik entstand im Rahmen zweier Projekte am Deutschen Museum, die vom Bundesminister für Bildung und Wissenschaft und der Stiftung Volkswagenwerk finanziell unterstützt wurden.
Verantwortlich für Konzeption der Reihe: Bert Heinrich, Friedrich Klemm †, Michael Matthes, Jürgen Teichmann.
Die Interpretation der Fakten gibt die Meinung des Autors, nicht die des Deutschen Museums wieder.
Redaktion im Deutschen Museum: Bert Heinrich
Bildredaktion: Ludvik Vesely
Bildrechte: Albrecht Hoffmann
Redaktionsassistenz: Edeltraut Hörndl

Diese Veröffentlichung wurde mit Mitteln des Bundesministers für Bildung und Wissenschaft gefördert.

Originalausgabe
Umschlagentwurf: Werner Rebhuhn
(Gr. Bild: Magnetelektrische Maschine der Gesellschaft Alliance, System Nollet, 1859. Aus den Sammlungen des Deutschen Museums.
Kl. Bild: Lichtschalter, Ende des 19. Jahrhunderts.
Aus den Sammlungen des Deutschen Museums. Beide Fotos: Bildstelle des Deutschen Museums, München)
Radaktion: Jürgen Volbeding
Layout: Edith Lackmann
Veröffentlicht im Rowohlt Taschenbuch Verlag GmbH, Reinbek bei Hamburg, April 1985

Satz Times (Linotron 202)
Gesamtherstellung Clausen & Bosse, Leck
Printed in Germany
1680-ISBN 3 499 17723 4

Inhalt

1. Einleitung

In der Einleitung einer allgemein verständlichen Einführung in die Erzeugung und Anwendung der Elektrizität in Industrie und Gewerbe kurz vor der Wende zum 20. Jahrhundert heißt es:

«Wenn wir aus der Gegenwart rückwärts schauend die Reihe der Jahrhunderte bis in das Dunkel sagenhafter Vorzeit überblicken und die Entwickelung der menschlichen Kultur vor dem geistigen Auge vorüberziehen lassen, so fällt uns auf, wie das Gangmaß dieser Entwickelung mit dem Eintritt unsres Jahrhunderts beschleunigt wird, so daß das Jahr 1800 als ein Wendepunkt der Geschichte, als der Abschluß eines alten Jahrtausends erscheint. Nicht ungeheure Kriege sind es oder gewaltige Umgestaltungen in den staatlichen Verbänden der Menschen oder neue große sittliche Ideen, welche die großen in alle menschlichen Verhältnisse eingreifenden Veränderungen der Gegenwart bedingen, sondern es ist der sich immer weiter entfaltende Kampf der Menschen gegen die Naturkräfte und die fortschreitende Unterwerfung dieser Tyrannen unter den menschlichen Willen. Eine ununterbrochene, immer dichter werdende Reihe von Siegen vermehrt von Jahr zu Jahr die Macht und den Besitz der Menschheit und gibt ihr neue und stets wirksamere Waffen für den Kampf in die Hand.

Jeder solcher Sieg wirkt umgestaltend auf die menschlichen Verhältnisse zurück, in dem er die Erwerbs- und Verkehrsbedingungen ändert, und manches geht dabei in Trümmer, was sich in Jahrhunderten eingelebt und durch die Bande der Gewöhnung und der Erinnerung mit dem Denken und Fühlen der Menschen verbunden hat. Daher denn die Unruhe und die Kämpfe unserer Tage; sie sind unfroh, aber sie sind groß» (Wilke, 1899 S. 1).

Diesen optimistischen Standpunkt eines Ingenieurs um 1900 können wir heute nicht mehr uneingeschränkt teilen, wie die Diskussion über das Energieproblem und die Einführung der Mikroelektronik zeigt. Je nach Interessenlage finden sich Befürworter und Gegner bei der Einführung einer neuen Technik. Häufig wird dabei auf verschiedenen Ebenen argumentiert. Der Techniker sieht einen Fortschritt, wenn zum Beispiel ein bestimmtes technisches Problem gelöst oder der Wirkungsgrad einer Maschine erhöht wird. Ein Handwerker oder ein Unternehmer, der mit alten Techniken produziert, fühlt sich durch eine neue Technik in seiner Existenz bedroht. Die Reihe könnte man beliebig fortsetzen und an Beispielen aus der Geschichte illustrieren.

Gegen Ende des 19. Jahrhunderts, das oft als das Zeitalter des Dampfes bezeichnet wird, fand eine neue Energieform, die Elektrizität, Anwendung in den verschiedensten Bereichen. Die Erzeugung, Verteilung und Anwendung der elektrischen Energie im 19. und beginnenden 20. Jahrhundert sind Gegenstand dieses Buchs. Eine Beschränkung auf wesentliche Entwicklungslinien in Deutschland mußte bei der Fülle der Details vorgenommen werden. Obwohl die Geschichte der Elektrotechnik nicht einmal zwei Jahrhunderte umfaßt, so ist sie doch weit weniger technikgeschichtlich und wirtschaftsgeschichtlich aufgearbeitet als andere Gebiete wie etwa der Maschinenbau oder der Bergbau. Die Nachrichtentechnik wurde hier ausgeklammert, da sie in einem anderen Band der Reihe (Rolf Oberliesen: Information, Daten und Signale. Geschichte technischer Informationsverarbeitung. Reinbek 1982, rororo-Taschenbuch 7709) behandelt wurde. Die Elektrizität als Sekundärenergie ist bei ihrer Erzeugung (genaugenommen wird Energie nicht erzeugt, sondern nur von einer Energieform in eine andere umgewandelt) auf Primärträger angewiesen. Diese sind Gegenstand eines weiteren Buches der Reihe (Jochim Varchmin/Joachim Radkau: Kraft, Energie und Arbeit. Energie und Gesellschaft. Reinbek 1981, rororo-Taschenbuch 7701).

Im Gegensatz zu anderen Technikdisziplinen besitzt die Elektrotechnik (elektrische Nachrichtentechnik und Starkstromtechnik) einen wissenschaftlichen Vorlauf.

Im 17. und 18. Jahrhundert wurde eine Vielzahl von elektrischen und magnetischen Phänomenen beobachtet und versucht, ihre Gesetzmäßigkeiten zu erfassen und darüber Theorien aufzustellen. Ein wichtiges Hilfsmittel für die Untersuchungen war die Elektrisiermaschine, die die Reibungselektrizität für die Versuche lieferte. Eine praktische Verwertung der Ergebnisse gab es mit Ausnahme des Blitzableiters nicht.

Im ersten Drittel des 19. Jahrhunderts erfolgten die Entdeckungen und Erfindungen, die für die ersten technischen Anwendungen ausreichten.

Im zweiten Drittel des 19. Jahrhunderts wurde die Elektrizität dort zum erstenmal angewandt, wo ein Bedürfnis bestand und sie der herkömmlichen Technik überlegen war: auf dem Gebiet der Nachrichtentechnik. Das Interesse der Eisenbahn- und Staatsverwaltungen, des Militärs und des Handels vor dem Hintergrund der allgemeinen Industrialisierung förderte den Aufschwung des Telegrafenwesens, in dessen Folge eine Anzahl von Firmen für die Produktion der Apparate und Kabel entstanden. Von der Elektrizitätslehre als Teil der Physik spaltete sich die angewandte Elektrizitätslehre ab, deren Ergebnisse sich in den Lehrbüchern für Telegrafie niederschlugen. Grundkenntnisse der Elektrizitätslehre reichten für die Konstruktion aus, gefragt war in erster Linie der Feinmechaniker für die technische Realisierung.

Völlig erfolglos blieben die Versuche, elektromagnetische Maschinen, also Elektromotoren, der praktischen Verwendung zuzuführen. Die Batterien für ihren Antrieb waren so kostspielig, daß sie gegenüber den herkömmlichen Antriebsarten keinerlei Chance hatten. Die magnetelektrischen Maschinen, die Generatoren, zeigten ähnliche Nachteile und konnten sich nur in speziellen Fällen bei der Versorgung von Bogenlampen oder in galvanischen Anlagen behaupten. Die verhängnisvolle Behauptung, daß im System Stromerzeuger–Stromverbraucher höchstens ein Wirkungsgrad von 50 Prozent möglich sei, ließ alle Verbesserungen letztlich als unwirtschaftlich erscheinen.

Die Erfindung der Dynamomaschine, als Motor und Generator gleichermaßen zu verwenden, leitete im letzten Drittel des 19. Jahrhunderts die Starkstromtechnik ein, die ihre ersten Erfolge auf dem Gebiet der Beleuchtung und in Konkurrenz zum Gas erzielte. Auf Weltausstellungen und internationalen Elektrizitätsausstellungen stellte die junge Elektrotechnik – diese Bezeichnung wurde 1879 geprägt – ihre Erzeugnisse ins rechte (elektrische) Licht und warb vor einer breiten Öffentlichkeit für ihre Produkte. In dieser Zeit wurden elektrotechnische Vereine gegründet, eigene elektrotechnische Fachzeitschriften herausgegeben und Lehrstühle der Elektrotechnik an den technischen Hochschulen errichtet. Mit dem Bau elektrischer Zentralen und der Einführung von Glühlampen drang die elektrische Beleuchtung in die Städte ein und machte der Gasbeleuchtung das Leben schwer. Kaum war die Starkstromtechnik auf der Basis des Gleichstroms etabliert, kamen Wechselstrom und Drehstrom auf, die die Fernübertragung elektrischer Energie einleiteten und die Vernetzung der verschiedenen Anlagen ermöglichten. Damit waren die technischen Grundlagen gegeben, die einzelnen Elektrizitätswerke zu einem Verbundsystem zusammenzufassen. Ein Netz von Hochspannungsleitungen überzog bald Deutschland ähnlich dem bereits vorhandenen Telegrafen- und Fernsprechnetz.

Strom kommt zwar aus der Steckdose, aber sein Weg ist weiter, nicht nur räumlich, auch zeitlich gesehen reicht er weit zurück. Dieses Buch soll dazu beitragen, diesen Entwicklungsgang zu erhellen. Es möchte ein Einstieg in die Geschichte der Elektrotechnik sein, von der hier nur ein kleiner und vorwiegend auf Deutschland bezogener Teil sichtbar gemacht werden kann.

In diesem Buch werden verschiedene Bezeichnungen verwendet, sie bedeuten im einzelnen:

V	Volt	Einheit der elektrischen Spannung
kV	Kilovolt	1000 V
A	Ampere	Einheit der elektrischen Stromstärke
W	Watt	Einheit der elektrischen Leistung
kW	Kilowatt	1000 W
MW	Megawatt	1000000 W
kWh	Kilowattstunde	Einheit der elektrischen Arbeit
PS	Pferdestärke	frühere Einheit der Leistung von Maschinen und Motoren; Umrechnung in die heutige Bezeichnung: 1 PS = 0,736 kW
min^{-1}		Umdrehungen pro Minute; frühere Bezeichnung: U/min

2. Zeittafel

Zeit	Entwicklung der Elektrotechnik	Zeit	Allgemeinhistorische, gesellschaftliche und technische Daten

Die Geschichte der Elektrotechnik ist reich an Mehrfacherfindungen, so daß manche Entdekkung oder Erfindung von mehreren Personen beansprucht wird.

	In der Antike sind der Bernstein und der Magneteisenstein bekannt.		
2. Jh. n. Chr.	Kompaß für die Südweisung im Landverkehr in China bekannt.		
4. Jh. n. Chr.	Kompaß für Seefahrer in China nachweisbar.		
		1096 bis 1291	Zeit der Kreuzzüge.
Ende d. 12. Jh.	Kompaß im Abendland bekannt.	Ende d. 12. Jh.	Gründung der ersten Universitäten.
		Um 1235	Bauhüttenbuch des Villard de Honnecourt mit Beschreibung eines mechanischen Perpetuum mobile.
1269	Brief über den Magneten von Petrus Peregrinus mit der Beschreibung eines magnetischen Perpetuum mobile.		
		Um 1320	Einsatz von Feuerwaffen.
		Um 1445	Gutenberg erfindet den Buchdruck mit beweglichen Lettern.
		1492	Entdeckung Amerikas durch Columbus.
		1517	Thesenanschlag Luthers.
		1543	Kopernikus: ‹*Über die Umwälzungen der Himmelskörper*›.
Um 1550	Cardano bezeichnet Unterschiede und Gemeinsamkeiten von Bernstein und Magneteisenstein.		
		1588	Niederlage der spanischen Armada. England wird größte Seemacht.
1600	Gilbert: ‹*De magnete*›. Die Erde wird als Magnet aufgefaßt. Nadelelektroskop als Anzeigeinstrument für die Reibungselektrizität.		
		1609	Kepler faßt die Sonne als Zentralmagnet auf.
		1618 bis 1648	Dreißigjähriger Krieg.
		1662	Gründung der Royal Society in London.
		1666	Gründung der Académie des Sciences in Paris.

Zeit	Entwicklung der Elektrotechnik	Zeit	Allgemeinhistorische, gesellschaftliche und technische Daten
1672	v. Guericke untersucht die elektrischen Erscheinungen an einer geriebenen Schwefelkugel (Elektrisiermaschine?).		
1675	Picard nimmt Leuchterscheinungen bei bewegtem Quecksilber wahr.		
		2. H. d. 17. Jh.	Newton und Leibniz schaffen die Grundlagen der Infinitesimalrechnung.
		1700	Gründung der Akademie der Wissenschaften in Berlin.
1705	Hauksbee baut den Prototyp der Elektrisiermaschine.B		
		1728	Erster Schiffschronometer von Harrison für die Längenbestimmung auf See.
1729	Gray stellt den Unterschied zwischen elektrischen Leitern und Nichtleitern bei Reibungselektrizität fest.		
1733	du Fay führt die Bezeichnungen harzige Elektrizität und Glaselektrizität ein.		
nach 1740	Leipziger Professoren konstruieren brauchbare Elektrisiermaschinen.		
		1742	Celsius führt die nach ihm benannte Thermometerskala ein.
1745	Leidener/Kleistsche Flasche von Muschenbroek/Kleist.		
1749/50	Franklin erfindet den Blitzableiter.		
		1751 bis 1780	Französische Enzyklopädie von Diderot und d'Alambert herausgegeben.
		Um 1760	Beginn der Industriellen Revolution in England.
1767	Priestley: *‹Geschichte und gegenwärtiger Zustand der Elektrizität›*.		
		1769	Patenterteilung für die Dampfmaschine von Watt.
		1776	Amerikanische Unabhängigkeitserklärung. Begründung der Technologie als Wissenschaft durch Beckmann.
1778	Arbeiten Voltas über Ladungsmenge und Spannung.		
		1783	Erster Aufstieg der Brüder Montgolfier mit einem Heißluftballon.
1784	van Marum baut eine große Scheibenelektrisiermaschine.		
		1789	Französische Revolution.
1791	Galvani: *‹Abhandlung über die Kräfte der Elektrizität bei der Muskelbewegung.›*		

Zeit	Entwicklung der Elektrotechnik	Zeit	Allgemeinhistorische, gesellschaftliche und technische Daten
		1792	Gasbeleuchtung durch Murdoch in einer englischen Fabrik.
		1794	Gründung der École Polytechnique in Paris.
1800	Volta veröffentlicht die Konstruktion der nach ihm benannten Voltaschen Säule.		
1803	Ritter baut eine Ladungssäule.		
		1804	Bonaparte als Napoleon I. zum französischen Kaiser gekrönt.
1807	Davy gelingt die Gewinnung von Kalium und Natrium auf elektrischem Wege.		
		1809	Elektrochemischer Telegraf von Sömmerring.
1812	Davy erzeugt einen Lichtbogen zwischen zwei Kohlestiften (elektrische Bogenlampe).		
		1813/14	Befreiungskrieg gegen Napoleon I.
		1814/15	Gasbeleuchtung in London/Paris.
		1815	Gründung des Deutschen Bundes.
1820	Oersted entdeckt die Ablenkung einer Magnetnadel durch einen stromdurchflossenen Leiter. Ampére, Biot und Savart stellen dafür die mathematischen Gesetze auf.		
1820	Schweigger erfindet den Multiplikator (Galvanometer) und verwendet dabei isolierten Draht. Ampére's Solenoid (schraubenförmige Drahtwicklung) weist dieselben Eigenschaften wie ein Stabmagnet auf.		
1821	Faraday entdeckt die elektromagnetische Rotation. Seebeck weist die Thermoelektrizität nach.		
1822	Barlowsches Rad.		
1825	Sturgeon baut den ersten Elektromagneten (wichtigstes Element aller elektrischen Maschinen).	1825	Eisenbahnstrecke Stockton–Darlington eröffnet.
		1825/26	Erste Gasanstalten in Deutschland (Hannover/Berlin).
1826	Ohm veröffentlicht sein Gesetz in einer Zeitschrift.		
1827	Ohm: ‹*Die galvanische Kette*›.		
1831	Faraday entdeckt die elektromagnetische Induktion. Hin- und herwippender Elektromagnet von Henry. Dal Negros elektromagnetisches Pendel.	ab 1831	Verstärkte Erforschung des Erdmagnetismus durch Gauß und Weber.
1832	Pixii baut die erste magnetelektrische Maschine (Generator) für Wechselstrom.	1832/33	Bau einer optischen Telegrafenlinie von Berlin über Köln nach Koblenz.

Zeit	Entwicklung der Elektrotechnik	Zeit	Allgemeinhistorische, gesellschaftliche und technische Daten
1833	Ritchie verwendet einen Kommutator für die Stromabnahme. Ritchies rotierender Elektromagnet. Lenz erkennt die Umkehrbarkeit von Generator und Motor. Faraday weist die Identität verschiedener Elektrizitätsarten nach.	1833	Elektromagnetischer Telegraf von Gauß und Weber in Göttingen.
1833/34	Faraday formuliert die Grundgesetze der Elektrolyse.	1834	Jacobi baut in Königsberg seine erste elektromagnetische Maschine.
1835	Saxton: Magnetelektrische Maschine. Jacobi: ‹*Denkschrift über die Anwendung des Elektromagnetismus zur Bewegung von Maschinen*›. Clarke führt mit seinem Generator mit verbessertem Kommutator einen Kraftübertragungsversuch durch.	1835	Erste deutsche Eisenbahn zwischen Nürnberg und Fürth. Fotografisches Verfahren von Daguerre.
1836	Konstantes Element von Daniell.		
1837	Wagnerscher Hammer.		
1838	Lenz und Jacobi: ‹*Über die Gesetze der Elektromagnete*›. Jacobi führt sein Schiff mit Elektromotor in Petersburg vor.		
1839	Konstantes Element von Grove.		
1840	Jacobi: ‹*Prinzipien der elektromagnetischen Maschinen*›. Jacobi: ‹*Galvanoplastik*›.	1840	Agrikulturchemie von Liebig.
1841	Konstantes Element von Bunsen.		
1841	Deutsche Bundesversammlung setzt Prämie von 100000 Gulden für den Bau einer erfolgreichen elektromagnetischen Maschine aus.		
1842	Joule bestimmt experimentell das elektrische Wärmeäquivalent.		
		1843	Erste Morse-Telegrafenlinie in den USA.
1844	Prüfung der elektromagnetischen Maschine von Wagner. Woolrich baut einen Generator für elektrochemische Zwecke mit dem nach ihm benannten Anker. Foucault verwendet Retortenkohle für Bogenlampen. Beleuchtung des Place de la Concorde mit Foucaultschen Bogenlampen.		
1845	Kirchhoff stellt die Gesetze für Stromverzweigung auf.	um 1845	Formulierung des Energieerhaltungssatzes.
1847	Siemens und Halske gründen eine Telegrafen-Bauanstalt in Berlin.		

Zeit	Entwicklung der Elektrotechnik	Zeit	Allgemeinhistorische, gesellschaftliche und technische Daten
		1848	Kommunistisches Manifest von Marx und Engels. Märzrevolution in Deutschland und Österreich. Elektrische Staatstelegrafie in mehreren deutschen Staaten.
1849 bis 1853	Nollet schafft die Grundform der Alliance-Maschine.		
1849	Bogenlampe mit Regulierung für Opernaufführung.		
1851	Foucault beschreibt die elektrischen Wirbelströme. Rühmkorff erfindet den Funkeninduktor. Hjorth entdeckt das Prinzip des induktiven Aufschaukelns von Strom und Magnetfeld bei Maschinen mit zusätzlicher Selbsterregung.	1851	1. Weltausstellung in London.
		1853 bis 1856	Krimkrieg.
1854/55	Glühlampe von Göbel.	1855	Massenherstellung von Gußstahl durch Bessemer.
1856	Holmes entwickelt einen Generator, ähnlich der Alliance-Maschine. Siemens erfindet den Doppel-T-Anker.		
1859	Praktische Ausführung des von Sinsteden 1854 erfundenen Bleiplattenakkumulators durch Planté.	1859	Darwin: ‹*Über die Entstehung der Arten durch natürliche Zuchtwahl*›.
1860	Magnetelektrische Maschine mit geschlossener Ringwicklung von Pacinotti.	1860	Gasmotor von Lenoir.
		1862	Bismarcks Berufung zum Ministerpräsidenten von Preußen.
1863	Alliance-Maschine für Leuchtturm bei Le Havre.		
		1864	Siemens-Martin-Stahlverfahren. Deutsch-dänischer Krieg.
1866	Mehrfacherfindung der dynamoelektrischen Maschine durch Siemens, Wheatstone und Varley. Siemens erkennt deren technische Bedeutung.	1866	Krieg zwischen Preußen und Österreich.
1867	Siemens teilt das dynamoelektrische Prinzip der Berliner Akademie mit.		
		1867	Gründung des Norddeutschen Bundes unter der Führung Preußens. Erfindung des Dynamits durch Nobel.
1869	Gramme erhält ein Patent für den Ringanker.		
		1870/71	Deutsch-französischer Krieg.

Zeit	Entwicklung der Elektrotechnik	Zeit	Allgemeinhistorische, gesellschaftliche und technische Daten
		1871	Gründung des Deutschen Reiches.
		1871 bis 1873	Gründerzeit.
1872	Trommelanker mit geschlossener Wicklung von v. Hefner-Alteneck. Gramme: Bürsten für die Stromabnahme aus Drahtbündeln.	1872	Beginn des Kulturkampfes in Deutschland, Auseinandersetzung zwischen Staat und kath. Kirche.
1873	Maxwell: ‹*A treatise on electricity and magnetism*› (deutsch 1883).		
1876	Jablotschkowsche Kerze	1876	Telefon von Bell.
1877	Straßenbeleuchtung in Paris mit Kerzen von Jablotschkow.	1877	Deutsches Patentgesetz.
1878	Differentialbogenlampe von v. Hefner-Alteneck.	1878	Gründung des Weltpostvereins. Sozialistengesetz Bismarcks gegen deutsche Sozialdemokraten.
1879	Siemens prägt den Begriff «Elektrotechnik». Erfolgreiche Vorführung einer elektrischen Eisenbahn auf der Berliner Gewerbeausstellung durch Siemens. Glühlampen mit Kohlefaden von Edison und Swan. ‹*Zeitschrift für angewandte Electricitätslehre*›. Gründung des Elektrotechnischen Vereins in Berlin.		
1880	‹*Elektrotechnische Zeitschrift*›. Edison'sches Beleuchtungssystem. Siemens & Halske: Elektrischer Aufzug in Mannheim.		
1881	Elektrotechnische Ausstellung in Paris, Vorführung der Edisonschen Glühlampe. Rathenau erwirbt die Edison-Patente für Deutschland. Faure verwendet Bleioxid bei Akkumulatoren. Elektrische Straßenbahn in Berlin-Lichterfelde von Siemens & Halske.	1881	Erste Fernsprechvermittlung in Berlin. Erste Berechnung der Elementarladung.
1882	Halbjähriger Versuch einer Straßenbeleuchtung mit Glühlampen in Berlin durch Siemens & Halske. Straßenbeleuchtung mit Bogenlampen in Berlin. Gründung der «Gelegenheits-Gesellschaft» zur Einführung der Glühlichtbeleuchtung von Edison. Internationale Elektrizitätsausstellung in München mit der elektrischen Gleichstromkraftübertragung von Miesbach nach München.		

Zeit	Entwicklung der Elektrotechnik	Zeit	Allgemeinhistorische, gesellschaftliche und technische Daten
	Öffentliches Kraftwerk in New York von Edison erbaut. Transformatorsystem mit in Reihe geschalteten Primärwicklungen von Gaulard und Gibbs. Kittler erhält den ersten elektrotechnischen Lehrstuhl in Deutschland an der TH Darmstadt.		
1883	Edison und Hopkinson bauen ein Dreileitersystem zur Stromverteilung. Internationale Elektrizitätsausstellung in Wien. Akkumulator von Tudor. Gründung der «Deutschen Edison Gesellschaft für angewandte Elektricität» (DEG)	1883	Dampfturbine von Laval; Benzinmotor von Daimler und Maybach.
1884	Blockstation der DEG in der Friedrichstraße in Berlin. Menges gibt Kompensationswicklung für Gleichstrommaschinen an.		
1885	Betriebseröffnung des Kraftwerkes Markgrafenstraße in Berlin. Rotten schlägt Wendepole für große Kommutatormaschinen vor. Ferraris: Drehfeld. Zipernowsky, Déri und Blathy konstruieren Transformatoren für Parallelschaltung. Lichtbogenschweißverfahren von Benardos.	1885/91	Gasglühlicht von Auer von Welsbach.
1886	Widerstandsschweißung von Thomson. Schmelzflußelektrolyse von Héroult zur Gewinnung von Aluminium. J. und E. Hopkinson entwickeln Methoden zur Vorausberechnung elektrischer Maschinen. Deprez führt Kraftübertragungen mit hochgespannten Gleichströmen durch.		
1887	Gründung der «Allgemeinen Elektricitäts-Gesellschaft» (AEG) in Berlin. Drehstromsystem von Haselwander.	1887	Schallplatte von Berliner. Gründung der Physikalisch-Technischen Reichsanstalt in Berlin.
1888	Verfahren der AEG zur fabrikmäßigen Gewinnung von Reinaluminium.	1888	Dreikaiserjahr: Wilhelm I., Friedrich III., Wilhelm II.
1889	Drehstrommotor mit Kurzschlußläufer von Dolivo-Dobrowolsky. Ferraris' Zweiphasen-Elektromotor.	1889	v. Lilienthal: *‹Der Vogelflug als Grundlage der Fliegekunst›*. Fertigstellung des Eiffelturmes.

Zeit	Entwicklung der Elektrotechnik	Zeit	Allgemeinhistorische, gesellschaftliche und technische Daten
1890	Drehstrommotor mit Schleifringanlasser von Dolivo-Dobrowolsky. Brown führt die Ölisolation bei Transformatoren ein. de Ferranti baut eine Wechselstromzentrale in Deptford bei London mit 10000 V.		
		1890	Entlassung Bismarcks.
1891	Internationale Elektrotechnische Ausstellung in Frankfurt a. M.; Systemstreit Wechselstrom – Gleichstrom; Drehstrom-Kraftübertragung von Lauffen nach Frankfurt. Warburg und Steinmetz veröffentlichen Arbeiten zur Hysterese.		
		1892	Tod Werner von Siemens', Autobiographie: *‹Lebenserinnerungen›*.
1893	Verband Deutscher Elektrotechniker (VDE).		
1894	Schirmgenerator von Brown.		
		1895	Entdeckung der Röntgenstrahlen.
1896	VDE gibt Sicherheitsvorschriften heraus. Kraftübertragung von den Niagarafällen nach Buffalo. Anfänge der Berliner Hochbahn. Elektrische U-Bahn-Linie von Siemens & Halske in Budapest.	1896	Entdeckung der Radioaktivität.
1897	Drehstromüberlandzentrale Oberspree bei Berlin.		
1898	Nernstsche Glühlampe. Osmium-Glühlampe von Auer von Welsbach.		
		1899	Promotionsrecht für Technische Hochschulen.
1901	Gumlich entwickelt Eisenbleche mit hohem spezifischen Widerstand gegen Wirbelstromverluste.	1901	Drahtlose Telegrafie durch Marconi.
1901 bis 1903	Studiengesellschaft für elektrische Schnellbahnen; Versuche mit Drehstromtriebwagen auf der Strecke Marienfelde–Zossen, Geschwindigkeit über 200 km/h.		
1902	Eröffnung der Berliner U-Bahn.		
1903	RWE setzt Zweimegawatt-Dampfturbine zur Gewinnung von Drehstrom ein. Bau elektrischer Vollbahnlokomotiven durch Siemens und AEG. Brauchbare Wechselstrommotoren für Bahnzwecke. Gesteuerter Quecksilberdampfgleichrichter von Cooper-Hewitt.	1903	Erster Motorflug der Gebrüder Wright. Gründung des Deutschen Museums durch v. Miller.

Zeit	Entwicklung der Elektrotechnik	Zeit	Allgemeinhistorische, gesellschaftliche und technische Daten
		1904	Radar von Hülsmeyer.
1905	Wolframdraht für elektrische Glühlampen.	1905	Spezielle Relativitätstheorie von Einstein.
1913	Großkraftwerk «Goldenbergwerk» für Braunkohle.	1913	Ammoniakherstellung nach dem Haber-Bosch-Verfahren.
		1914 bis 1918	Erster Weltkrieg.
1915	Großkraftwerk Zschornewitz.	1915	Verwendung von Giftgas.
		1916	Einstein veröffentlicht seine Allgemeine Relativitätstheorie.
		1917	Oktoberrevolution in Rußland.
1918	Errichtung einer Fernstromleitung von Zschornewitz nach Berlin.		
1919	Sozialisierungsgesetz für die Energieversorgung.	1919	Unterzeichnung des Versailler Friedensvertrages.
		1923	Rundfunk in Deutschland.
1924	Inbetriebnahme des Walchenseekraftwerkes.		
1926	Klingenberg-Kraftwerk bei Berlin mit Dampfturbinen für 270000 kW.		
1930	Gutachten von v. Miller über die Reichselektrizitätsversorgung.		
1933	Elektrowärmeausstellung in Essen.	1933	Machtergreifung Hitlers.
1934	Gründung des Reichsverbandes der Elektrizitätsversorgung.		
1935	Energiewirtschaftsgesetz.		
		1938	Entdeckung der künstlichen Kernspaltung.
		1939 bis 1945	Zweiter Weltkrieg.

3. Wissenschaftliche Grundlagen: Die Elektrizitätslehre

Magnetismus und Elektrizität bis zum Ende des 18. Jahrhunderts

Elektrizität und Magnetismus waren in der Antike in zwei Erscheinungsformen bekannt. Geriebener Bernstein zog leichte Körper an und ein Magneteisenstein Eisen. Den Schlag elektrischer Fische, Gewitterblitze oder das Elmsfeuer an den Masten der Schiffe brachte man damit nicht in Verbindung. Das Gemeinsame der Erscheinungen wurde erst im 18. und 19. Jahrhundert erkannt. Technische Anwendungen, mit Ausnahme der Elektrizität bestimmter Fische für medizinische Zwecke, gab es bei den Griechen und Römern nicht.

Der Kompaß im Mittelalter

Gegen Ende des 12. Jahrhunderts tauchten im Abendland Berichte über eine magnetische Nadel auf, die den Seeleuten bei Nebel und Dunkelheit die Richtung weist. Keiner der Autoren konnte Genaueres über die Herkunft des Kompasses sagen. Wahrscheinlich brachten ihn Kreuzritter oder Handelsreisende aus dem Morgenland mit. Nachweisbar wurde der Kompaß in China bereits im 2. Jahrhundert n. Chr. für die Südweisung im Landverkehr benutzt, und im 4. Jahrhundert schätzten ihn die chinesischen Seefahrer, die bei ihren Fahrten nach Korea, Japan, Indien und Afrika eine auf einem Korken im Wasser schwimmende Eisennadel mit sich führten. Später hing man die Nadel auf oder unterstützte sie mit einem Stift. Gegen Ende des Mittelalters setzte sich im Abendland ein Schiffskompaß durch, dessen magnetisierte Nadel sich, mit einem Hütchen versehen, frei auf einer Spitze drehen konnte und auf der Oberseite eine runde Scheibe mit den Windrichtungen, die Windrose, trug (Abb. 1). Die Benutzung des Kompasses fand ihren Niederschlag auch in der Kartografie bei der Herstellung von Kompaßkarten. Sie enthalten nicht nur Distanzen wie die antiken Segelhandbücher, die ein Hilfsmittel für die Küstenschiffahrt waren, sondern zusätzlich Kurse. Auf solchen Karten sieht das Mittelmeer aus, als sei es von einem Spinnennetz von Windstrichen überzogen. Neben Verbesserungen im Schiffbau war der Kompaß

1: Kompaß (um 1550). Ein gekrümmter Draht (rechts) wird magnetisiert und unter der Windrose aus einer Pappscheibe (links) befestigt. Unterstützt man die Windrose in der Mitte mit einer Nadel, daß sie sich drehen kann, so weist bei richtiger Montierung des Drahts die Lilie nach Norden und das Kreuzchen nach Osten. Kompasse für das Mittelmeer trugen das Nordende des Drahts genau unter der Lilie, für nördliche Breiten war es wegen der Abweichung nach Osten versetzt.

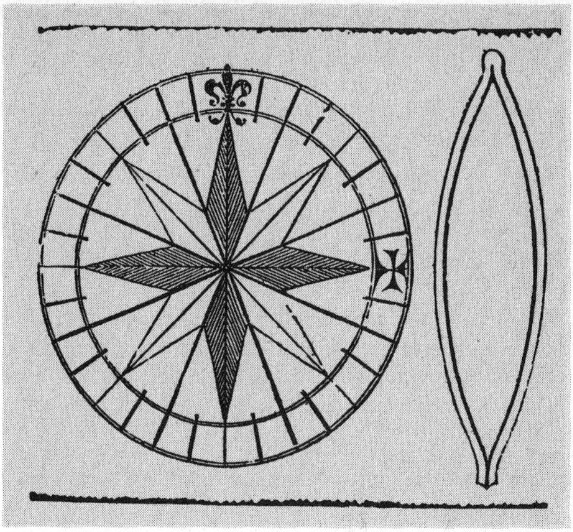

die wichtigste Voraussetzung für eine sichere Hochseeschiffahrt und damit für die späteren Entdeckungsfahrten.

Nicht nur die Praktiker, die Seeleute, befaßten sich mit dem Kompaß, auch die Naturphilosophen an den im 12. und 13. Jahrhundert entstehenden Universitäten, wie etwa in Paris, wandten sich ihm zu und beschrieben ihn in ihren Werken. Allerdings sind die Bemerkungen in den Handschriften, die durch spätere Ergänzungen und häufiges Abschreiben leicht verfälscht werden konnten, nicht immer zuverlässig, so wenn etwa von einer Ostweisung der Nadel oder von Eisen anziehenden Diamanten die Rede ist.

Petrus Peregrinus: Der Magnetstein als Abbild des Himmels

Von diesen Werken unterschied sich grundlegend dasjenige von Petrus Peregrinus in der Mitte des 13. Jahrhunderts. Sein Zeitgenosse Roger Bacon (um 1219 – um 1292), der zeitweilig in Paris an der Universität lehrte und eine stärkere Einbeziehung der Erfahrung in die Wissenschaft forderte, rühmte Peregrinus wegen seiner Vorgehensweise als ‹Meister des Experiments›. Mit großer Geduld hatte Peregrinus die Erkenntnisse über den Magneten gesammelt, geordnet und in Briefform abgefaßt. Am Ende des Briefs steht die Jahreszahl 1269. In diesem Jahr beteiligte sich der aus der Picardie im Norden Frankreichs stammende Peregrinus an der

Belagerung des von Arabern besiedelten Kastells Lucera in Unteritalien. Sein Pilgername als Kreuzritter war Peregrinus (der fremde Wanderer).

Peregrinus richtete seinen dem Freunde Syger gewidmeten Brief an einen größeren Leserkreis von Sternkundigen und Naturforschern und forderte von ihnen:

«Wisse, Liebster, daß es nötig ist, daß der Leser dieser Schrift die Eigenart der Dinge kennt und nicht unwissend ist über die Himmelsbewegungen. Auch soll er selber in der Handfertigkeit geschickt sein, damit er durch eigene Betätigung die wunderbaren Wirkungen zeigen kann. Denn durch seinen Fleiß wird er etwas den Irrtum steuern können, was ihm durch die Natur und die Mathematik allein nicht möglich wäre, wenn er sich vom Experimentieren fernhielte. Bei der Ergründung der verborgenen Kräfte nämlich bedürfen wir sehr des Handwerklichen, und zumeist können wir ohne dieses nichts vollständig tun. Denn vieles scheint uns einleuchtend, was wir mit der Hand nicht ausführen können» (Peregrinus 1269, S. 262f).

Im ersten Teil seiner Abhandlung ging Peregrinus auf die Erscheinungen des Magnetismus ein, wobei die Naturerkenntnis im Vordergrund stand, im zweiten Teil behandelte er die technischen Anwendungen. Dabei durchzog die Gleichsetzung des Magnetsteins mit dem Himmelsgewölbe den ganzen Brief. Die Bezeichnungen Nord- und Südpol wurden auf den Stein übertragen, der in Kugelform geschliffen war. Brach man den Magneten auseinander, dann entstanden zwei neue mit gegensätzlichen Po-

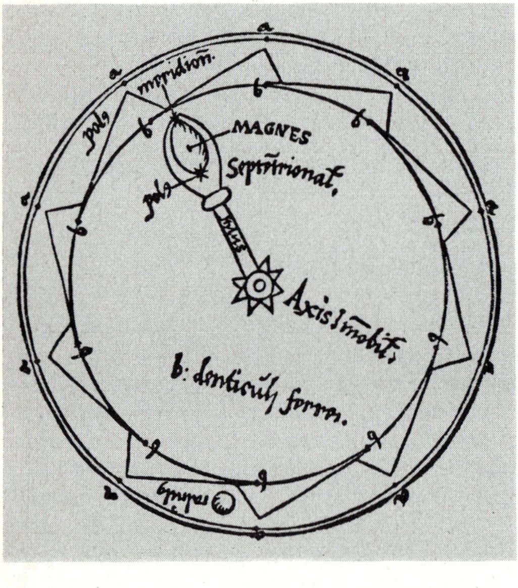

2: Magnetisches Perpetuum mobile von Petrus Peregrinus (1269, Zeichnung von 1558). Entgegen der Zeichnung soll nach der Beschreibung der Magnet (magnes) mit seiner Achse etwas schräg liegen und die vorbeilaufenden Eisenstücke (b) abwechselnd durch den Nord- und Südpol anziehen. Eine kleine Metallkugel (unten) soll die Drehung unterstützen. William Gilbert lehnte 1600 dieses und andere Perpetua mobilia ab.

len an den Bruchstellen. Die Ausrichtung der Magnetnadel erklärte Peregrinus nicht wie andere durch Magneterzgruben im Norden, sondern durch eine Kraft, die von den Himmelspolen ausgehend die Nadel durchdringe. Nach damaliger Ansicht drehte sich das Himmelsgewölbe um die ruhende Erde. Entsprechend sollte auch ein runder, zwischen Zapfen drehbar gelagerter Magnetstein täglich an der Himmelsdrehung teilnehmen, vorausgesetzt, seine Achse mit den Polen wäre auf die Himmelsachse ausgerichtet.

Drei Anwendungen des Magnetsteins schlug Peregrinus vor: eine Sonnenuhr, bei der die Nord-Süd-Ausrichtung mit Hilfe eines schwimmenden Magneten geschah, einen Richtungsweiser (Kompaß), bei dem die Nadel sich um eine vertikale Achse drehte, und ein magnetisches Perpetuum mobile in Dosenform, bei dem ein Magnet durch Anziehung und Abstoßung von Eisennägeln eine immerwährende Drehbewegung erzeugen sollte (Abb. 2).

Die Idee eines Perpetuum mobile, die sich im 12. Jahrhundert bei den Indern und anschließend bei den Arabern findet, war im Abendland nicht neu. Im Jahr 1235 hatte bereits Villard de Honnecourt, ein Landsmann von Peregrinus, ein mechanisches Perpetuum mobile in Form eines Rades mit daranhängenden umklappbaren Hämmern angegeben. Leider hielt sich Peregrinus im Fall seines Perpetuum mobile nicht an das, was er von seinen Lesern anfangs verlangt hatte, denn er verzichtete in diesem Fall auf Experimente.

Wenn sich ein solches magnetisches Perpetuum mobile auch nicht verwirklichen läßt, so trug die Beschreibung vielleicht zur Verbreitung des Briefes vom Magneten bei. Jedenfalls wurde die Schrift des Peregrinus, die seit 1558 im Druck vorlag, von den Erforschern des Magnetismus, darunter William Gilbert in England, gelesen.

William Gilbert: Die Erde als großer Magnet

Zwischen Peregrinus und William Gilbert (1544–1603) liegen drei Jahrhunderte, in denen sich der Übergang vom Mittelalter zur Neuzeit vollzog. In der Naturwissenschaft zeigte sich dieser Übergang unter anderem in der Wiederaufnahme antiken Gedankenguts (Renaissance), der Erforschung der Erde (Umsegelung Afrikas, Entdeckung Amerikas, Weltumsegelungen) und der Diskussion über die Stellung der Erde bezogen auf die Sonne (Kopernikanisches Weltsystem). Die rasche Ausbreitung von neuen Erkenntnissen wäre ohne die Erfindung des Buchdrucks mit beweglichen Lettern um 1445 durch Johannes Gutenberg (zwischen 1397 und 1400–1468) und der Verwendung von Papier an Stelle des teureren Pergaments unmöglich gewesen. Die Zahl der wissenschaftlichen Bücher

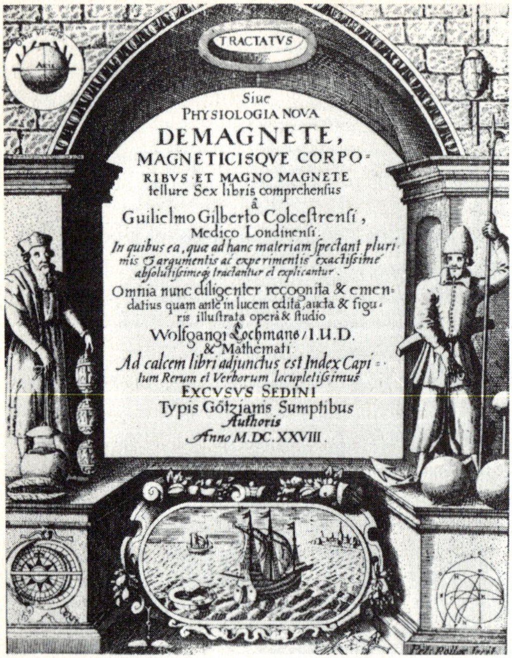

3: Titelblatt der 2. Ausgabe von William Gilberts ‹*De magnete*›, Stettin 1628 (1. Ausgabe London 1600). Otto von Guericke besaß das Hauptwerk Gilberts in dieser Ausgabe, dessen Titelkupfer den Inhalt in geraffter Form zeigt. Oben links: Versuch zum Nachweis der Inklination am Magnetstein, wobei die Nordsüdachse horitontal liegt. Rechts oben: Ein armierter Magnetstein zieht zwei Eisenstäbe an. Mitte links: Ein armierter Magnetstein kann mehr als sein eigenes Gewicht tragen, und beim Auseinanderbrechen eines Magneten entstehen neue Pole. Mitte rechts: Zwei Eisenstücke über einem Magnetpol stoßen sich ab; zwei Meßinstrumente beeinflussen sich in ihrer Tragkraft. Unten links: Meßinstrument für die Inklination. Unten rechts: Gilberts Versuch, die breitenabhängige Inklination graphisch zu bestimmen. In der Kartusche links ist ein Schwimmkompaß, und davor wird gezeigt, daß eine Nadel unmagnetisch bleibt, wenn sie zwischen dem Nord- und Südpol zweier Magnete liegt.

nahm enorm zu. Noch waren sie in Latein abgefaßt und damit auf einen kleinen Kreis von Gelehrten beschränkt.

Gilberts Schrift ‹*De magnete*› (Über den Magneten) erschien 1600 in London (Abb. 3). Ein Viertel des Inhalts ist der Navigation und nautischen Instrumenten gewidmet, was nicht verwunderlich erscheint, wenn man die Zeitumstände betrachtet. England stieg nach der Vernichtung der spanischen Armada 1588 zur Weltmacht auf. Elisabeth I. (1533 bis 1603) förderte die Entdeckungsreisen englischer Seeleute und unterstützte den Aufbau einer Handelsflotte sowie die Gründung neuer Handelskompanien. Nicht mehr das durch die scholastische Naturlehre geprägte und erstarrte Wissen an den Universitäten war jetzt gefragt oder ließ sich hier umsetzen, sondern die Gelehrten erhielten nunmehr aus der Praxis von den Handwerkern und Künstlern Anregungen, die häufig mit dem herkömmlichen Buchwissen im Widerspruch standen. So hatte auch

Gilbert, 1544 als Sohn eines Stadtrichters in Colchester geboren, Kontakte zu Seeleuten, Kapitänen und Instrumentenherstellern, obwohl er sich nach seinem Studium in Cambridge Mitte der siebziger Jahre in London als Arzt niedergelassen hatte und im Jahr 1600 Leibarzt der englischen Königin geworden war. Als einer von vier Ärzten war er mitverantwortlich für die Gesundheit der Seeleute der Royal Navy. Bereits nach der Erlangung des Doktorgrades 1569 befaßte er sich mit magnetischen Untersuchungen, die er jedoch erst kurz vor seinem Tod im Jahre 1600 veröffentlichte (Abb. 4).

Durch seinen Kontakt mit Steuerleuten und aus Veröffentlichungen waren ihm die Abweichungen der Magnetnadel von der Nordrichtung (Deklination) und von der horizontalen Ebene (Inklination) bekannt. Ein Hinweis auf letztere im Jahr 1544 von Georg Hartmann (1489 bis 1564), einem in Nürnberg tätigen Pfarrer, blieb unbeachtet, so daß es dem englischen Seemann und Instrumentenmacher Robert Norman (16. Jh.) vorbehalten blieb, in seiner Schrift ‹*The newe Attractive*› (Das neue Anziehende) von 1581 darauf aufmerksam zu machen. Für London maß Norman eine Inklination von 72 Grad. Gilbert wiederholte diese Versuche mit einer Nadel und einem darunterliegenden kugelförmigen Magnetstein, wie ihn Peregrinus benutzt hatte. Dabei ergab sich, daß die Magnetnadel, wenn ein Pol unter ihr lag, senkrecht nach unten zeigte. War sie über dem gedachten Äquator, so blieb sie horizontal. Daraus folgerte Gilbert eine Übereinstimmung zwischen der Erdkugel und der Magnetkugel, die er deshalb *terrella*, kleine Erde, nannte.

Die Gleichsetzung der Erde mit einem großen Magneten blieb nicht ohne Auswirkung auf Physik und Astronomie. Bot sich doch damit die Möglichkeit, die Drehung der Erdkugel und die Bewegung der Erde um die Sonne mit magnetischer Kraft, Gilbert verglich diese Kraft mit einer Seele, zu erklären. Der Astronom Johannes Kepler (1571–1630) stellte sich entsprechend die Sonne als großen Magneten vor, der die Planeten bewegt.

4: William Gilbert (1544–1603). Der englische Arzt schrieb 1600 sein Hauptwerk De magnete (Über den Magneten), das großen Einfluß auf die Naturforscher des 17. und 18. Jahrhunderts ausübte.

Nicht nur der Bernstein ist elektrisch

Obwohl sich Gilbert in seinem Buch ‹*De magnete*› fast vollständig dem Magnetismus widmete, so gilt er dennoch als Begründer der Elektrizitätslehre als eigenständigem Wissensgebiet. Andere Forscher werden in den nächsten zwei Jahrhunderten seine Arbeiten auf dem Gebiet der Reibungselektrizität (auch statische oder ruhende Elektrizität genannt) fortsetzen. Zwar waren die Eigenschaften des geriebenen Bernsteins schon im Altertum bekannt, doch die erste systematische und experimentell fundierte Darstellung findet sich bei Gilbert in nur einem, wenn auch langen, der insgesamt 115 Kapitel seines Buches. Und Gilbert erweist sich hier genauso kritisch gegenüber seinen Vorgängern wie vertraut mit den Ansichten anderer Gelehrter. So stellte etwa 1550 der italienische Mathematiker, Arzt und Philosoph Girolamo Cardano (1501–1577) folgende Liste der Gemeinsamkeiten und Unterschiede des Magnetsteins und des geriebenen Bernsteins auf:

1. Bernstein zieht viele Dinge an, ein Magnet nur Eisen.
2. Die Anziehung zwischen Magnetstein und Eisen erfolgt wechselseitig, nicht so beim Bernstein.
3. Die Wirkung des Magneten geht durch dazwischengelegte Stoffe nicht verloren.
4. Der Magnet zieht nur an den Polen an, Bernstein überall.
5. Die Wirkung des Bernsteins wird durch Wärme und Reibung vergrößert, während Reibung den Magneten nicht beeinflußt.

Diese Punkte, einschließlich des zweiten nicht zutreffenden, wurden von Gilbert übernommen und ergänzt:

6. Ein Magnet kann größere Gewichte als Bernstein anziehen.
7. Feuchtigkeit stört die Wirkung des geriebenen Bernsteins, aber nicht die des Magneten.
8. Die Eigenschaft, Gegenstände anzuziehen, ist nicht auf Bernstein beschränkt.

Für den letzten Punkt führte Gilbert eine ganze Reihe von geriebenen Stoffen an: Glas, Schwefel, verschiedene Edelsteine, Siegellack und ähnliches. Stoffe, die sich wie Bernstein (griechisch *elektron*) verhalten, nannte Gilbert *electrica*. Zum Nachweis der Elektrizität, die sich durch Anziehung sichtbar machte, konstruierte er ein Nadelelektroskop (Abb. 5). Es bestand aus einer drehbaren metallischen Nadel. Dieses Anzeigeinstrument, das Gilbert *versorium* nannte, war kein Elektrometer, um etwa die Stärke der Anziehung zu messen, auch wenn man aus der Schnelligkeit der sich drehenden Nadel darauf hätte schließen können. Ohne daß Gilbert davon wußte, hatte eine solche Nadel der italienische

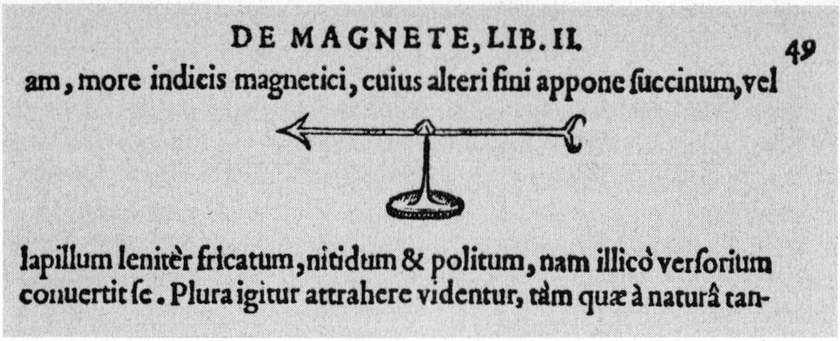
DE MAGNETE, LIB. II. 49
am, more indicis magnetici, cuius alteri fini appone ſuccinum, vel
lapillum lenitèr fricatum, nitidum & politum, nam illicò verſorium
conuertit ſe. Plura igitur attrahere videntur, tàm quæ à naturâ tan-

5: Versorium (Nadelelektroskop) von William Gilbert (1600). Mit diesem Anzeigeinstrument konnte Gilbert feststellen, welche Stoffe sich im geriebenen Zustand wie Bernstein verhalten, d. h. elektrisch werden und die leicht bewegliche Nadel anziehen.

Arzt und Humanist Girolamo Fracastoro (um 1478–1553) bereits vorher für ähnliche Versuche benutzt. (Ein Fall von Mehrfacherfindung oder -entdeckung, wie er in Wissenschaft und Technik nicht selten ist.) Eine rechnerische oder quantitative Durchdringung der Beobachtungen und Experimente ist bei Gilbert nur in wenigen Ansätzen vorhanden.

Wenn auch Gilbert die elektrische Anziehungskraft bei verschiedenen Stoffen nachgewiesen hatte, so war diese im Vergleich zur magnetischen Kraft doch sehr vergänglich. Es war nicht möglich, damit größere Versuche anzustellen, ganz zu schweigen von einer technischen Ausnutzung der Anziehung.

Die erste Elektrisiermaschine?

Eine neue und bequemere Art, Elektrizität durch Reibung zu erzeugen, läßt sich in dem Werk des Magdeburger Bürgermeisters Otto von Guericke (1602–1686) finden. Trotz unruhiger Zeiten, seine Heimatstadt Magdeburg wurde 1631 im Dreißigjährigen Krieg zerstört und er trat als Kriegsingenieur in fremde Dienste, gelang es Guericke, Versuche vor allem mit der von ihm erfundenen Luftpumpe durchzuführen. In seinem Hauptwerk ‹*Experimenta nova (ut vocantur) Magdeburgica de Vacuo spatio*› (Neue [sogenannte] Magdeburger Versuche über den leeren Raum), das erst neun Jahre nach Abschluß des Manuskripts 1672 in Amsterdam erschien, ging es Guericke darum, die kosmischen Wirkkräfte zwischen den Gestirnen und der Erde aufzudecken. Und diese Kräfte versuchte Guericke an einer sich drehenden Schwefelkugel durch Reibung mit der Hand zu demonstrieren. Guericke füllte eine Glaskugel mit Schwefel und erhitzte sie solange, bis der Schwefel schmolz. Nach dem Erkalten zerbrach er das Glas, und er erhielt eine Schwefelkugel. Rieb er die Kugel, so zog sie Papierschnitzel an (Abb. 6). Guericke verglich diese Eigenschaft der Schwefelkugel mit der Anziehungskraft der Erde.

Darüber hinaus beobachtete Guericke, daß die geriebene Kugel kleine Körper zunächst anzog und nach Berührung seltsamerweise abstieß. Erst nach dem Kontakt mit einem anderen Gegenstand ließen sie sich wieder anziehen.

Dies hatte 1629 der italienische Jesuit Niccolo Cabeo (1586–1650) ebenfalls beschrieben und sich damit gegen Gilbert gewandt. Nach Gilberts Theorie bewirkte ein körperhafter elektrischer Ausfluß, erzeugt durch Reibung und freigesetzt durch Wärme, die Vereinigung des elektrischen und des angezogenen Körpers; von einer Abstoßung war nicht die Rede.

Cabeo nahm in seiner Erklärung die die Kugel umgebende Luft zu Hilfe; diese bilde durch den elektrischen Ausfluß Wirbel, die leichte Körper an die Kugel heran- und wieder wegführen. Ungefähr 40 Jahre später widerlegten Gelehrte an der Florentiner Accademia del Cimento (Akademie des Experiments) und der vor allem als Chemiker hervorgetretene Robert Boyle (1627–1691) durch Versuche im Vakuum diese Theorie.

Weiterhin beschrieb Guericke die Leitung der Elektrizität durch einen Leinenfaden, der, an der geriebenen Kugel befestigt, an seinem Ende ebenfalls anziehend auf andere Körper wirkte. Eine in der Nähe der Ku-

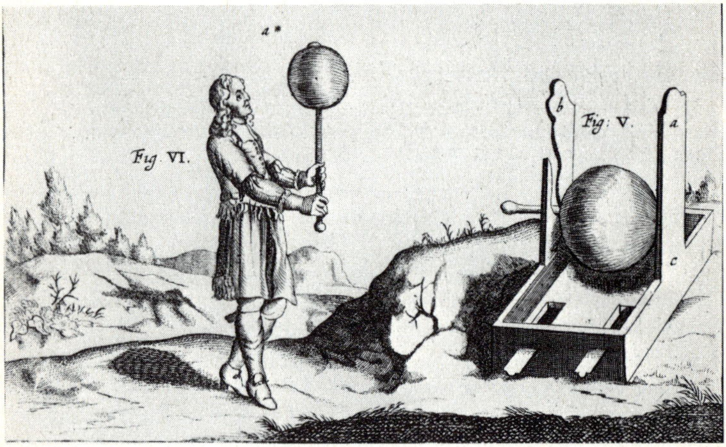

6: Schwefelkugel von Otto von Guericke (1672). Dreht man die Kugel im Gestell (Fig. V) und legt dabei die Hand auf, so wird die Kugel elektrisch. Nimmt man die Kugel dann zum Experimentieren heraus (Fig. VI), so zieht sie Papierschnitzel oder Federn (a) an.

gel befindliche Flaumfeder wurde so beeinflußt, als wäre sie selbst elektrisch (Influenz). Im Dunkeln leuchtete die geriebene Kugel.

Einen Funken hat Guericke beim Reiben seiner Schwefelkugel nicht gesehen, und er zeigte sich erstaunt, als der vielseitige Naturforscher und Philosoph Gottfried Wilhelm Leibniz (1646–1716) ihm solche Beobachtungen 1672 brieflich mitteilte.

Elektrizität wollte Guericke mit seiner Schwefelkugel nicht erzeugen. Auch wenn der moderne Betrachter die Schwefelkugel als Elektrisiermaschine bezeichnet, für ihn war sie keine.

Merkurialischer Phosphor oder Elektrizität?

Drei Jahre später, 1675, bemerkte der Astronom Jean Picard (1620 bis 1682) beim Schütteln des Quecksilbers im (nahezu) luftleeren Teil eines Barometers ein Leuchten. Man fand dafür die verschiedensten Erklärungen, aber an ein elektrisches Phänomen dachte man nicht. So führte der aus einer schweizerischen Gelehrtenfamilie stammende Professor für Mathematik im holländischen Groningen, Johann I. Bernoulli (1667 bis 1748), im Jahre 1700 das Leuchten auf eine Sonderform des kurz vorher entdeckten Phosphors, des ‹merkurialischen Phosphors›, zurück. Seine Ergebnisse teilte er in einem Brief einem Kollegen in Paris mit.

Paris und London waren zu dieser Zeit die führenden Zentren der Wissenschaft. In beiden Städten gab es Akademien, die den Universitäten den Rang ablaufen sollten: seit 1662 die Royal Society in London, seit 1666 die Académie des Sciences in Paris. Es waren Zusammenschlüsse von Gelehrten und Interessierten, die gemeinsam Experimente durchführten. Ihre Ergebnisse teilten sie sich in Briefen mit oder veröffentlichten sie in eigenen Zeitschriften, die die Verbreitung von wissenschaftlichen Neuigkeiten ungemein beschleunigten (ab 1665 die *Philosophical Transactions* und das *Journal des Sçavans*).

So gelangten auch die Erkenntnisse Bernoullis nach England. Dort befaßte sich der Instrumentenmacher Francis Hauksbee (1666–1713), der von der Royal Society als Vorlesungsmechaniker angestellt war, mit den Leuchterscheinungen in der Hoffnung, eine Verbindung zwischen der Newtonschen Gravitation und der Optik herstellen zu können. Er vermutete darin einen elektrischen Vorgang, dessen Ursache in der Reibung und der damit entstehenden Elektrizität und nicht im Quecksilber lag. Um dies zu beweisen, befestigte Hauksbee eine hohle Glaskugel auf einer drehbaren Achse, pumpte sie luftleer und rieb sie mit der Hand: Die Kugel leuchtete auf. Bei diesem vor der Royal Society ausgeführten Versuch im Jahre 1705 benutzte Hauksbee den, wenn auch noch mit der Hand geriebenen, Prototyp der künftigen Elektrisiermaschinen (Abb. 7).

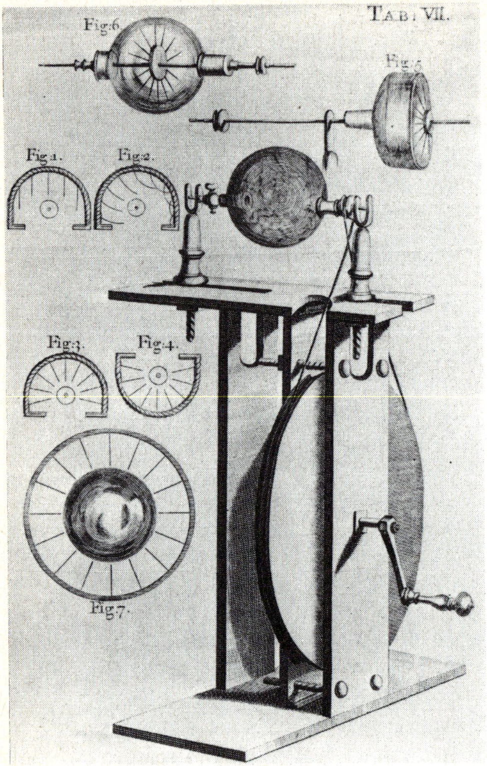

7: Kugelelektrisiermaschine von Francis Hauksbee (1705). Der Aufbau mit Kurbel, Schwungrad und Schnurbetrieb mit starker Übersetzung gleicht einer Drechselbank mit eingespannter Glaskugel. Über die Kugel kann ein Rahmen mit Wollfäden gestülpt werden. In Fig. 1 ruht die Kugel im Mittelpunkt des Rahmens, in Fig. 2 wird sie nur gedreht, und der Luftstrom lenkt die Fäden ab, während in Fig. 3, 4 und 7 die Kugel zusätzlich mit der Hand gerieben wird. Dann erst zieht die elektrisch gewordene Kugel die Fäden an. In Fig. 6 befinden sich die Fäden innerhalb der geriebenen Kugel.

Elektrische Leiter und Isolatoren

Weitere Entdeckungen folgten. Angeregt von den Hauksbeeschen Versuchen stellte Stephen Gray (1666–1736) ähnliche Experimente wie Guericke an. 1729 bemerkte er, daß nicht nur die geriebene Glaskugel, sondern auch der Korkverschluß eine Feder anzog. Als er an den Korken eine Schnur mit einer Elfenbeinkugel am Ende anhing, pflanzte sich die Elektrizität über 52 Fuß (etwa 16 m) fort. Bei einer horizontalen Aufhängung an dicken Fäden war die Wirkung schwächer. Sein Freund Granville Wheler (1702–1770) schlug daher möglichst dünne Fäden zum Aufhängen vor, um die Verluste gering zu halten. Doch der Durchmesser war nicht das Wesentliche, denn bei noch dünneren Messingdrähten an Stelle von Seidenfäden verschwand der Effekt. In den folgenden Jahren unter-

8: Elektrisierung eines Knaben nach Gray (Zeichnung von 1744). Das isoliert aufgehängte Kind wird mit einem geriebenen und damit aufgeladenen Glasstab berührt und zieht nun selbst die Papierschnitzel an. Wird der Glasstab durch eine Elektrisiermaschine ersetzt, so können sogar Funken aus der Nase gezogen werden. Diese Versuche, etwa in Form des ‹elektrischen Kusses›, waren sehr beliebt.

suchten Gray und Wheler die Leitfähigkeit verschiedener Stoffe, die sie in elektrische Leiter und Nichtleiter (Isolatoren) einteilten. Auch der menschliche Körper leitete die Elektrizität, was Gray bewies, indem er einen Knaben elektrisierte (Abb. 8). Diese Art von Versuchen gehörte bald zum Repertoire der ‹Elektriker›, wenn sie ihre Experimente einem größeren Kreis von interessierten Laien oder an Fürstenhöfen vorführten.

In Paris ging Charles François de Cisternay Dufay (1698–1739), der sich nach einer militärischen Karriere der Wissenschaft zugewandt hatte, der Frage nach, ob alle Körper elektrisch werden können. Durch Berührung mit bereits elektrischen Körpern gelang ihm dies stets, die Reibung von Metallen, Lebewesen und Flüssigkeiten blieb jedoch erfolglos. Ein großes theoretisches Problem bildete die Erklärung der Anziehung und Abstoßung. Ebenso wie Guericke für die Feder, entdeckte Dufay, daß ein Goldplättchen von einer geriebenen Glasröhre angezogen und nach Berührung abgestoßen wurde. Dann aber zog entgegen seiner Erwartung ein geriebenes Harzstück das Goldplättchen an. Dufay folgerte 1733 daraus die Existenz zweier Elektrizitätsarten (dualistische Theorie), die er glasartige und harzartige Elektrizität nannte. Körper mit gleichnamiger Elektrisierung stießen sich ab, bei ungleichnamiger Elektrisierung zogen sie sich an.

Elektrisiermaschinen und Leidener Flasche

Das 18. Jahrhundert war die große Zeit der Elektrisiermaschinen, die nicht nur für wissenschaftliche Experimente, sondern auch für Zwecke der Belustigung in höfischen Kreisen benutzt wurden. Der englische Naturforscher und Theologe Joseph Priestley (1733–1804) bemerkte in seinem Werk ‹*History and Present State of Electricity*› (1. Aufl. 1767), das bereits 1772 unter dem Titel ‹*Geschichte und gegenwärtiger Zustand der Elektricität*› ins Deutsche übersetzt wurde:

«Die Elektricität hat darin einen beträgtlichen Vorzug vor den meisten andern Zweigen der Naturwissenschaft, daß sie sowohl Materien des Nachdenkens für Naturforscher, als auch der Belustigung für alle Personen ohne Unterschied liefert. Weder die Luftpumpe, noch die Maschine zur Vorstellung des Weltgebäudes, noch die hydrostatischen, optischen, oder magnetischen Experimente, noch auch die Experimente in allen übrigen Zweigen der Physik, haben jehmals so vielen oder so starken Zulauf von Menschen veranlaßt, als die Experimente der Elektricität für sich allein gethan haben. Fast in allen Ländern von Europa, haben die elektrischen Versuche oft einer Menge sinnreicher und arbeitsamer Personen Lebensunterhalt verschaffet, welche, da sie nicht ihr reichliches Auskommen hatte, die Geschicklichkeit besaßen, diese Liebe zum Wunderbaren, von der sie ihre Nebengeschöpfe so stark beherrscht sahen, sich zu Nutzen zu machen. Ein Kaiser könnte sich, an statt der Einkünfte, mit jenen Geldsummen vollkommen begnügen laßen, welche in Schillingen, Sechs- Drey- und Zwey-Stüberstücken, den Leydenschen Versuch sehen zu laßen, eingiengen» (Priestley, 1772, S. 363).

Letzteres war sicher übertrieben.

Als Priestley dies schrieb, besaßen die Experimentatoren seit langem zwei wichtige Hilfsmittel: leistungsfähige Elektrisiermaschinen und die Leidener Flasche.

Eine Gruppe von Leipziger Professoren hatte die Idee der Hauksbeeschen Kugelmaschine um 1740 wieder aufgegriffen, sie verbessert und dadurch die bisher bei Versuchen zumeist verwendete Glasröhre ersetzt. An Stelle etwa eines elektrisierten Knaben, der isoliert aufgehängt seine Füße in die Nähe der von Hand geriebenen Kugel brachte, hing man ein Rohr als ‹Konduktor› (Elektrizitätsspeicher) und konnte so die Elektrizität für weitere Versuche bereitstellen. Professor Johann Heinrich Winkler (1702–1770) ersetzte in Zusammenarbeit mit einem Leipziger Mechaniker die Hand durch ein Reibkissen und die Kugel durch einen Glaszylinder. Diese drei wesentlichen Bestandteile einer Elektrisiermaschine, ein geriebener Körper, ein Reibzeug und ein isolierter Leiter (Konduktor), wurden von den Konstrukteuren vielfältig variiert. So löste, wenn auch nicht in England, so doch auf dem Kontinent, die gegen Wärmespannung unempfindlichere Glasscheibe den Glaszylinder ab.

Man baute immer größere Maschinen. Eine riesige Scheibenelektrisiermaschine (Abb. 9) konstruierte 1784 der in Amsterdam lebende engli-

9: Doppelscheiben-Elektrisiermaschine von Martinus van Marum (1785). Dieses Exemplar einer Elektrisiermaschine zeichnet sich vor allem durch seine Größe aus: 165 cm beträgt der Durchmesser der zwei Glasscheiben, die nun nicht mehr von Hand, sondern durch Reibkissen oben und unten gerieben werden. Zur Speicherung und Weiterleitung der Elektrizität dienen Messingröhren mit kugelförmigen Enden, die auf isolierenden Glasstäben ruhen. Rechts springt gerade ein Funke über. Mit Hilfe von Leidener Flaschen, die hier nicht eingezeichnet sind, erzeugte van Marum Spannungen von über 300 000 V und Funken von 60 cm Länge.

Tabelle 1: Funkenlänge und Energie bei Reibungselektrisiermaschinen im 18. Jahrhundert. (Die Fehler bei den Zahlenangaben liegen unter 20 %).

Jahr	Maschine	Funkenlänge (cm)	Spannung (Volt)	Energie* (Joule)
1747	Glasstab (Franklin)	2,5	55 000	0,0008
1750	Kugelmaschine mit Leidener Flasche (Franklin)	5	70 000	5
1758	Zylindermaschine mit Leidener Flasche (Franklin)	23	120 000	14
1785 bis 1790	Scheibenmaschine mit 1 Leidener Flasche	60	300 000	60
	mit 100 Leidener Flaschen (van Marum)			6 000
Zum Vergleich:	Stoßspannungsanlage (Deutsches Museum), Vervielfachungsschaltung nach E. Marx (12stufig)			
1973		150	1 200 000	12 000

* 1 Kilowattstunde entspricht 3,6 Millionen Joule

sche Instrumentenmacher John Cuthbertson (1743–1806) für den Direktor der Teylerschen Stiftung zur Beförderung von Kunst und Wissenschaft in Haarlem, Martin van Marum (1750–1837). Die Scheiben hatten einen

Durchmesser von 165 cm, und van Marum zog Funken von etwa 60 cm Länge. Ohne eine Batterie von parallel geschalteten Leidener Flaschen wäre die Leistung der Maschine allerdings geringer gewesen (Tabelle 1).

Unabhängig voneinander entdeckten der pommerische Landedelmann Ewald Jürgen von Kleist (um 1700–1748) und Pieter van Musschenbroek (1692–1761), Professor in Leiden, die Wirkung der Verstärkerflasche, der sogenannten Leidener Flasche. Vorausgegangen waren zwei andere Versuche. Der Leipziger Professor George Matthias Bose (1710–1761) hatte aus einem isolierten elektrischen Gefäß mit Wasser Funken gezogen, und dem Arzt Christian Friedrich Ludolff (1701–1763) war es 1744 in Berlin gelungen, eine brennbare Flüssigkeit durch einen Funken zu entzünden. Im Oktober 1745 nahm Kleist ein Fläschchen mit Alkohol, in das er einen Nagel steckte, und hielt es mit der einen Hand an den Konduktor der Elektrisiermaschine zum Aufladen. Als er mit der anderen Hand den Nagel berührte, erhielt er einen gewaltigen Schlag. Anderen

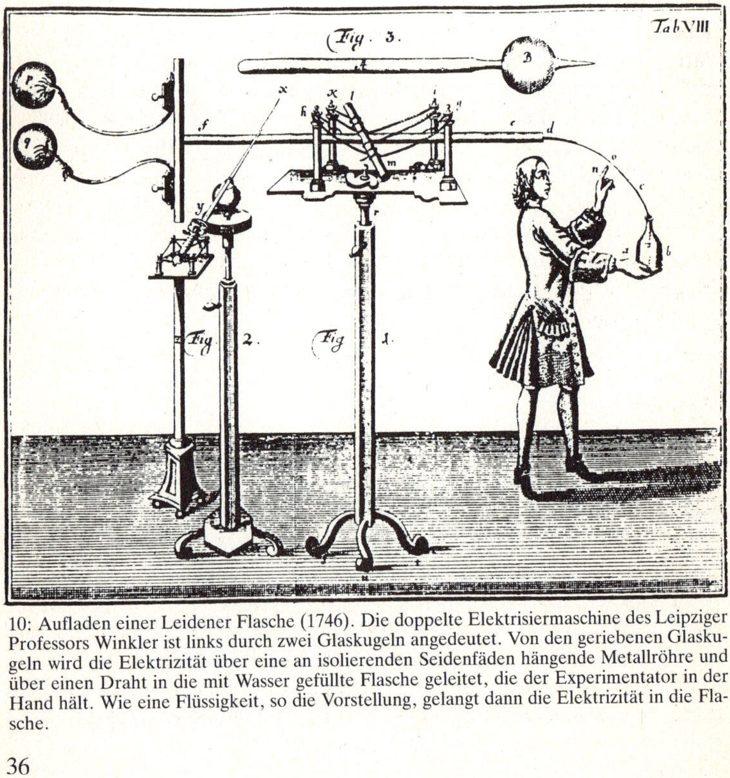

10: Aufladen einer Leidener Flasche (1746). Die doppelte Elektrisiermaschine des Leipziger Professors Winkler ist links durch zwei Glaskugeln angedeutet. Von den geriebenen Glaskugeln wird die Elektrizität über eine an isolierenden Seidenfäden hängende Metallröhre und über einen Draht in die mit Wasser gefüllte Flasche geleitet, die der Experimentator in der Hand hält. Wie eine Flüssigkeit, so die Vorstellung, gelangt dann die Elektrizität in die Flasche.

Forschern gelang es zunächst nicht, den Versuch nachzuahmen. Denn Kleist vergaß mitzuteilen, daß die Flasche in der Hand gehalten werden muß und – modern gesprochen – somit geerdet ist (Abb. 10). Anfang 1746 führte im Labor von Musschenbroek ein interessierter Besucher, Rechtsanwalt Andreas Cunaeus (1712–1788), das Bosesche Experiment ohne die sonst übliche Isolierung des Gefäßes durch. Er hielt es einfach in der Hand und erlebte so ebenfalls die Entladung der Flasche. Cunaeus informierte Musschenbroek, und dieser berichtete an die Pariser Akademie den Versuch im Gegensatz zu Kleist so, daß jeder ihn erfolgreich ausführen konnte. Im Prinzip genügte ein Glasgefäß, das innen und außen mit je einer leitenden Schicht überzogen war.

Der Schlag aus der Flasche war so stark, daß gesundheitliche Schädigungen nicht ausgeschlossen waren. Professor Johann Heinrich Winkler (1703–1770) in Leipzig warnte die Kollegen: Seine Frau konnte nach einem Schlag eine Zeitlang nicht mehr gehen.

Die Nachricht von der Entdeckung der Verstärkerflasche, von dem früheren Mitarbeiter Dufays, Jean Antoine Nollet (1700–1770), auch Leidener Flasche genannt, verbreitete sich rasch. Viele effektvolle Versuche ließen sich nun leichter durchführen. Nollet zum Beispiel elektrisierte in Paris mit einem Schlag mehr als 200 Kartäusermönche, die durch Drähte in den Händen miteinander verbunden waren. Bei einem anderen Versuch jedoch erhielten nur der erste und der letzte Mann in der Kette einen starken, die anderen einen schwachen Schlag. Als man unter den Versuchspersonen einen Eunuchen vermutete, schlossen einige ganz Vorwitzige auf die Nichtelektrifizierbarkeit von Eunuchen. Das Gegenteil konnte jedoch durch drei Musiker des Königs, deren Status eindeutig war, bewiesen werden. Schließlich fand sich auch eine treffendere Erklärung für die unterschiedlichen Schläge: Die Elektrizität hatte ihren Weg über den feuchten Untergrund genommen.

‹Elektriker›

Die Anzahl der Gelehrten, die sich mit der Elektrizität befaßten, nahm nach der Entdeckung der Leidener Flasche enorm zu. Waren es von 1700 bis 1739 rund 20, so stieg die Zahl zwischen 1739 und 1749 auf fast 90. Ein Drittel davon waren Professoren an Universitäten und Schulen, und etwa ein Zehntel gehörte dem Orden der Jesuiten an, der für seine gute Schulbildung berühmt war. Die Hälfte der ‹Elektriker› kam aus anderen Berufen wie Ärzte, Instrumentenmacher, Kleriker, Rechtsanwälte, Militärs oder waren wohlhabende Privatleute. Einige führten Experimente, wie Priestley es beschrieben hatte, gegen Entgelt vor interessierten Laien durch. Zunehmendes Interesse an der Elektrizität zeigten auch die Akademien in London, Paris, Berlin und Petersburg, um nur die wichtigsten zu nennen. 1744 setzte die Berliner Akademie einen Preis aus für die beste Arbeit über die Ursachen der Elektrizität. Denn viele elektrische Phänomene hatte man beobachtet, aber den Ursachen der Elektrizität war man nicht auf die Spur gekommen.

Eine neue Theorie

Die Leidener Flasche versetzte nicht nur den Versuchspersonen einen empfindlichen Schlag, sondern auch der Vorstellung, daß die Elektrizität einen körperhaften Ausfluß darstelle. In Übereinstimmung mit dieser Theorie konnte mit einer größeren Flasche mehr Elektrizität gesammelt werden. Im Gegensatz zu ihr stand jedoch die Beobachtung, daß bei dünnwandigeren Flaschen die Speicherfähigkeit noch mehr zunahm. Dies war verblüffend, denn nach der herkömmlichen Meinung hätte beim Aufladen der Flasche die Elektrizität diese dünne Schicht viel leichter überwinden und über die Hand, die die Flasche hielt, abfließen können. Eine neue Theorie zur Erklärung der Leidener Flasche und damit des Prinzips des Kondensators kam nicht aus einem wissenschaftlichen Zentrum der Alten Welt, sondern von Benjamin Franklin (1706–1790) aus Philadelphia in Pennsylvania. Franklin, aus einer kinderreichen englischen Einwandererfamilie stammend, erlernte nach kurzem erfolglosen Schulbesuch das Buchdruckerhandwerk. Nach einem zweijährigen Londonaufenthalt im Auftrag des Gouverneurs kehrte er nach Philadelphia zurück und gründete eine Druckerei, die ihm die wirtschaftliche Grundlage für seine schriftstellerische, politische und wissenschaftliche Karriere lieferte (Abb. 11). Franklin, der sich im Selbststudium wissenschaftliche Kenntnisse angeeignet hatte, förderte 1744 Experimentalvorlesungen u. a. mit Reibungselektrizität. Bürger aus Philadelphia, die an Wissenschaften aller Art interessiert waren, hatten sich zur Library Company zusammengeschlossen; als dort 1745 aus London eine Glasröhre und ein Bericht über die Aktivitäten der Leipziger Professorengruppe eintrafen, konnten Versuche mit Gleichgesinnten beginnen.

Eine grundlegende Annahme bei Franklin war, daß Elektrizität nicht etwa durch Reibung erzeugt, sondern nur gesammelt wird und in Wechselwirkung mit der gewöhnlichen Materie steht. In der deutschen Ausgabe der Briefe an ein Mitglied der Royal Society faßte der Übersetzer und Elektriker, Johann Carl Wilcke (1732–1796), die Auffassung Franklins so zusammen:

«Durch die ganze körperliche Natur ist eine sehr subtile [feine] Materie verbreitet, welche den Grund und die Ursachen aller elektrischen Erscheinungen enthält.

Die Theile dieser feinen Materie, welche man nach Belieben Aether, Feuer,

11: Benjamin Franklin (1706–1790). Als Staatsmann vertrat er die Interessen Amerikas gegenüber England. Seine Erkenntnisse zur Elektrizitätslehre, die ihn zur Erfindung des Blitzableiters führten, faßte er in den ‹Briefen über Elektrizität› (1751) zusammen.

Licht, u. d. m. [und dergleichen mehr] benennen kann, stoßen sich untereinander ab.

Sie werden aber von denen Theilen der gemeinen Materie, aus welcher die Körper bestehen, stark angezogen.

Enthält ein Theil körperlicher Materie so viel von dieser feinen elektrischen Materie, als er einnehmen kann, ohne daß dieselbe auf der Oberfläche gehäuft liegen bleibt; so ist er, in Absicht auf die Elektricität, im natürlichen Zustande. Ein mehreres machet ihm positiv oder plus, weniger aber negativ oder minus elektrisch.

Alle elektrischen Erscheinungen entstehen durch den Uebergang dieser Materie aus einem Körper in den andern, und durch die proportionirte Vertheilung, oder den Ausfluß derselben» (Franklin, 1758, Vorrede).

Überschuß oder Mangel an Elektrizität bestimmen somit den positiven oder negativen elektrischen Zustand eines Körpers. Es gibt nur eine Art von Elektrizität, weshalb die Franklinsche Theorie als unitarische Theorie bezeichnet wird.

Wie konnte Franklin damit die Leidener Flasche erklären? Sie war ja der Prüfstein für jede Theorie geworden. Franklin schrieb am 28. 7. 1747 nach London:

«Wenn man den Draht und den Kopf der Boutellie [Flasche] u. s. w. positiv oder plus elektrisiret; so wird zu gleicher Zeit der Boden derselben in gleicher Verhältniß, negativ oder minus elektrisiret; d. i. so viel von dem elektrischen Feuer durch den Kopf inwendig hinein gebracht wird, eben so viel geht aus dem Boden wieder heraus» (Franklin, 1758, 1. Brief, 2).

Franklin betrachtete den Vorgang quantitativ. Die Verteilung änderte sich, aber die Gesamtmenge blieb konstant, weshalb die Aufladung ein Ende nahm.

Nicht erklären konnte Franklin die Abstoßung zweier Körper, die minuselektrisch waren. Wie konnte ein Mangel an Elektrizität dafür verantwortlich sein? In den folgenden Jahren gab es heftige Auseinandersetzungen zwischen den Anhängern beider Lager, die uns hier nicht weiter interessieren sollen.

Die atmosphärische Elektrizität wird gebändigt: Der Blitzableiter

Die heftigen Entladungserscheinungen verstärkten die Vermutung, daß der künstliche elektrische Funke und der Blitz in der Natur etwas Gemeinsames haben. Winkler erklärte 1746 Donner und Blitz als Wirkungen einer elektrischen Materie in der Atmosphäre, die durch Reibung von festen und flüssigen Teilchen in der Luft erzeugt wird. 1749 findet sich bei Franklin die später wieder aufgegebene Vorstellung vom Meer als einer Art Elektrisiermaschine. Das elektrische Meerwasser verdunstet und nimmt die Elektrizität mit in die nichtleitende Luft. In einem Brief vom 29. Juli 1750 schlug Franklin eine praktische Anwendung seiner bereits 1749 gewonnenen Erkenntnisse in Form eines von spitzen Stangen gebildeten Blitzableiters vor:

«Ich sage, wenn dies sich so verhält, möchte nicht die Kenntnis der Kraft der Spitzen dem Menschengeschlecht nützlich sein zum Bewahren der Häuser, Kirchen, Schiffe etc. vor dem Blitzschlage, indem es uns dazu führte, auf den höchsten Teilen dieser Gebäude aufrecht stehende eiserne Stangen zu befestigen, die so scharf wie eine Nadel gemacht, und um den Rost abzuhalten, vergoldet sind? Von dem Fuß dieser Stangen müßte ein Draht an der Außenseite der Häuser herunter geleitet werden bis in den Grund, oder bei den Schiffen an den Mastseilen bis ins Wasser. Diese spitzen Stangen würden vermutlich das elektrische Feuer aus einer Wolke ganz geräuschlos weit eher ableiten, ehe dieselbe zum Schlagen nahe genug käme, und würde uns hierdurch vor diesem plötzlichen und schrecklichen Unglücke sichern» (Hoppe, 1884, S. 37).

Die spitzen Stangen begründete Franklin damit, daß wegen der gleichmäßigen Verhältnisse bei der Elektrizität auf einer Kugel kein Teilchen eine größere Neigung wie ein anderes habe, die Kugel zu verlassen. Die

Anziehung der Materie auf die Elektrizität ist an allen Stellen gleich, im Gegensatz etwa zu den Kanten eines Würfels oder gar zu den Ecken. Hier kann die Elektrizität am leichtesten ausströmen und umgekehrt am leichtesten angezogen werden.

Die ersten Versuche mit spitzen Stangen führte der Botaniker und Übersetzer der Franklinschen Arbeiten ins Französische, Thomas François d'Alibard (1703–1779), in Marly bei Paris im Mai 1752 aus (Abb. 12). Seinen Helfern gelang es beim Aufziehen von Gewitterwolken, Funken aus der isoliert aufgestellten Stange zu ziehen. Erst durch die Erdung wird daraus ein Blitzableiter. Die Wirkung war lange Zeit umstritten. Einige behaupteten, der Blitzableiter zöge erst recht die Blitze an, andere plädierten für Stangen mit kugelförmigem Abschluß.

1772 gab es eine Anfrage an die Royal Society, wie man am besten ein Pulvermagazin schützen könnte. Die Mehrheit des eingesetzten Komitees entschied für spitze Blitzableiter. Als 1777 dennoch wegen schlechter Erdung ein Blitz einschlug, triumphierten die Gegner. Der englische König ließ seinen Palast mit kugelförmigen Blitzableitern ausrüsten und lehnte die spitze Form von Franklin ab, der sich zur selben Zeit in Paris als

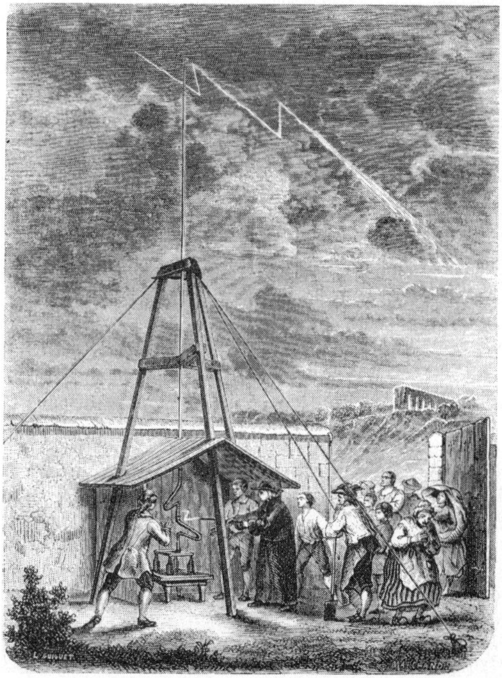

12: Nachweis der Gewitterelektrizität durch d'Alibard 1752. Auf der nachempfundenen Zeichnung aus dem 19. Jahrhundert zieht d'Alibard gerade einen Funken aus den Gewitterwolken. Die Versuchsanordnung geht auf einen Vorschlag des Amerikaners Franklin zurück. Die Blitzstange ist nicht geerdet (kein Blitzableiter), und das gebogene untere Ende schützt vor einem Erdschluß durch herabtropfendes Wasser.

13: Vorschlag, die Gefahren durch Blitzeinschlag zu bannen (1821). Um Mensch und Tier vor Blitzschlag und Hagelwetter zu schützen, wurden in dieser Zeichnung nicht nur für die Häuser Blitzableiter vorgesehen, sondern auch über die Landschaft verteilt.

Gesandter für die amerikanische Unabhängigkeitsidee und damit gegen die Engländer einsetzte.

Bei richtiger Ausführung, d. h. in erster Linie bei guter Erdung, war der Blitzableiter, ob spitz oder rund, von Vorteil und auf alle Fälle dem bis dahin üblichen Glockenläuten zum Vertreiben des Gewitters, bei dem so mancher Glöckner den Tod fand, vorzuziehen. So sollen in einem Zeitraum von 33 Jahren bei 386 beobachteten Einschlägen 103 Glöckner vom Blitz getroffen worden sein.

Aus der Beschäftigung mit der Lehre von der Elektrizität, die zunächst nur zu wissenschaftlichen Erkenntnissen führte und allenfalls durch elektrische Spielereien der Belustigung diente, war etwas zum Nutzen der Menschheit entstanden. 1790 entwarfen zwei Elektriker ein Idealbild eines durch Blitzableiter geschützten Landes:

«Ueberall im Lande findet man Blitzableiter angelegt (Abb. 13). In großen Städten sind nicht nur die Kirchen und andere öffentliche Gebäude, sondern auch alle die Häuser damit versehen, von denen man aus physikalischen Gründen befürchten konnte, daß sie einiger Gefahr vom Blitz ausgesetzt wären. (...) Alle Pulvermagazine, die Meyereyen, und alle auf dem Felde freystehenden Gebäude sind mit Wetterstangen bewafnet. (...) Die guten Folgen dieser Einrichtung lassen sich unmöglich alle beschreiben. Niemand sieht man bey der Annäherung der schweresten Gewitter ängstlich zittern. Vielmehr sieht Jeder den aufsteigenden Wetterwolken als segnenden Wohlthätern mit Freude und Dank entgegen» (Albanus/Böse, 1790, S. 139 u. S. 141).

Wie gefährlich Versuche mit der Gewitterelektrizität waren, zeigt das Beispiel von Professor Georg Wilhelm Richmann (1711–1753) in Petersburg, der als erster Elektriker bei Messungen von einem tödlichen Blitzschlag getroffen wurde. Aber:

«Es wurde vieler Orten doch ruhig weiter experimentiert in dieser Richtung, denn die Elektriker waren durchaus nicht alle der Ansicht, daß Richmanns Schicksal ein beklagenswertes gewesen sei. Krünitz nennt den Tod Richmanns beneidenswert, und in der französischen Übersetzung der Priestleyschen Geschichte findet sich gar die Bemerkung, der deutsche Professor Bose habe den Wunsch geäußert, am elektrischen Schlage zu sterben, damit der Bericht von seinem Ende einen Artikel in den Schriften der königlichen französischen Akademie abgeben möge» (Hoppe, 1884, S. 42).

Heute kommen wir kaum mehr mit den gefährlichen Erscheinungsformen der Reibungselektrizität im Alltag in Berührung. Dafür begegnen wir der Reibungselektrizität im wahrsten Sinne des Wortes auf Schritt und Tritt bei Teppichböden oder anderen Kunststoffgegenständen, die sich aufladen können.

Von der statischen zur strömenden Elektrizität

Die tierische Elektrizität bei Galvani

Die Wirkungen der Elektrizität aus einer Elektrisiermaschine oder einer Leidener Flasche auf den menschlichen Körper, die sich durch Schmerzen oder Muskelzuckungen äußerten, waren seit der Mitte des 18. Jahrhunderts hinlänglich bekannt. Man stellte sich sogar den menschlichen Körper selbst als Elektrisiermaschine vor. Die Ansicht, daß durch Reibung des Bluts in den Gefäßen Elektrizität entstünde, fand Eingang in die medizinische Literatur. Das Nervenfluidum, im Gehirn erzeugt und durch die Nerven an die Organe und Muskeln fortgeleitet, wurde mit Elektrizität gleichgesetzt. Einige Ärzte behaupteten sogar, daß das ganze Leben auf der Fähigkeit des Organismus beruhe, durch Reize in den Zustand der Erregung versetzt zu werden. Zur Überprüfung dieser Thesen elektrisierte man Teile des tierischen und menschlichen Körpers.

Von daher ist auch verständlich, warum sich der Arzt Luigi Galvani (1737–1798) mit derartigen Versuchen befaßte (Abb. 14). Nach seiner Promotion zum Doktor der Medizin und der Philosophie praktizierte er in seiner Heimatstadt Bologna als Arzt und Chirurg und schlug dann eine erfolgreiche akademische Laufbahn ein. 1791 erschien nach elf Jahren Forschung sein wichtigstes Werk: die ‹Abhandlung über die Kräfte der

14: Luigi Galvani (1737–1798). Der italienische Mediziner und Naturforscher begründete, ausgehend von Froschschenkelversuchen, einen neuen, nach ihm benannten Zweig der Elektrizitätslehre, den Galvanismus.

Elektrizität bei der Muskelbewegung›. Nach der Besetzung Bolognas durch die Franzosen und der Ausrufung der Cisalpinischen Republik verlor Galvani 1798 seinen Lehrstuhl für Geburtshilfe, da er aus politischen und religiösen Gründen den Eid auf die neue Verfassung verweigerte.

Worin bestand nun Galvanis Entdeckung?

Im ersten Teil seiner Abhandlung beschrieb Galvani, wie er in der Nähe einer Elektrisiermaschine einen Frosch sezierte. Als ein Gehilfe mit einem Skalpell die inneren Schenkelnerven des Frosches berührte und zufällig ein Funken aus der Elektrisiermaschine gezogen wurde, zuckten die Muskeln heftig zusammen. Das beobachtete Phänomen war das Resultat der Fernwirkung einer elektrischen Entladung. Im zweiten Teil wurde gezeigt, daß die Gewitterelektrizität ebenso ein Zucken hervorrief.

Der dritte Teil über die Kräfte der tierischen Elektrizität bei der Muskelbewegung sollte sich als der wichtigste erweisen. Er beruhte auf Forschungen vom September und Oktober 1786. Diesmal untersuchte Galvani bei heiterem Himmel präparierte Frösche, die mit einem Messinghaken an einem Eisengitter befestigt waren. Als nach langem Warten nichts passierte, drückte er die Haken gegen das Gitter – und die Muskeln zogen sich zusammen! Galvani war ein vorsichtiger und kritischer Experimentator:

«Als ich diese Contractionen nur in der freien Luft beobachtet hatte, denn an anderen Orten waren noch keine Versuche angestellt worden, so fehlte nicht viel, und

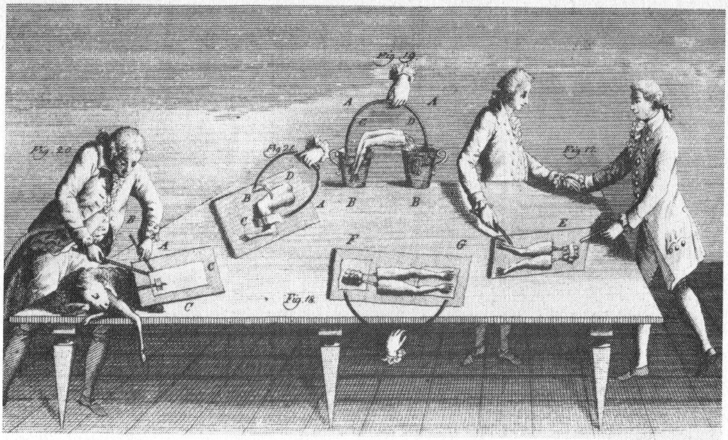

15: Galvanis Versuche mit verschiedenen Tierschenkeln (1791). Galvani schrieb die Zuckungen von Tiermuskeln einer tierischen Elektrizität zu. In Fig. 18 werden die auf einem Kupfer- und Silberblatt liegenden Teile eines Froschschenkels mit einem metallischen Bogen überbrückt. In Fig. 17 bleibt die Wirkung erhalten, wenn sich die Experimentatoren an den Händen halten oder Schenkel, Nerven und Bogen in Wasser getaucht werden (Fig. 19). In Fig. 21 wird ein Hühnchenschenkel benutzt und in Fig. 20 der enthäutete Schenkel eines Lamms mit einer Franklinschen Tafel (einer Art Leidener Flasche) verbunden.

ich hätte der atmosphärischen Electricität, welche in das Thier kriecht und sich selbst anhäuft und bei der Berührung des Hakens mit dem Eisengitter plötzlich entweicht, solche Contractionen zugesprochen. Denn es ist leicht, sich beim Experimentiren zu täuschen und zu meinen, das gesehen und gefunden zu haben, was wir zu sehen und zu finden wünschen.

Als ich aber das Thier in das geschlossene Zimmer übergeführt (Abb. 15), auf eine Eisenplatte gelegt und angefangen hatte, gegen letztere den in das Rückenmark gehefteten Haken zu drücken, siehe da dieselben Contractionen, dieselben Bewegungen! Dasselbe habe ich wiederholt unter Anwendung von anderen Metallen, an anderen Orten und zu anderen Stunden und anderen Tagen erprobt; und dasselbe Ergebniss, nur dass die Contractionen bei der Verschiedenheit der Metalle verschieden waren, bei den einen nämlich heftiger, bei den anderen langsamer. Schliesslich kam uns in den Sinn, auch andre Körper, welche aber wenig oder gar keine Electricität leiten, nämlich aus Glas, Gummi, Harz, Stein oder Holz bestehende und zwar trocken zu dem Experiment zu verwenden, nichts ähnliches trat ein, es liessen sich keine Muskelcontractionen und Bewegungen erblicken. Natürlich erregte ein derartiges Resultat bei uns nicht geringe Verwunderung und liess die Vermuthung in uns aufsteigen, dass dem Thiere selbst Electricität inwohne. Wir wurden in beiderlei Hinsicht bestärkt durch die Annahme eines sehr feinen Nervenfluidums, das während der Erscheinung von den Nerven zu den Muskeln fliesse, ähnlich dem electrischen Strome in der Leydener Flasche» (Galvani, 1791, zit. nach v. Oettingen, 1894, S. 22f).

Nach Galvani sind die Muskeln der Sitz der tierischen Elektrizität, sozusagen eine organische Leidener Flasche, deren Wirkung sich so ausdrükken läßt:

«Die die Faser umhüllende Membran entspricht der Wand der Flasche, ihre Innenfläche ist positiv, ihre Außenfläche negativ geladen. Der Nerv entspricht dem Konduktor. Die beim Experiment verwendete bimetallische Armatur schließt den Kreis und bringt, über Nerv und Metall, die Spannung zwischen den beiden Oberflächen der Muskelfaser zur Entladung» (Züllig, 1969, S. 25f).

Damit kam Galvani den Ergebnissen der modernen Muskelphysiologie sehr nahe, auch wenn seine Experimente in dieser Form strenggenommen keinen Beweis erbrachten.

Als Arzt zog Galvani den Schluß, daß gewisse Krankheiten durch einen Überfluß oder durch einen Mangel an Elektrizität im menschlichen Körper entstehen.

Eines hatte Galvani zwar nicht übersehen, aber doch nicht weiter beachtet, daß nämlich die Kontraktionen besonders stark bei verschiedenen Metallen ausfallen. Das war ein wesentlicher Unterschied gegenüber der Entladung bei der Leidener Flasche.

Berührungselektrizität und Voltasche Säule

Die Kenntnis der Entdeckung Galvanis verbreitete sich rasch, und viele Forscher bestätigten sie durch Wiederholung der Versuche. 1792 erhielt der Professor der Physik in Pavia, Alessandro Volta (1745–1827) (Abb. 16), die Abhandlung Galvanis von einem gemeinsamen Freund.

Zunächst war Volta von der Entdeckung Galvanis begeistert. Er wiederholte die Versuche und bemühte sich dabei, die kleinste elektrische Kraft zu bestimmen, die diese Wirkungen hervorrief. Die Elektrizität, die dazu ausreichte, konnte er mit den herkömmlichen Elektrometern nicht mehr messen, und so schloß er: «Wir haben also in den an der Wirbelsäule hängenden Froschbeinen eine neue Art Elektrometer.» Und da die Zuckungen bei Verwendung von zwei verschiedenen Metallen stärker ausfielen, mußten diese Metalle mehr sein als nur Leiter der Elektrizität. In zwei Briefen teilte er im September und Oktober 1792 die Vermutung über die Entstehung von Elektrizität durch Berührung einem Kollegen mit:

«Ich bekenne, es ist nicht leicht zu verstehen, wie und warum die einfache Anwendung zweier ungleicher Belegungen, d. h. verschiedener Metalle, auf zwei ähnliche Stellen des Thieres und sogar auf zwei sehr nahe Punkte irgend eines Muskels, das Gleichgewicht des elektrischen Fluidums stört, und aus seiner Unthätigkeit herauszwängend, unaufhörlich von einer Stelle zur anderen treibt: dieser Strom tritt sofort ein, sobald ein Leiter die beiden Belegungen verbindet, und er beharrt

16: Alessandro Volta (1745–1827). Der italienische Physiker führte die Arbeiten Galvanis fort und leitete mit dem Bau der nach ihm benannten Spannungssäule im Jahre 1800 eine neue Epoche der Elektrizitätslehre ein.

ebenso lange, als jene Verbindung dauert. Sei nun die Ursache begreiflich oder nicht, es ist eine Thatsache, die die Versuche genügend beweisen, (...)» (Volta, 1792, zit. nach v. Oettingen, 1900, S. 80 und 87).

Folgerichtig lehnte Volta die Analogie zur Leidener Flasche ab und führte die Elektrizität auf die Berührung oder den Kontakt zweier verschiedener Metalle zurück. Es entspann sich zwischen den *Voltaisten* und den *Galvanisten* eine heftige Kontroverse, die nach Galvanis Tod 1798 von seinen Schülern fortgesetzt wurde.

In den folgenden Jahren widmete Volta seine ganze Arbeitskraft der Erforschung dieser Phänomene. 1794 ordnete er die Metalle in einer ‹Spannungsreihe› nach der Heftigkeit der Empfindungen, die jeweils zwei Metalle auf der Zunge hervorriefen. Voltas Reihe – andere Forscher gelangten zu anderen Ergebnissen – reichte von Zink über Zinn, Eisen, Kupfer, Platin, Gold, Silber bis hin zu Quecksilber.

In seinen weiteren Untersuchungen führte Volta die Bezeichnung Leiter erster Klasse (etwa Metalle) und zweiter Klasse (etwa Flüssigkeiten) ein.

Am 20. März 1800 sandte Volta einen Brief an den Präsidenten der Royal Society in London, der unter dem Titel ‹Über die bei bloßer Berührung leitender Substanzen verschiedener Art erregte Elektrizität› in den *Philosophical Transactions* abgedruckt wurde. Er beschrieb darin «die Herrichtung eines Apparates, welcher durch seine Wirkung, (...), einer Leidener Flasche (...) ähnlich ist, welche aber unaufhörlich wirkt, (...); welcher, mit anderen Worten, eine unerschöpfliche Ladung, eine beständige Wirkung (...) besitzt». In seinem Wesen und seiner Gestalt nach glich er mehr dem elektrischen Organ des Zitterrochens, dessen Aufbau seit Mitte der siebziger Jahre bekannt war. Volta beschrieb seinen Apparat so:

«Ich beschaffe mir einige Dutzend kleiner runder Platten oder Scheiben aus Kupfer, Messing, oder besser Silber, (...) und eine gleiche Anzahl Platten von Zinn, oder, was viel besser ist, Zink, von annähernd gleicher Gestalt und Größe; (...) man muß nur Acht geben, dass man sie bequem über einander in Gestalt einer Säule ordnen kann. Ich verfertige ausserdem eine genügende Zahl runder Scheiben von Pappe, Leder oder anderem porösen Material, welches fähig ist, viel Feuchtigkeit oder Wasser aufzunehmen oder zurückzuhalten, womit sie gut getränkt sein müssen, damit der Versuch gelingt.»

Sind die runden Scheiben mit Wasser oder besser mit Salzwasser getränkt, so werden sie aufeinander geschichtet und ergeben die nach ihm benannte Voltasche Säule (Abb. 17):

«Ich lege also horizontal auf einen Tisch oder irgend eine andere Unterlage eine der metallischen Platten, z. B. eine von Silber, und auf diese zweite passe ich eine von Zink, hierauf lege ich eine der feuchten Platten, darauf eine zweite Silberplatte, worauf unmittelbar eine von Zink folgt, auf die ich wieder eine feuchte Platte lege. (...) ich fahre so fort, sage ich, aus mehreren dieser Stockwerke eine so hohe Säule zu bauen, als sie sich halten kann, ohne umzufallen» Volta, 1800, zit. nach v. Oettingen, 1900, S. 78f).

Da Volta der Berührung zweier verschiedener Metalle die Wirkungsweise seiner Säule zuschrieb, hatte er auch an deren Anfang und Ende zwei Metallplatten gesetzt. In den folgenden Jahrzehnten sollte darum ein heftiger Streit geführt werden, ob der Kontakt der Metalle oder der chemische Vorgang (Elektrolyse) Ursache des Stroms sei (Kontakttheorie/chemische Theorie). Außer seinem Säulenapparat schlug Volta noch eine bequemere und länger wirkende, wenn auch mehr Platz beanspruchende Anordnung vor, die sogenannte Tassenkrone. Dabei werden mit Salzwasser oder Sauce gefüllte Glasgefäße durch Metallbögen verbunden, die aus zwei verschiedenen Metallen zusammengelötet sind. Durch Hintereinanderschaltung von bis zu 60 Bechern konnte Volta die Wirkung seines *elektromotorischen Instruments* auf den menschlichen Körper bis ins Schmerzhafte steigern.

Mit der Säule glaubte Volta ein Perpetuum mobile geschaffen zu haben. Die abnehmende Wirkung schrieb er dem Austrocknen der feuchten Platten zu. Für chemische Vorgänge, wie die eigentlich nicht zu über-

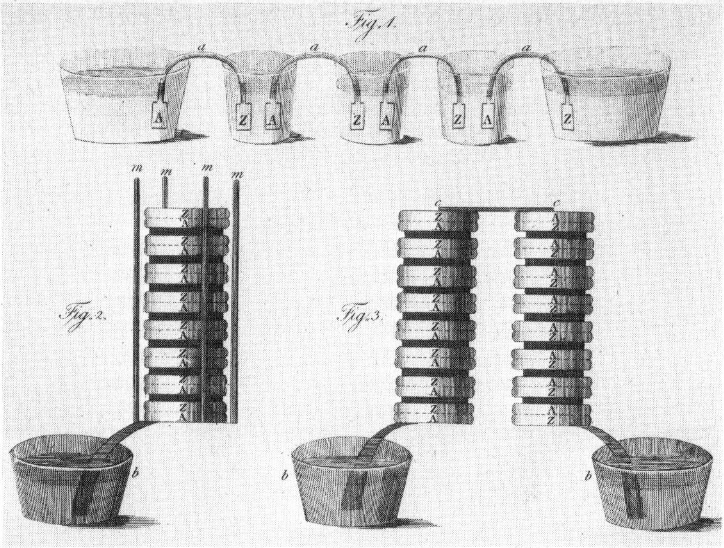

17: Säule und Tassenkrone von Volta (1800). Mit diesen beiden Anordnungen war es Volta möglich, elektrischen Strom über einen längeren Zeitraum hinweg zu erzeugen. Bei der Voltaschen Säule (Fig. 2 und Fig. 3) liegen zwischen den Silberscheiben (A) und den Zinkscheiben (Z) mit Säure getränkte Pappscheiben. Bei der Tassenkrone (Fig. 1) stehen die verschiedenen Metallscheiben jeweils in einem mit verdünnter Säure gefüllten Glasgefäß. Entsprechend seiner Theorie, der Kontakt zweier verschiedener Metalle rufe den Strom hervor, setzte Volta je zwei Metallscheiben an den Anfang und das Ende seiner Säule. Seine Zeitgenossen erkannten jedoch bald, daß dies nicht zur Erhöhung der Spannung (1 bis 1,1 V) beiträgt.

sehende Elektrolyse und Gasentwicklung, gab es in seiner rein physikalischen Theorie der Berührungselektrizität keinen Platz, und sie wurden von ihm nicht beschrieben.

Dies blieb zwei Londoner Physikern vorbehalten, die Voltas Brief noch vor der Drucklegung gelesen hatten. Anthony Carlisle (1768–1840) und William Nicholson (1753–1815) bemerkten die Zersetzung des Wassers mit Hilfe des Stroms der Voltaschen Säule. Zwar war dies schon 1789 mit Reibungselektrizität gelungen, doch die neue Elektrizitätsquelle ermöglichte eine fortdauernde Zerlegung und eröffnete damit einen neuen Forschungszweig, die Elektrochemie.

Die Kunde von der Erfindung Voltas verbreitete sich wie ein Lauffeuer durch Europa. Im November 1801 führte Volta im Beisein des Ersten Konsuls Napoleon (1769–1821) seine Versuche vor der physikalischen und mathematischen Klasse des Französischen Nationalinstituts in Paris durch (Abb. 18). Im Gegensatz zu Galvani verstand Volta sich gut mit der

18: Volta führt im November 1801 in Paris seine Versuche vor Napoleon durch. Unter anderem stellte er seine Säule und Tassenkrone vor. In der rechten Hand hält er ein von ihm erfundenes Elektrophor, um geringe Spannungen vervielfachen zu können, und berührt damit ein Elektrometer, bei dem sich entsprechend der Spannung zwei Strohhälmchen spreizen.

Besatzungsmacht. Napoleon schätzte ihn und ernannte ihn 1810 zum Grafen.

Die Voltasche Säule gestattete ein kontinuierliches Arbeiten mit niedriger Spannung bei hoher Stromstärke im Gegensatz zur Reibungselektrisiermaschine mit hoher Spannung und geringer Stromstärke bei kurzer Dauer.

Es sollte noch mehr als 30 Jahre dauern, bis man die Gleichartigkeit der beiden Elektrizitätsarten erkannte.

Heilen ohne Medikamente

Wie die Reibungselektrizität benutzten die Ärzte auch diese neue Form der Elektrizität zur Heilung von Kranken. Der wohl erste, der 1801 eine galvanische Kur für Taubstumme durchführte, war der Apotheker Sprenger aus Jever. Den einen Pol der aus 70 Doppelplatten bestehenden Säule verband er mit dem Ohr des Patienten, während vom anderen ein Draht über einen von einem Uhrwerk gesteuerten Erreger (Unterbrecher) zur Hand des Patienten führte (Abb. 19). Die übertriebenen Hoffnungen ließen sich, vor allem wenn man die Anwendungsgebiete betrachtet, nicht erfüllen:

«Seitdem der Galvanismus in Heilung der Kranken versucht, und hier und da, glücklich angewandt worden ist, fehlt es nicht an Leuten, die Kranken aller Art, die unbedingte Weisung geben: ‹Nur galvanisirt.› – Auch erzählten schon vielmale Zeitungen, in einem unendlich zuversichtlichen Tone, Krankenheilungen, die an Wunder gränzen, und die der Galvanismus bewirkt haben soll. Man darf sich daher nicht verwundern, daß sich Taube, Stumme, Blinde und Lahme, schaarenweise um die Voltaischen Säulen herlagern, und sich die Allkraft des Galvanismus versuchen lassen. Ja, man darf sich nicht verwundern, daß sogar alte Männer und Frauen für ihre ausgetrockneten Nerven- und Muscelfasern jugendliche Kraft; – Blödsinnige Geistesstärke; – Krippel Integrität ihrer Organe u. s. w. von dem galvanischen Reize erwarten. Nun findet sich aber die Sache nicht so, als sich die Gutmüthigen einbilden» (Weber, 1802, S. 129f).

Auf der Suche nach der Lebenskraft dehnte man die Forschungen auf Tote aus. So untersuchten Ärzte in Mainz im November 1803 die Wirkung der Reibungselektrizität und des Galvanismus auf die Körper und Köpfe von vier durch die Guillotine enthauptete Komplizen des Schinderhannes. Es gab eine Diskussion, welche Hinrichtungsart dem Delinquenten die geringsten Qualen bereitet. An ihr beteiligte sich der Arzt Samuel Thomas von Sömmerring (1755–1833), der die Guillotine aufs heftigste ablehnte, da sie den Körper an der Stelle trifft, wo alle Nerven zusammenlaufen. Übrigens erinnert sein 1809 erfundener elektrochemischer Telegraf sehr an den menschlichen Körper: Zur Übertragung eines jeden Buchstabens war ein Draht vorgesehen, und damit glich das Leitungsbündel einem Nervenstrang.

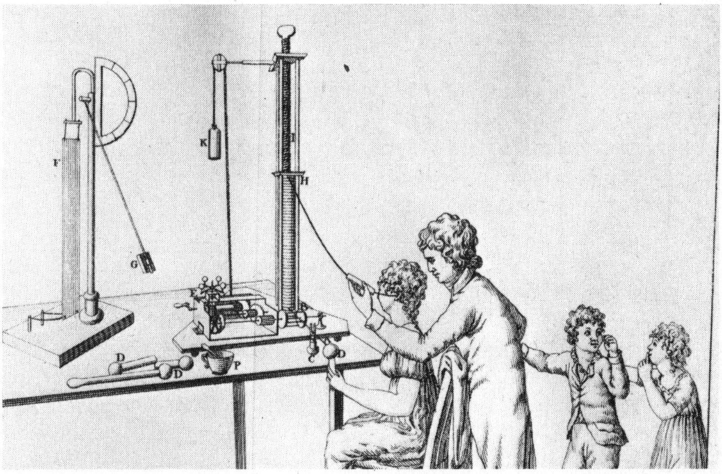

19: Ars voltacustica oder die Kunst, mit Galvanismus Taube zu heilen (1802). Durch Stromschläge glaubte man, die verschiedensten Krankheiten heilen zu können. Bei dieser Apparatur werden Stromstöße einer Voltaschen Säule auf das taube Ohr der Patientin geleitet.

Die Verbindung von Elektrizität und Magnetismus

Dynamismus und Atomismus

Elektrische und magnetische Phänomene wurden bisher getrennt behandelt. Zwar vermutete man einen Zusammenhang, wenn etwa Eisenstücke durch Blitzeinschlag magnetisch oder Kompaßnadeln umgepolt wurden. Aber solche Vorkommnisse entzogen sich der Überprüfung durch das Experiment. Erst nach der Entdeckung der Voltaschen Säule stellten einige Physiker Versuche an, um Magnetismus und Elektrizität auf eine Urkraft zurückzuführen. Es waren dies die sogenannten Dynamisten, die Magnetismus, Elektrizität, Licht und Wärme für spezielle, ineinander umwandelbare Ausprägungen einer einzigen Naturkraft hielten. Sie standen damit im Gegensatz zur Mehrheit der Physiker, den sogenannten Atomisten, die von der Materie ausgingen. Für diese waren Elektrizität, Magnetismus usw. unwägbare Stoffe (Imponderabilien) und im Grunde wesensverschieden.

Mit dem dynamistischen Prinzip zeigte der als Begründer der Elektrochemie geltende Johann Wilhelm Ritter (1776–1810) die Verbindung von chemischer und elektrischer Kraft bei der Voltaschen Säule. Er stieß aber mit seinen spekulativen und von einer romantischen Naturphilosophie geprägten Ansichten auf wenig Gegenliebe bei der Mehrheit seiner Kollegen.

Die Entdeckung Oersteds

Bei Ritter hielt sich im Jahr 1802 auch der junge Däne Oersted (Abb. 20) auf, der in dem Jenaer Romantikerkreis um den Philosophen Friedrich Schelling (1775–1854) und die Brüder Schlegel verkehrte. Hans Christian Oersted (1777–1851), als Sohn eines Apothekers auf der dänischen Insel Langeland geboren, hatte Medizin und Naturwissenschaften an der Universität in Kopenhagen studiert. Fasziniert von den Versuchen Galvanis und Voltas wandte er sich nach seiner Promotion diesem Gebiet zu. 1801 wurde ihm eine Studienreise bewilligt, die den an naturphilosophischen Fragen Interessierten neben anderen Stationen zu Ritter führte, mit dem er auch später freundschaftlich verbunden war.

Für das Jahr 1819 oder 1820 prophezeite Ritter, der an eine Beeinflussung des menschlichen Schicksals durch den Magnetismus glaubte, in einem Brief an Oersted im Jahr 1803 den Beginn einer neuen Epoche,

20: Hans Christian Oersted (1777–1851). Der dänische Physiker entdeckte 1820 die Ablenkung einer Magnetnadel in der Nähe eines stromdurchflossenen Drahts und damit einen Zusammenhang von Elektrizität und Magnetismus (Elektromagnetismus).

vergleichbar mit den Zeiträumen, die auf die Entdeckung der Leidener Flasche 1745 oder der Voltasäule folgten. Und wie der Zufall will, ging diese Vorhersage Ritters in Erfüllung. Bereits 1812 hatte Oersted Vorschläge gemacht, den Zusammenhang zwischen Elektrizität und Magnetismus zu überprüfen. Aber erst im April 1820, inzwischen Ordinarius für Physik an der Kopenhagener Universität, entdeckte er einen Zusammenhang, den er im Juli in einem Rundschreiben der Fachwelt mitteilte:

«Versuche über die Wirkung des electrischen Conflicts auf die Magnetnadel, von J. Chr. Oersted, Prof. d. Phys. zu Kopenhagen.
(...) Man denke sich die beiden entgegengesetzten Enden des galvanischen Apparates durch einen Metall-Draht verbunden. Diesen werde ich der Kürze halber stets den verbindenden Leiter oder den verbindenden Draht nennen; die Wirkung aber, welche in diesem verbindenden Leiter und um denselben her vor sich geht, mit dem Namen electrischer Conflict bezeichnen.

Man bringe ein gradeliniges Stück dieses verbindenden Drahtes in horizontaler Lage über eine gewöhnliche, frei sich bewegende Magnetnadel so daß er ihr parallel sey; und zu dem Ende kann man den Draht ohne Schaden nach Belieben biegen. Ist alles so eingerichtet, so wird die Magnetnadel in Bewegung kommen, ...» (Oersted, 1820, S. 296f).

Die Ablenkung geschah in unterschiedlichen Richtungen, je nachdem ob die Nadel über oder unter dem Draht angeordnet war. Oersted schloß daraus auf eine kreisförmige Ausbreitung des elektrischen Konflikts um den Draht herum.

Die Entdeckung Oersteds, daß eine Magnetnadel in der Nähe eines stromführenden Drahts aus der Ruhelage abgelenkt wird, erregte das Interesse weiter Kreise. So heißt es 1827 in Gehler's Physikalischem Wörterbuch, das in neuer Bearbeitung zwischen 1825 und 1845 erschien, im Artikel ‹Elektromagnetismus›):

«Kaum waren aber diese Nachrichten ins Publicum gekommen, als nicht bloß alle Physiker, sondern auch eine Menge Naturforscher, Aerzte, Dilettanten und sogar solche, welchen wissenschaftlichen Forschungen übrigens fremd zu seyn pflegen, sich mit einer unerhörten Leidenschaftlichkeit der neuen Entdeckung bemächtigten. Man kann den damaligen allgemein erregten Enthusiasmus füglich demjenigen vergleichen, welcher sich äußerte, als die ersten aerostatischen Maschinen [Heißluft- und Gasballons] ein bis dahin für unmöglich gehaltenes Problem löseten, (...)» (Gehler, Bd. III, 1827, S. 448).

Die technische Umsetzung ließ noch mehr als zehn Jahre auf sich warten. Dann erst gelang es, in den elektromagnetischen Maschinen Elektrizität (Strom) in Magnetismus so umzusetzen, daß damit eine Bewegung erzielt werden konnte.

Wie im 17. und 18. Jahrhundert bei der Entdeckung der Reibungselektrizität schwoll im Fall des Elektromagnetismus die Menge der beobachteten Erscheinungen stark an, ohne daß immer eine genügende Erklärung oder Theorie vorgelegen hätte.

Eine führende Rolle nahmen hier die französischen Physiker ein. Aus Genf kommend hatte der Professor an der École Polytechnique Dominique François Jean Arago (1786–1853) die Nachricht vom Oerstedschen Grundversuch mitgebracht und in der ersten Septemberhälfte 1820 die Versuche vor der Akademie der Wissenschaften wiederholt. Unter den Zuhörern befand sich sein Kollege André Marie Ampère (1775–1836), der davon so fasziniert war, daß er sich ganz diesem Gebiet zuwandte. Noch im September 1820 konnte Ampère der Akademie die gegenseitige Beeinflussung von zwei parallelen stromdurchflossenen Drähten mitteilen. Diese ziehen sich an, wenn sie in gleicher Richtung durchflossen werden; im anderen Fall stoßen sie sich ab. Jean-Baptiste Biot (1774–1862), der die Physik am Collège de France vertrat, und der von ihm geförderte Felix Savart (1791–1841) untersuchten wenig später experimentell die Kräfte, die dabei ein gerader stromdurchflossener Draht auf eine kleine Magnetnadel ausübt.

Ampère versuchte die elektromagnetischen Phänomene auf eine, wie er sie nannte, elektrodynamische Aktion zurückzuführen. Er lehnte die Annahme zweier magnetischer Flüssigkeiten, einer süd- und einer nordpolaren, ab und erklärte den Magnetismus durch innere elektrische Ströme. So erzeugten von Osten nach Westen fließende Ströme den Erdmagnetismus.

Ampère imitierte das Verhalten von Magneten durch stromdurchflossene schraubenförmige Drahtspulen, von ihm Solenoide genannt. Ein in sie eingebrachter Stahlstab wurde magnetisch.

Aus diesen Versuchen sollten sich zwei wichtige Anwendungen ergeben: das Galvanometer und der Elektromagnet.

Galvanometer

Von Oersteds Versuch war die unterschiedliche Abweichung der Magnetnadel bekannt, je nachdem ob sich diese über oder unter dem stromführenden Draht befand. Der entscheidende Gedanke war nun, den Draht um die Nadel herumzuführen, um so die Wirkung zu vervielfachen. Unabhängig von anderen Forschern gelang dies Johann Salomo Christoph Schweigger (1799–1857). Im September 1820 trug der Professor der Chemie in Halle darüber vor und veröffentlichte zu Beginn des Jahres 1821 in seinem ‹Journal für Chemie und Physik› Zeichnungen seines Instruments, das wenig später die Bezeichnung ‹Multiplikator› erhielt (Abb. 21). Schweigger gelang es, die Drähte durch eine Seidenumspinnung und einen Wachsüberzug zu isolieren. Dies war eine einfache, aber sehr wichtige Verbesserung. Bei der Messung der Stärke der galvanischen Ketten störte in dieser Anordnung noch der Einfluß des Erdmagnetfeldes. Ampère fügte daher zur ersten Magnetnadel noch eine zweite, entgegengesetzt angeordnete und außerhalb der Multiplikatorspule befindliche Nadel hinzu, die die Wirkung des Erdmagnetfeldes auf die erste Nadel aufhob (astatisches Nadelpaar). Von Ampère stammt für diese Versuchsanordnung auch die Bezeichnung Galvanometer.

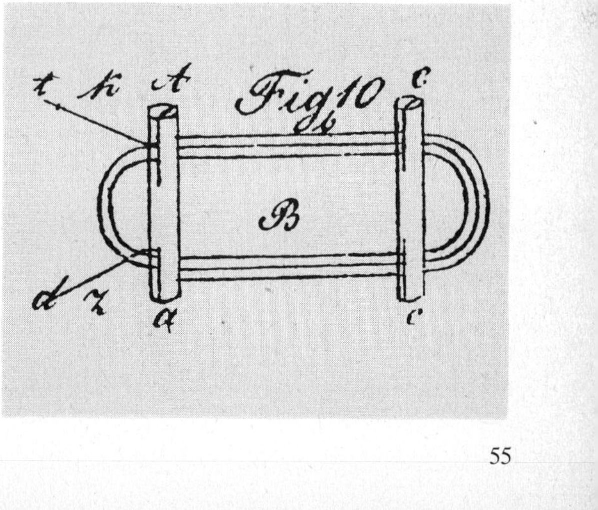

21: Vorschlag von Schweigger für einen Multiplikator (1821). Bei diesem Strommeßinstrument wird die von Oersted entdeckte Wirkung eines stromdurchflossenen Drahts auf eine Magnetnadel mehrfach ausgenutzt, indem der isolierte Kupferdraht mehr als einmal um die hier nicht eingezeichnete Magnetnadel herumgeführt wird. Daher kommt der Ausdruck Multiplikator für das sonst als Galvanometer bezeichnete Instrument.

Die Messungen mit dem neuen Instrument gestalteten sich keineswegs einfach: Ein doppelter Ausschlag, in Winkelgraden gemessen, bedeutete nicht die doppelte Stromstärke, da die beiden Größen über eine trigonometrische Funktion zusammenhängen. Hinzu kam ein Faktor, der vom jeweiligen Instrument abhing. Dies erschwerte den Vergleich der von verschiedenen Forschern gemessenen Werte. Die Eichung der Geräte, die Erhöhung ihrer Empfindlichkeit und ihre leichtere Handhabung beschäftigten lange Zeit Physiker und Feinmechaniker.

Elektromagnet

Die Trag- und Anziehungskraft eines Magneten in Form eines Hufeisens oder eines Stabes war begrenzt und konnte auch nicht beliebig durch Armierung mit Weicheisenstücken oder durch Zusammenschrauben erhöht werden. Zudem verloren die Magnete im Laufe der Zeit durch Erschütterung und Erwärmung einen Teil ihres Magnetismus, der durch Streichen mit anderen Magneten mühsam wieder aufgebracht werden mußte. Um so erstaunlicher ist es, daß die Magnetisierung eines Stahlstabes innerhalb einer Drahtschraube so lange ohne Beachtung blieb.

Als erster konstruierte William Sturgeon (1783–1850) einen Elektromagneten im Jahre 1825, indem er ein gefirnißtes hufeisenförmiges Eisenstück mit einem blanken Kupferdraht umwickelte (Abb. 22). Der

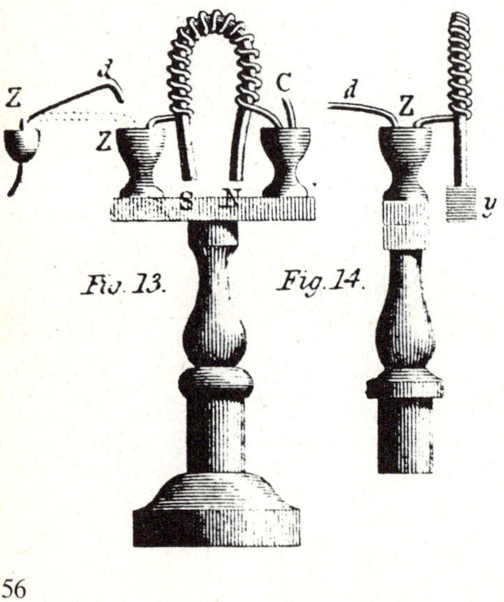

22: Erster Elektromagnet von Sturgeon (1825). Das Hufeisen trägt eine Kupferdrahtwicklung, deren Enden links und rechts in zwei mit Quecksilber gefüllte Näpfchen eintauchen. Mit Quecksilber glaubte man lange Zeit, einen besseren Kontakt erzielen zu können als mit Löt- oder Schraubverbindungen. Zum Einschalten des Stroms (die Batterie ist hier nicht eingezeichnet) dient eine Drahtbrücke links oben (zd). Der hufeisenförmige Elektromagnet konnte etwa das Zwanzigfache seines Eigengewichtes tragen.

Elektromagnet konnte etwa das Zwanzigfache seines Gewichts tragen. Sturgeon hatte erst kurz vorher eine Stelle als Physiklehrer erhalten, nachdem er, ursprünglich Schuhmacher, sich während seines fast zwanzigjährigen Militärdienstes dem Studium der Naturwissenschaft zugewandt hatte. In Woolwich, wo sich im Osten Londons eine Reihe von Anstalten des Militärs und der Marine befanden, kam er mit zahlreichen Gelehrten zusammen, die ihn förderten.

Auf dem Festland sollte es noch einmal fünf Jahre dauern, bis man dem Elektromagneten mehr Aufmerksamkeit schenkte.

Das Ohmsche Gesetz

Georg Simon Ohm (1789–1854) wurde als Sohn eines an der Wissenschaft interessierten Schlossermeisters in Erlangen geboren und zusammen mit seinem Bruder vom Vater in Mathematik, Physik und Philosophie unterrichtet (Abb. 23). Ein Studium an der Erlanger Universität mußte der hochbegabte Ohm 1806 aus Geldmangel für fünf Jahre unterbrechen und sich seinen Lebensunterhalt als Mathematiklehrer in der Schweiz verdienen. Nach seiner Rückkehr promovierte er im Jahre 1811; allerdings brachte die Stelle als Privatdozent so wenig ein, daß er 1813 als Lehrer nach Bamberg ging; diese Tätigkeit befriedigte ihn jedoch nicht. 1817 verließ er Bamberg, um eine Stelle als Oberlehrer am Jesuitengymnasium in Köln anzunehmen.

23: Georg Simon Ohm (1789–1854). Von dem deutschen Physiker stammt das wohl bekannteste Gesetz aus der Elektrotechnik, das Ohmsche Gesetz. Die Bedeutung dieser 1826 festgestellten und uns heute so einfach erscheinenden Beziehung zwischen Strom, Widerstand und Spannung wurde damals nur von wenigen Physikern erkannt.

Ab 1825 befaßte er sich mit den Erscheinungen des galvanischen Stroms und fand zu Beginn des Jahres 1826 experimentell das später nach ihm benannte Ohmsche Gesetz. In dem im Februar 1826 veröffentlichten Aufsatz ‹*Bestimmung des Gesetzes, nach welchem Metalle die Contaktelectricität leiten, nebst einem Entwurfe zu einer Theorie des Voltaischen Apparates und des Schweiggerschen Multiplicators*› schilderte er die Schwierigkeiten bei der Benutzung der herkömmlichen galvanischen Elemente. Um das «beständige Wogen der Kraft» auszuschließen, d. h., den Strom für die Zeit der Messung konstant zu halten, ersetzte er die galvanischen Elemente durch ein 1821 von Thomas Johann Seebeck (1770 bis 1831) erfundenes, spannungskonstantes Thermoelement. Es bestand aus einem Stück Wismut in Form einer eckigen Klammer, an deren Schenkel zwei Kupferstreifen befestigt waren. Um an diesen Schenkeln einen beständigen Temperaturunterschied zu erzielen, denn ein solcher war Voraussetzung für eine konstante Thermospannung und damit konstanten Strom, tauchte Ohm den einen Schenkel in ein Gefäß mit Eiswasser und den anderen in kochendes Wasser. Das Thermoelement, der zu messende Draht und die als Meßinstrument dienende Drehwaage, wie man diese Ausführung des Galvanometers nannte, wurden hintereinander geschaltet (Abb. 24). Ohm hing die Magnetnadel an einem Goldbändchen auf und richtete sie nach dem magnetischen Meridian, also in Nord-Süd-Richtung, aus. Bei Stromdurchfluß wurde die Nadel ausgelenkt und anschließend durch Verdrehung des Fadens wieder in die Ausgangsstellung gebracht. Der Winkel, um den der Draht gedreht werden mußte, entsprach dem Maß für die Stromstärke. Zur Messung verwandte er acht verschiedene Kupferdrähte von gleichem Durchmesser aber unterschiedlicher Länge zwischen 2 und 130 Zoll (1 Zoll rd. 2,6 cm). Je länger der Draht war, desto geringer war auch die Rückstellkraft, da bei gleichbleibender Spannung des Thermoelements die Stromstärke wegen des höheren Widerstands abnahm. Ohm gelang es, die in mehreren Versuchsreihen gewonnenen Zahlen in eine mathematische Beziehung zu setzen:

«Obige Zahlen lassen sich sehr genügend durch die Gleichung $X = \frac{a}{b + x}$

darstellen, wobei X die Stärke der magnetischen Wirkung auf den Leiter, dessen Länge x ist, a und b aber constante, von der erregenden Kraft und dem Leitungswiderstande der übrigen Theile der Kette abhängige Größen bezeichnen» (Ohm, 1826, S. 151).

In modernen Begriffen ausgedrückt steht X für die Stromstärke I, a für die konstante Spannung U, b für den konstanten Innenwiderstand des Thermoelements und x für den veränderlichen Widerstand des Drahtes.

Zur Entdeckung und Formulierung der Gesetzmäßigkeit trugen sicherlich Ohms mathematische Vorbildung, die gute Ausstattung des physikalischen Kabinetts des Gymnasiums und seine experimentellen Fähigkei-

24: Ohms Drehwaage mit angebautem Thermoelement (1826). Zur Bestimmung seines Gesetzes über den Zusammenhang von Spannung, Strom und Widerstand benutzte Ohm diese Versuchsanordnung. Das Thermoelement, dessen Schenkel (abb'a') in hier nicht gezeichnete Gefäße mit Eiswasser und kochendem Wasser tauchen, liefert eine gleichbleibende Spannung. Der Stromkreis wird über einem bei m und m' anzuschließenden Drahtwiderstand und der Drehwaage geschlossen. Bei der Drehwaage fließt der Strom durch den Draht c und lenkt die Magnetnadel t aus der Nord-Süd-Richtung ab. Die Rückstellung erfolgt oben mit dem Knopf q und wird mit der Lupe l überprüft. Auf der Skala r und n oben läßt sich die Verdrehung in Winkelgraden als Maß für die Stromstärke ablesen.

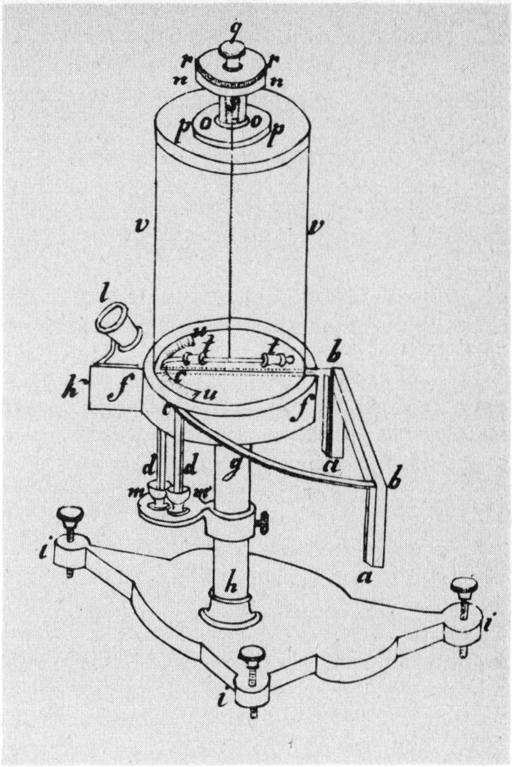

ten bei. Ohm vertrat die Kontakttheorie, und so war es ihm leichtgefallen, analog zum Außenwiderstand von einem Innenwiderstand des ohne chemische Aktion funktionierenden Thermoelements zu sprechen. Bei der Übertragung der Verhältnisse auf die Voltasche Säule führte die Bezeichnung Innenwiderstand bei den Vertretern der chemischen Theorie zu heftigem Widerspruch. Nach der chemischen Theorie bewirkte der feuchte Zwischenleiter die elektrische Wirkung, und so war es geradezu absurd, hier von einem Innenwiderstand zu sprechen. Die meisten Physiker, die von ihrer apparatemäßigen Ausstattung her das Gesetz oft gar nicht experimentell überprüfen konnten, verhielten sich abwartend gegenüber den Ergebnissen, die Ohm 1827 sehr theoretisch in seinem Buch ‹*Die galvanische Kette, mathematisch bearbeitet*› zusammengefaßt hatte. So ergänzte 1839 der Herausgeber der führenden Fachzeitschrift *Annalen der Physik und Chemie*, Johann Christian Poggendorf (1796–1877), die

Klage eines holländischen Physikprofessors, daß das Ohmsche Gesetz vielen Physikern gänzlich unbekannt wäre, durch die Bemerkung:

«Leider nur zu vielen! Gewiß würden wir mit mancher, ganz unhaltbaren Hypothese in der Lehre vom Galvanismus verschont geblieben seyn, wenn die Urheber derselben sich ein wenig mit den ebenso einfachen als fruchtbaren Principien der Ohm'schen Theorie bekannt gemacht hätten» (APc 47, 1839, S. 89).

Die wissenschaftliche Anerkennung seiner Leistungen blieb zunächst aus, und Ohm, der sich 1826/27 für einen Aufenthalt in Berlin beurlauben ließ, mußte sich mit Lehraufträgen an Militär- und Ingenieurschulen in Berlin zufriedengeben. Von 1833 bis 1849 war er Professor und Rektor an der polytechnischen Schule in Nürnberg. Erst Ende der dreißiger Jahre wurden seine Leistungen offiziell anerkannt. Er erhielt die Mitgliedschaft verschiedener Akademien und 1841 eine Auszeichnung der Royal Society. 1849 rief man ihn als Kurator an die Akademie in München, und 1852 schließlich, zwei Jahre vor seinem Tod, erhielt er einen Lehrstuhl für Physik.

Die Arbeiten Faradays und die Entdeckung der elektromagnetischen Induktion

Der wohl bekannteste Experimentator auf dem Gebiet der Elektrizität war Michael Faraday (1791–1867, Abb. 25). Vergleichbar mit Franklin stammte Faraday aus der armen Familie eines Hufschmieds in der Nähe von London. Nach der Übersiedelung der Familie nach London noch in seinem Geburtsjahr 1791 wuchs Faraday in einer tief religiösen Umgebung auf. Mit dreizehn Jahren trug er Zeitungen aus, und ein Jahr später fing er eine Buchbinderlehre an, die ihn in Berührung mit wissenschaftlicher Literatur, wie zum Beispiel einem Artikel über Elektrizität in der Encyclopaedia Britannica, brachte. Seit 1810 verkehrte er in der City Philosophical Society, einem Zusammenschluß junger Männer mit Interesse für die Wissenschaft, und besuchte Vorlesungen von Humphry Davy (1778–1829) in der Royal Institution, die sich der Verbreitung und Förderung naturwissenschaftlicher Erkenntnisse verschrieben hatte. Als seine Lehrzeit ablief, wandte sich Faraday an Davy, dessen Forschungsschwerpunkt in der sich gerade entwickelnden Elektrochemie lag, mit der Bitte um eine Anstellung. Rückblickend schrieb Faraday 1829 einem Briefpartner in Paris darüber:

«Als Buchbinderlehrling liebte ich sehr die Experimente, Handel und Gewerbe waren mir zuwider. Zufällig veranlaßte mich ein Herr, der Mitglied der Royal Institution war, Sir H. Davy's letzte Vorlesungen in Albemarle Street zu hören. Ich schrieb nach und arbeitete das Ganze später fein sauber in einem Quartbande aus.

Mein Wunsch, dem Geschäft, das mir verderbt und selbstsüchtig vorkam, zu entfliehen und meine Kräfte der Wissenschaft zu widmen, von der ich die Meinung hegte, sie mache ihre Verfechter liebenswürdig und freisinnig, flösste mir Muth zu dem kühnen Schritt ein, an Sir H. Davy zu schreiben und demselben meine Wünsche auszusprechen in der Hoffnung, er würde bei irgendeiner passenden Gelegenheit sich derselben erinnern; zugleich übersandte ich ihm meine Ausarbeitung seiner Vorträge. (...)

Beachten Sie wohl, dass das am Ende des Jahres 1812 geschah; Anfang 1813 wollte er mich sprechen und trug mir die alsdann gerade vacante Stelle eines Assistenten im Laboratorium der Royal Institution an.

Indem er solcher Art meinen wissenschaftlichen Bestrebungen entgegenkam, ermahnte er mich, nicht die vorhandenen Verhältnisse aufzugeben, denn die Wissenschaft sei eine harte Meisterin und in Bezug auf Gelderwerb wenig entgegenkommend. Als ich meinerseits über die höhere moralische Gesinnung der Männer der Wissenschaft eine Bemerkung machte, lächelte er und meinte, er würde mir einige Jahre Zeit lassen, um meine Ansicht zu berichtigen.

Schließlich danke ich es seinem Entgegenkommen, dass ich im März 1813 in die Royal Institution als Assistent eintrat und im October des selben Jahres reiste ich mit ihm hinaus als sein Assistent und Schreiber» (Oettingen, 1896, S. 87f).

Davy hatte seinen Gehilfen 1813/14 auf seine Frankreich- und Italienreise, wie sie bei englischen Aristokraten üblich war, mitgenommen. Zurückgekehrt, wandte Faraday sich der Chemie zu und erwarb sich bald einen Ruf als analytischer Chemiker.

Nach Oersteds Entdeckung der Ablenkung einer Magnetnadel in der Nähe eines stromführenden Drahtes befaßte sich Faraday verstärkt mit den Erscheinungen der Elektrizität und speziell des Elektromagnetismus.

25: Michael Faraday (1791–1867). Der englische Physiker und Chemiker veröffentlichte zwischen 1831 und 1855 rund 3500 Versuche zur Elektrizitätslehre. Der Nachweis der elektromagnetischen Induktion, die Grundlage für den Bau von Generatoren, gelang ihm im Jahre 1831.

Für einen Zeitschriftenartikel über die Entwicklung des Elektromagnetismus wiederholte er sämtliche einschlägigen Experimente und gelangte dabei zu der Überzeugung, daß auch die kreisförmige Bewegung eines stromdurchflossenen Drahtes um einen Magneten möglich sein müßte. Faraday wußte auch von den vergeblichen Versuchen des Londoner Arztes und früheren Präsidenten der Royal Society, William Hyde Wollaston (1766–1828), im Labor der Royal Institution zum Nachweis der Rotation eines stromdurchflossenen Drahtes um die eigene Achse im Magnetfeld. Faraday befestigte senkrecht in einem mit Quecksilber gefüllten Gefäß einen Stabmagneten, der über die Oberfläche hinausragte. Von oben tauchte ein beweglich aufgehängter Draht in das Quecksilber, und bei Stromdurchfluß über den Draht und durch das Quecksilber rotierte der Draht um den Magneten entsprechend der Stromrichtung und dem Magnetpol. Änderte man die Anordnung so, daß der Magnet beweglich und der Draht fest war, dann drehte sich der Magnet um den Draht (Abb. 26). Im September 1821 waren die Arbeiten abgeschlossen. Im Oktober 1821 veröffentlichte er die Arbeit über die Umwandlung von elektrischer in mechanische Energie, wobei auch zum erstenmal die Bezeichnung Kraftlinie bei ihm vorkam. Die Konzeption der Kraftlinien sollte sich bei der Beschreibung der Zustände und der Kräfte zwischen Magnetpolen oder elektrisch geladenen Körpern als sehr fruchtbar erweisen. Der Verlauf dieser Linien läßt sich durch Eisenfeilspäne in der Nähe eines Magnetpols sichtbar machen.

In den folgenden Jahren stellte sich Faraday immer wieder die Frage, ob es nicht auch möglich wäre, durch Magnetismus einen elektrischen Strom zu erzeugen. Im Jahre 1825 schlug der Versuch fehl, eine Auswirkung eines mit einer Batterie verbundenen Drahtes auf einen benachbarten und an das Galvanometer angeschlossenen Draht festzustellen. Faraday gab aber nicht auf, denn zur selben Zeit beobachtete Arago, daß eine schwingende Magnetnadel über einer Kupferplatte schneller zur Ruhe kam als über nichtleitendem Material. Und drehte man die Kupferplatte, so bewegte sich sogar die Kompaßnadel in dieselbe Richtung. Man wußte aber nicht, daß durch den Magnetismus der sich bewegenden Nadel in der Scheibe ein Strom erzeugt wurde und dieser auf die Nadel zurückwirkte. Die Wirkungen waren erheblich geringer, wenn in die Kupferscheibe Schlitze eingesägt waren und sich die Ströme nicht in dieser Stärke ausbilden konnten.

1831 erfuhr Faraday von den Versuchen des Amerikaners Joseph Henry, starke Elektromagnete herzustellen. Faraday nahm einen etwa 2 cm starken Eisenring mit einem Durchmesser von 15 cm, auf den er an beiden Seiten jeweils eine isolierte Drahtwicklung aufgebracht hatte. Am 29. August 1831 bemerkte er beim Anlegen einer Batterie an die erste Wicklung einen Ausschlag des mit der zweiten Wicklung verbundenen

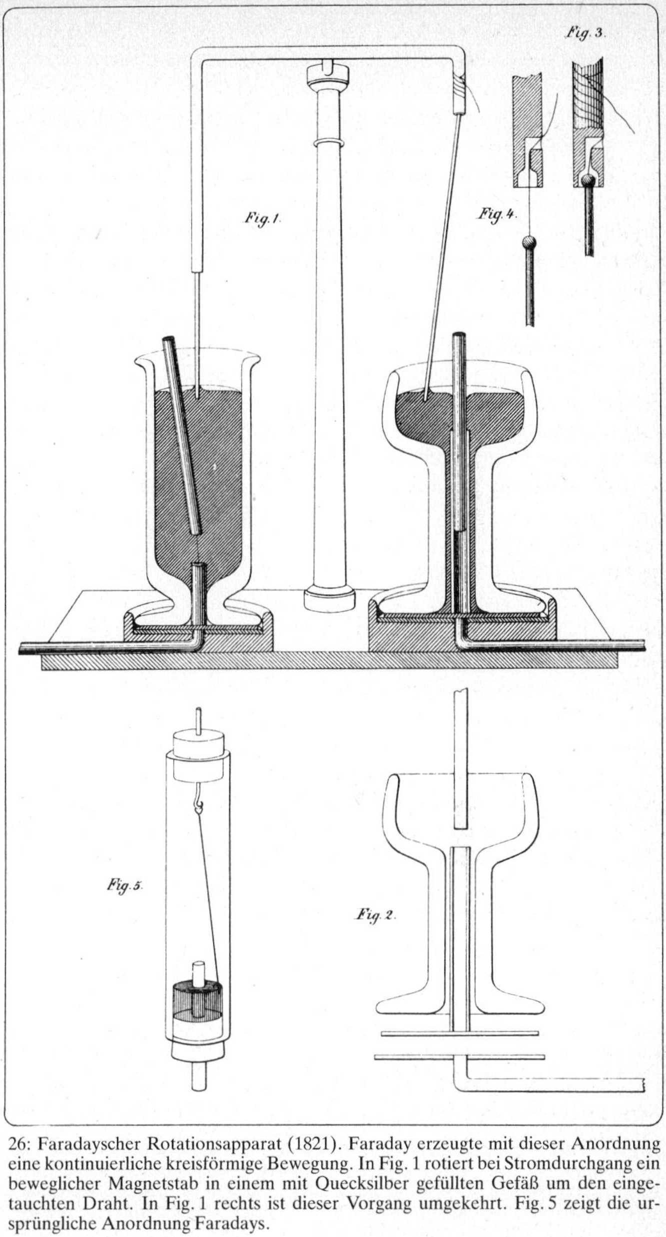

26: Faradayscher Rotationsapparat (1821). Faraday erzeugte mit dieser Anordnung eine kontinuierliche kreisförmige Bewegung. In Fig. 1 rotiert bei Stromdurchgang ein beweglicher Magnetstab in einem mit Quecksilber gefüllten Gefäß um den eingetauchten Draht. In Fig. 1 rechts ist dieser Vorgang umgekehrt. Fig. 5 zeigt die ursprüngliche Anordnung Faradays.

Galvanometers: Ein elektrischer Strom hatte somit einen anderen elektrischen Strom erzeugt. Genau genommen bestand dieser Effekt aus zwei Teilen. Der Strom in der ersten Spule änderte den magnetischen Zustand des gesamten Eisenringes: Beim Einschalten stieg der Magnetismus bis zu seinem Höchstwert an. Diese Änderung induzierte in der zweiten auf dem Ring befindlichen Spule eine Spannung, die in dem geschlossenen Stromkreis aus Spule und Galvanometer zu einem Strom führte. Ohne Eisenring war der vom Strom erzeugte Magnetismus geringer, und entsprechend schwach schlug die Nadel des Galvanometers aus. Faraday konnte ebenfalls einen Ausschlag beobachten, wenn er Stabmagnete einer Spule mit Eisenkern näherte. Beim Entfernen gab es einen entgegengesetzten Ausschlag.

Um alle Zweifel auszuschließen, entfernte Faraday den Eisenzylinder aus der Spule und nahm statt dessen einen zylinderförmigen Stabmagneten, den er ruckartig in die Spule hineinstieß. Schob er den Magneten vollständig durch die Spule, so erfolgte ein zweiter, entgegengesetzter Ausschlag (Faraday, Nr. 39–40). Am 17. Oktober 1831 konnte

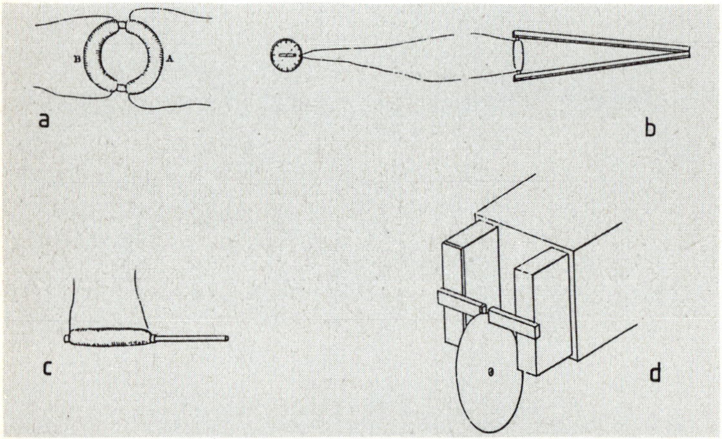

27: Faradays Versuchsanordnungen für seine Untersuchungen zur elektromagnetischen Induktion (1831). Fig. a zeigt einen Eisenring mit zwei Spulen. Wird der Strom in der einen Spule ein- oder ausgeschaltet, so entsteht in der zweiten Spule ein Stromstoß. In Fig. b steckt eine Spule mit Eisenkern zwischen zwei Stabmagneten, wobei die Magnete so angeordnet sind, daß am Spulenkern unterschiedliche Magnetpole liegen. Bewegt man die Spule mit dem Eisenkern aus dem Magnetfeld heraus, so läßt sich mit dem links daneben gezeichneten Galvanometer ein Stromstoß nachweisen. Dasselbe geschieht in Fig. c, wenn ein Magnetstab in der Spule hin und her bewegt wird. Durch Bewegung wird so ein Strom erzeugt. Aus dem Stromstoß wird ein Dauerstrom, wenn eine Kupferscheibe zwischen zwei Magnetpolen rotiert (Fig. d). Nicht abgebildet sind der Schleifkontakt auf dem Umfang der Scheibe und ein Schleifkontakt auf der Achse. Oersted erhielt durch den Strom eine Bewegung der Magnetnadel, Faraday durch die Bewegung im Magnetfeld einen Strom.

er so die Umkehrung des Oerstedschen Versuchs zeigen, die man üblicherweise als elektromagnetische Induktion bezeichnet (Abb. 27).

Faraday war damit eine Entdeckung gelungen, die sich in ihrer späteren Ausformung als Generator von ungeheurer Bedeutung für die technische Erzeugung der Elektrizität erweisen sollte: Mechanische Energie kann in elektrische Energie umgewandelt werden.

Alle diese Anordnungen brachten nur einen kurzen Stromstoß (beim Ein- und Ausschalten oder bei Bewegung) hervor. Die ersten Apparate, die das Prinzip der elektromagnetischen Induktion benutzten, waren zunächst für physikalische Kabinette (Privatlabors der Professoren an den Universitäten) zum Nachweis der Faradayschen Entdeckung gedacht. Dazu genügte ein einfacher Hufeisenmagnet, dessen Anker eine mit dem Galvanometer verbundene Wicklung trug. Beim schnellen Abreißen des Ankers trat der gewünschte Effekt ein, der bei hoher Windungszahl und nur wenig voneinander entfernten Wicklungsenden sogar einen Funken hervorrufen konnte. Andererseits war die Stärke des Funkens oder die Größe des Zeigerausschlags ein wenn auch sehr unzuverlässiges Maß für die Stärke des Magnetismus. Die veränderliche Richtung und Größe des auf diesem Wege gewonnenen Stroms betrachtete man eher als Nachteil in Hinsicht auf den Gleichstrom eines galvanischen Elements.

Interessanter erscheint daher ein anderer Versuch Faradays. Ende Oktober und Anfang November 1831 experimentierte er, angeregt durch Aragos rotierende Kupferscheibe, mit einer zwischen zwei Magnetpolen sich drehenden Scheibe, auf deren Rand und Achse Schleiffedern auflagen. Denkt man sich die Scheibe aus ihren Radien zusammengesetzt, so bewegen sich diese zwischen den feststehenden Magnetpolen und sind gleichzeitig über die Schleiffedern mit dem Galvanometer verbunden. In diesem Stück der Scheibe wird nun eine Spannung induziert. Die Faradaysche Scheibe lieferte einen beträchtlichen Gleichstrom, doch war die Spannung gering. Wegen der Einfachheit der Konstruktion der sogenannten Unipolarmaschine, die Maschine kommt ohne Stromwender aus, gab es immer wieder Bestrebungen, solche Gleichstromgeneratoren zu bauen. Mit den anschließend zu besprechenden Generatoren oder magnetelektrischen Maschinen, wie sie auch genannt wurden, konnten sie nicht konkurrieren.

Die Vorstellung von der Einheit der Kräfte spielte für Faraday eine wichtige Rolle. Er glaubte an die Identität der auf verschiedene Art erzeugten Elektrizität. Um dies zu beweisen, zerlegte er zum Beispiel Wasser durch Reibungselektrizität und durch strömende Elektrizität aus einem galvanischen Element. Das Ergebnis war trotz verschiedener Elektrizitätsarten dasselbe.

Bis zur Entdeckung der elektromagnetischen Induktion durch Faraday 1831 gab es die statische oder ‹gewöhnliche› Elektrizität, die atmosphärische, die physiologische (tierische), die Voltasche oder Berührungselektrizität und die Thermoelektrizität. Faraday wies im Januar 1833 vor der Royal Society die Wesensgleichheit der auf verschiedene Arten gewonnener Elektrizität nach: Die neue Elektrizität (Magnetelektrizität) erwärmt den Draht beim Durchströmen, läßt einen Froschschenkel zucken, wirkt chemisch und kann einen Funken hervorrufen (Faraday, Nr. 265–379).

Es gelang Faraday, unter Verwendung des Galvanometers die Strommenge in Beziehung zum zerlegten Wasser zu setzen. Entscheidend war die Menge der Elektrizität, nicht ihre Herkunft. Bei der Aufstellung der Gesetze der Elektrochemie kamen ihm seine chemischen Kenntnisse zugute. Die Zerlegung verhielt sich proportional zur Strommenge, und die Gewichte der verschiedenen, aber durch dieselbe Strommenge zerlegten Substanzen waren proportional zu ihrem chemischen Äquivalentgewicht.

Zwischen 1832 und 1855 veröffentlichte Faraday fortlaufend die Ergebnisse und Beschreibungen seiner elektrischen Experimente in 3430 Paragraphen, die nach Reihen zusammengefaßt auch in Buchform mit dem Titel ‹*Experimental Researches in Electricity*› in drei Bänden erschienen. Dann aber ließen seine geistigen Kräfte nach, 1861 gab er seine Stellung in der Royal Institution auf. Er starb 1867.

4. Die ersten Anwendungen

Im ersten Drittel des 19. Jahrhunderts waren eine Unmenge von elektrischen Phänomenen beobachtet worden, die nur in den seltensten Fällen einer praktischen Nutzung für technische Zwecke zugeführt wurden. Mit den galvanischen Elementen hatte man eine Stromquelle, die im Idealfall einen Strom konstanter Stärke und Richtung lieferte. Ganz anders als der so gewonnene Gleichstrom verhielt sich der nach dem Prinzip der elektromagnetischen Induktion entstandene Strom. Nicht nur seine Größe, auch seine Richtung änderte sich in der Zeit. Die Kombination aus Spulen und Stahl- oder Elektromagneten, in der dieser Wechselstrom erzeugt wurde, nannte man magnetelektrische Maschinen, weil durch Bewegung von Spulen im Magnetfeld Elektrizität gewonnen wurde. Die Kurvenform des Stroms entsprach bei den frühen Maschinen keineswegs der uns heute so geläufigen Sinusform. Durch mechanische Gleichrichtung ergab sich ein Strom von gleicher Richtung, aber pulsierender Größe. Damit waren nicht für alle Anwendungen galvanische Elemente und magnetelektrische Maschinen austauschbar.

Galvanische Elemente

Mit der Säule und dem Becherapparat von Volta war den Physikern die Möglichkeit gegeben, Experimente mit dem elektrischen Strom über eine längere Zeitdauer durchzuführen. Wenn man wie bei der Voltaschen Säule die einzelnen Elemente hintereinanderschaltete, so erhöhte sich die Spannung, aber gleichzeitig damit der Innenwiderstand. Verband man dagegen die Pluspole miteinander und ebenso die Minuspole, so entstand sozusagen ein Element mit sehr großer Plattenoberfläche. Die Elemente waren parallelgeschaltet und lieferten einen sehr großen Strom bei kleinem Innenwiderstand und einer Spannung, die einem einzelnen Element entsprach. Je nach Verwendungszweck wurden die Elemente miteinander zu einer Batterie kombiniert. Mit dem Ohmschen Gesetz konnten seit 1826/27 die Strom- und Spannungsverhältnisse bestimmt werden.

Für den täglichen Gebrauch im Labor wiesen die genannten Stromquellen im wesentlichen drei Nachteile auf, die man zu beseitigen hoffte. Sie waren umständlich in der Handhabung, ihr Strom nahm mit der Zeit ab, und sie waren in der Herstellung und im Betrieb zu teuer.

Als besonders unangenehm zeigten sich Verunreinigungen in den Metallen und in den Säuren. Wenn von Kupfer, Silber, Platin die Rede ist, darf man sich darunter keine chemisch reinen Metalle vorstellen, sondern eher Legierungen mit einem sehr hohen Anteil des namengebenden Metalls. Dementsprechend ergaben sich bei den Messungen die unterschiedlichsten Widerstandswerte. Die Unreinheiten führten dazu, daß zwei in einer Platte enthaltene Metalle mit der Flüssigkeit selbst ein Element bildeten und sich die Elektroden bereits bei offenem Stromkreis zersetzten. Die entstehenden Produkte lagerten sich an den Elektroden an oder bildeten einen Schlamm am Boden des Gefäßes, der sogar die verschiedenen Platten kurzschließen konnte. Die Batterien erforderten eine ständige, wegen der Säuren nicht besonders angenehme Reinigung. Von daher war es naheliegend, Batterien mit heraushebbaren Platten oder Ablaßvorrichtungen für die Säure zu bauen.

Trogbatterien für Schmelzflußelektrolyse

Große Batterien stellte man aus sogenannten Trogbatterien zusammen. Die große Batterie der Royal Institution bestand aus zweihundert Por-

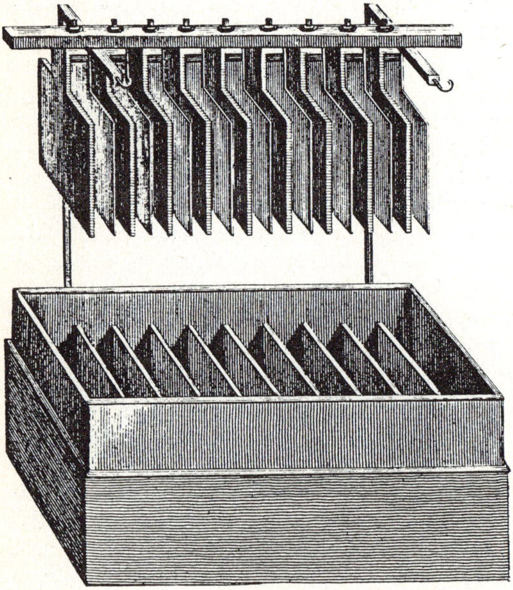

28: Trog einer Tauchbatterie (1810). Aus zweihundert solcher Tröge, aus denen die Platten zum Reinigen herausgehoben werden konnten, bestand die große Batterie der Royal Institution, mit der Humphry Davy seine Experimente durchführte.

zellantrögen mit jeweils zehn Paar Elektroden, die heraushebbar waren und eine Plattengröße von 26 cm^2 hatten (Abb. 28). Mit dieser riesigen Batterie experimentierte Davy, der 1807 auf elektrischem Weg Kalium und Natrium gewonnen hatte. Er hatte Kalium- bzw. Natriumhydroxid erhitzt und in die flüssige Masse zwei mit der Batterie verbundene Platindrähte getaucht, wobei sich am Minuspol Kalium bzw. Natrium und am Pluspol Sauerstoff abschied. Davy wurde zum Urheber einer elektrischen Theorie der chemischen Verbindungen und versuchte chemische Reaktionen als elektrische Phänomene zu deuten.

Konstante galvanische Elemente

Verbindet man die Pole etwa eines durch Kupfer, verdünnte Schwefelsäure und Zink gebildeten Elements mit einem Galvanometer, so ist der Ausschlag der Nadel zu Beginn am größten, nimmt dann ab und bleibt für einige Zeit mehr oder weniger konstant. Die Ursache bildet ein Überzug aus Wasserstoff auf der Kupferplatte. Den Vorgang nennt man Polarisation, er führt zu einem Strom, der dem ursprünglichen entgegengesetzt ist. Diesen hier unerwünschten Effekt hatte Ritter 1803 bei seiner Ladungssäule ins Positive gewendet, indem er gleichartige Metallplatten abwechselnd mit feuchten Tuchscheiben zusammenschichtete und an eine Voltasche Säule anschloß. Der Strom zerlegte die Flüssigkeiten in den Tuchscheiben, und die Metallscheiben erhielten auf der einen Seite einen Wasserstoff- und auf der anderen einen Sauerstoffüberzug. Aus den gleichartigen Metallplatten waren nun abwechselnd Wasserstoff- und Sauerstoffelektroden geworden, die zusammen mit der Flüssigkeit, dem Elektrolyten, ein galvanisches Element bildeten. Trennte man die so polarisierte Anordnung von der Voltaschen Säule, so ergab sich ein Strom in der entgegengesetzten Richtung. Da die Rittersche Ladungssäule erst nach dem Aufladen Strom lieferte, werden solche Anordnungen sekundäre Elemente (oder Akkumulatoren) genannt im Gegensatz zu den primären Elementen, die sofort einsatzbereit sind.

Das erste brauchbare konstante Element entwickelte der Londoner Chemieprofessor John Frederic Daniell (1790–1845). Sein Element bestand ursprünglich aus zwei ineinandergeschachtelten Zylindern, wobei der äußere aus Kupfer war und der innere durch die Gurgel eines Ochsen gebildet wurde (Abb. 29). Zwischen den beiden Zylindern befand sich gesättigte Kupfervitriollösung. In der mit verdünnter Schwefelsäure gefüllten Ochsengurgel steckte ein amalgierter Zinkstab. Das Zinkamalgam, eine Verbindung von Quecksilber und Zink, verhinderte auf der Zinkelektrode die Reaktion der Unreinheiten mit dem Elektrolyten. Durch eine geeignete Vorrichtung konnte das sich bildende Zinkoxyd ab-

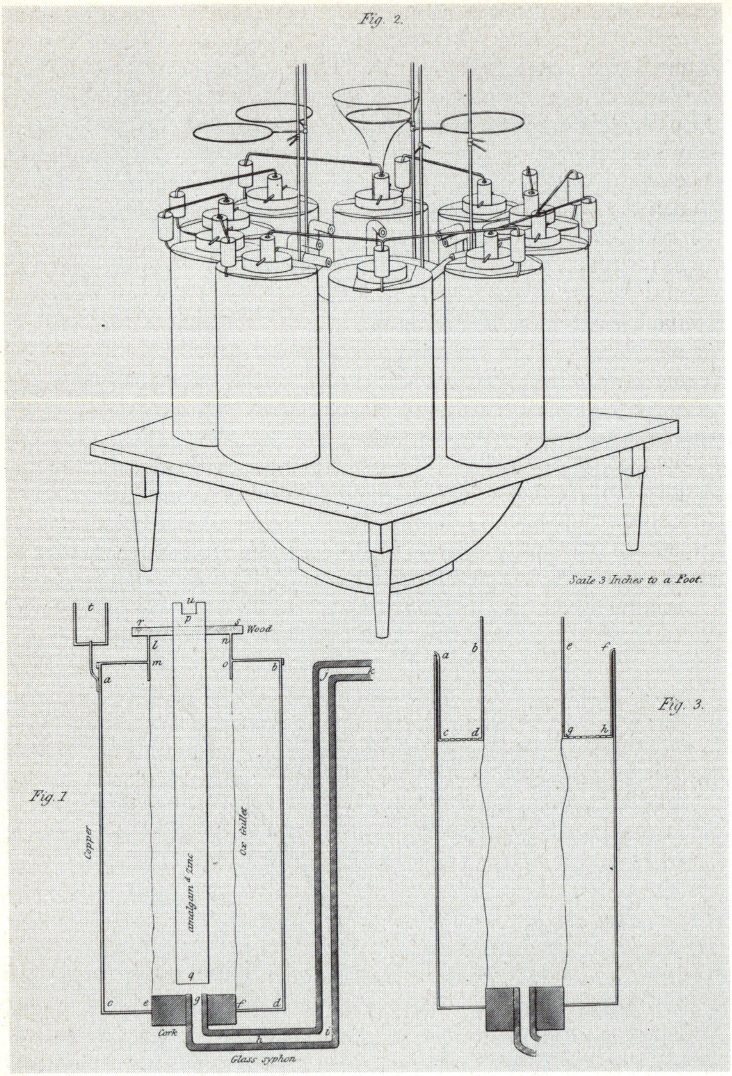

29: Batterie aus zehn Daniellelementen (1836). Bei den meisten Elementen sank die Spannung sehr schnell. Daniell erhielt eine konstante Spannung, indem er für die gleichmäßige Beschaffenheit der Elektrolyten sorgte. In Fig. 1 wird durch einen Heber bei gleichzeitigem Zufluß von Säure über einen Trichter (Fig. 2) das gebildete Zinkoxid entfernt. Die gesättigte Kupfervitriollösung wird durch zerstoßene Kristalle in einem Sieb (Fig. 3, oben links und rechts) aufrechterhalten. Die Anordnung zeigt, welch großer Aufwand für eine konstante Spannung notwendig war.

geleitet werden. 1836 ersetzte man die Ochsengurgel durch einen porösen Tonzylinder, und in dieser verbesserten Ausführung war das Daniellsche Element später weit verbreitet. Die gute Konstanz der Spannung von 1,1 V folgte aus dem hohen inneren Widerstand des Elements.

Zu dieser Zeit befaßten sich sehr viele Physiker und Chemiker mit der Entwicklung der verschiedensten galvanischen Elemente, um die Auseinandersetzung zwischen Kontakttheorie und chemischer Theorie in irgendeiner Richtung zu entscheiden. So entstanden in rascher Folge weitere konstante Elemente.

Die Idee, zwei verschiedene Metalle und zwei verschiedene, durch eine halbdurchlässige Scheidewand getrennte Elektrolyte zu verwenden, übernahm 1839 der Rechtsanwalt und später zum Physikprofessor ernannte William Robert Grove (1811–1896) bei seinem Element. Ursprünglich experimentierte er mit Gold und Platin, zur Trennung der von ihm benutzten Salz- und Salpetersäure nahm er einen Pfeifenkopf aus Ton. In der endgültigen Form war die Anordnung Zink–Schwefelsäure–Tonzylinder–konzentrierte Salpetersäure–Platin. Das Grovesche Element lieferte eine Spannung von 1,9 V bei einem sehr geringen inneren Widerstand, der dafür Ströme bis zu 10 A erlaubte. Die konzentrierte Salpetersäure wirkte als starkes Oxidationsmittel, das eine Polarisation an der Kathode verhinderte. Den Vorteilen der in den wissenschaftlichen Zeitschriften wegen der hohen Spannung und der guten Beständigkeit oft

30: Batterie aus 360 Bunsenelementen zur Beleuchtung der Pariser Oper (1876). Jede Bogenlampe auf der Bühne benötigte eine eigene Batterie aus parallel- oder hintereinandergeschalteten Elementen. Hier wird der Strom von jeweils 60 Elementen zu einem Galvanometer (Bildmitte) und dann zur Bühne geführt. Im Vordergrund die Säure- und Wasserbehälter sowie Zinkzylinder für die auf den Tischen stehenden Elemente.

gelobten Groveschen Kette standen zwei Nachteile gegenüber: der hohe Preis des Platins und die im Betrieb frei werdenden giftigen Dämpfe.

Zwei Jahre später, 1841, ersetzte der in Marburg als Chemieprofessor lehrende Robert Wilhelm Bunsen (1811–1899) das teure Platin durch die billigere Kohle nach dem Vorschlag eines Engländers (Abb. 30). Bunsen erfand ein Verfahren, aus Steinkohle und Koks eine geeignete Kohle in beliebiger Gestalt herzustellen. Mit rauchender Salpetersäure an Stelle der konzentrierten lag die Spannung etwas unter dem von Grove erzieltem Wert, dafür aber war der Strom doppelt so hoch. Der entscheidende Vorteil lag jedoch im niedrigen Preis der Bunsenelemente.

Nach Bunsens Angaben reduzierten sich die Kosten für die Kohleplatten gebenüber einer gleichgroßen Platinfläche auf etwa 1/20 und die Gesamtausgaben für eine Batterie auf 1/4. Die Zubereitung der Kohle bedarf zahlreicher Kunstgriffe, die Bunsen 1842 ausführlich schilderte und die deutlich vor Augen führen, daß es mit der Kenntnis des Prinzips, Platin durch Kohle zu ersetzen, allein nicht getan war.

Konstante Elemente gab es bald in den verschiedensten Ausführungen und in hohen Stückzahlen. Ihre Entwicklung wurde durch die rasche Ausbreitung der Staats- und Eisenbahntelegrafie seit den 1840er Jahren gefördert.

Elektrische Beleuchtung

Lichterscheinungen bei elektrischen Vorgängen waren bekannt, aber entweder zu schwach, wie bei der Glaskugel von Hauksbee, oder wie beim Entladungsfunken und Blitz nur von kurzer Dauer. Van Marum gelang es mit seiner großen Elektrisiermaschine, Metalldrähte zum Glühen und Schmelzen zu bringen. Im Prinzip war dazu die im Jahre 1800 erfundene Voltasche Säule viel besser geeignet.

Niemand dachte jedoch daran, die herkömmlichen Beleuchtungsmittel dadurch zu ersetzen. Kerze und Öllampe reichten für die Bedürfnisse der meisten Menschen um 1800 aus, die ihren Tagesablauf entsprechend einrichteten. Die kostspielige Beleuchtung wurde vornehmlich zur Verlängerung des Arbeitstages in den Wintermonaten eingesetzt. Eine Änderung trat erst mit der aufkommenden Industrialisierung ein. Der zu Hause arbeitende Handwerker konkurrierte mit dem Fabrikarbeiter. Die großen Fabrikhallen konnten nicht mehr in der herkömmlichen Art beleuchtet werden, auch wenn seit 1783 die Argandlampe mit Runddocht, Luftzufuhr und Gaszylinder eine höhere Lichtausbeute lieferte. Diese Lampe mit Petroleum als Brennstoff setzte sich in der zweiten Hälfte des 19. Jahrhunderts weitgehend im Haushalt durch.

Ein übermächtiger Konkurrent: Das Gaslicht

In England, das zu dieser Zeit industriell am weitesten fortgeschritten war, befaßte sich als erster der Maschinenbauer William Murdock (1754 bis 1839) mit der praktischen Anwendung einer neuen Beleuchtungsart, dem Gaslicht. Als Rohstoff diente die in England reich vorhandene Steinkohle, aus der durch Erhitzen unter Luftabschluß das Leuchtgas gewonnen wurde. Im Jahr 1803 benutzte Murdock das Gas als Lichtquelle für die Werkstätten der Dampfmaschinenfabrik Boulton und Watt in Soho bei Birmingham und zwei Jahre später für die Räume einer Baumwollspinnerei in Manchester. 1814 beleuchtete das Gas einige Straßenzüge in London und ein Jahr später in Paris. Private Gesellschaften wurden gegründet, die den Bau von Gasanstalten, die Weiterleitung an den Verbraucher und die Installation der Gasbrenner übernahmen. In Hannover errichtete die Imperial Continental Gas Association 1825 die erste Gasanstalt in Deutschland, Berlin folgte ein Jahr später.

Das Gas war vielseitig verwendbar: zum Beleuchten der Straßen und Wohnungen, später auch zum Heizen und Kochen. Es ließ sich in Gasometern speichern, hatte aber die Nachteile, daß es explosiv, unangenehm im Geruch und giftig war und beim Verbrennen den Luftsauerstoff verbrauchte. Was in den kalten und dunklen Wintermonaten ein Vorteil des Gases war, nämlich Licht und gleichzeitig Wärme zu spenden, erwies sich zu anderen Jahreszeiten und Gelegenheiten als Nachteil. In den Theatern mit Gaslicht für Bühne und Zuschauerraum heizte sich die Luft stark auf, der Sauerstoff wurde rasch verbraucht, und der Geruch störte Schauspieler und Zuschauer. Viel gefährlicher waren die Theaterbrände durch Gaslicht: 1881 kamen über 400 Menschen bei einem Brand im Wiener Ringtheater ums Leben.

Das System der Gasversorgung, zentrale Erzeugung, Verteilung, entsprechende Nutzung beim Endverbraucher, gehörte bald zu den zivilisatorischen Standards einer Stadt und war für den privaten, den öffentlichen und den gewerblichen Bereich von gleich großer Bedeutung. Seit den sechziger Jahren des 19. Jahrhunderts nutzte man ein explosives Gemisch aus Gas und Luft zum Betreiben von Gasmotoren, die für das Kleingewerbe eine Alternative zur Dampfmaschine boten.

Gegen das Gas mit seinen vielfältigen Anwendungsgebieten konnte sich die Elektrizität erst gegen Ende des 19. Jahrhunderts, und zwar auf dem Gebiet der Beleuchtung, durchsetzen, wo sie sich, wenn auch nicht bei allen Gelegenheiten, als besser, billiger und bequemer erwies.

Das elektrische Bogenlicht

Bereits kurz nach Erfindung der Voltaschen Säule bemerkte man den Funken und das Glühen von Drähten beim Kurzschluß. Da die Wirkung der Säule im Betrieb sehr schnell abnahm und die daher nötige Reinigung der Platten sich als unbequem und zeitraubend erwies, gingen die Physiker dazu über, an Stelle der Voltaschen Säule die Tassenkrone (s. Abb. 17) in der Form von Becher- und Trogapparaten zu bauen. Einen solchen Trogapparat von 2000 Platten benutzte Davy noch vor 1812 zur Erzeugung eines Lichtbogens von rund 10 cm Länge zwischen zwei Kohlespitzen, die sich zunächst berührten und dann auseinandergezogen wurden. In verdünnter Luft konnte der Abstand sogar noch vergrößert werden. Davy hatte damit die Forschungen anderer Physiker erfolgreich weitergeführt. An eine praktische Anwendung war bei einem solch kostspieligen Aufwand nicht zu denken. Zudem gab es ein technisches Problem: das Nachstellen der sich verbrauchenden Holzkohlestifte. Geschah dies nicht, dann vergrößerte sich der Abstand so lange, bis der Bogen erlosch. Es dauerte rund dreißig Jahre, bis man diese Art der Beleuchtung wieder aufgriff. Zum einen gab es neben den jetzt preisgünstigeren und konstanten Batterien magnetelektrische Maschinen (Generatoren), zum andern war der Wunsch nach mehr Licht durch die sich verbreitende Gasbeleuchtung geweckt worden.

Drei Probleme beim Bogenlicht

Was zunächst wie ein Vorteil aussah – der Lichtbogen erzeugte ein sehr helles, blendendes Licht –, war gegenüber der Gasbeleuchtung ein Nachteil. Es war zu hell für die Wohnungen und dadurch nur für Säle und Straßen zu verwenden. Drei Probleme galt es, für die praktische Anwendung zu lösen:

1. die ‹Teilung des Lichts›, d. h. die Erzeugung elektrischen Lichts von der Helligkeit des Gaslichts,
2. die Regulierung der Kohlestifte für kontinuierlichen Betrieb und
3. eine entsprechende Verbilligung, um mit dem Gaslicht konkurrieren zu können.

Der Einsatz des Bogenlichts erfolgte zunächst dort, wo die starke Helligkeit erwünscht war, wie in der Oper, bei nächtlichen Bauarbeiten, auf großen Plätzen, Bahnhöfen und bei Leuchttürmen.

Erste Erfolge gelangen dem Instrumentenmacher Louis J. Deleuil, der im Oktober 1843 mit einem von Hand regulierten Lichtbogen auf einer Statue den Place de la Concorde in Paris beleuchtete. Der Physiker und Wissenschaftsjournalist Leon Foucault (1819–1868) ersetzte bei seinen

31: Verbesserung des Foucaultschen Bogenlichtregulators durch Dubosq. Da im Betrieb die Kohlestifte abbrannten, mußten die Kohlen nachgeführt werden. Dafür gab es eine Fülle von Vorschlägen. Bei diesem Beispiel erfolgt die Aufwärtsbewegung des unteren Kohlestifts durch ein Federwerk, das kurzzeitig von der Spule im Fuß über den Eisenkern ausgelöst wird.

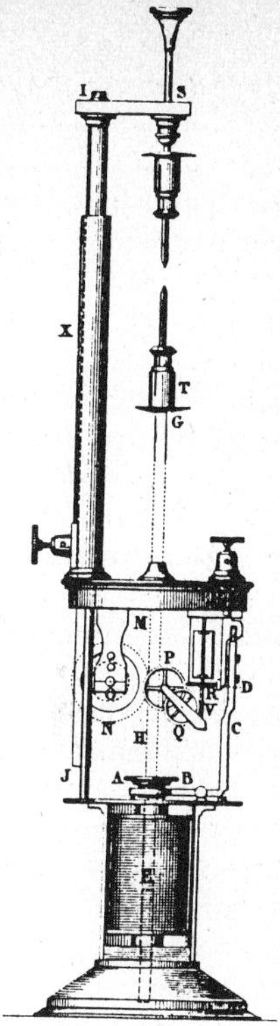

Untersuchungen des Lichts die Holzkohle durch die haltbarere, bei der Leuchtgasgewinnung entstehende Retortenkohle. Auf ein Nachstellen konnte ebenfalls nicht verzichtet werden. Foucault und unabhängig von ihm fast gleichzeitig der Engländer W. Edward Staite kamen auf die Idee, für die Regulierung den Strom zu verwenden. Er fließt durch eine Spule, und diese zieht je nach Größe einen Eisenzylinder an. Durch entsprechende Verbindung mit einem der Kohlestifte wird damit der größer werdende Abstand durch den abnehmenden Strom reguliert (Abb. 31). Nach weiteren Verbesserungen ließ sich die Brenndauer von 45 Minuten auf 5 Stunden im Jahre 1851 steigern. Trotz dieser Regulatoren brannte das Bogenlicht unruhig, und an eine Hintereinander- oder Parallelschaltung war nicht zu denken. Jede Bogenlampe mußte von einer eigenen Batterie oder magnetelektrischen Maschine gespeist werden.

Wegen der hohen Kosten und der umständlich zu handhabenden Batterien hielt sich die Anwendung des elektrischen Lichts sehr in Grenzen. Wegen seiner großen Helligkeit konnte es mit dem Gas für die Zimmerbeleuchtung nicht konkurrieren.

In London und in Paris führte man 1849 einem begeisterten Opernpublikum die neuen Regulatoren vor. In Meyerbeers Oper ‹*Der Prophet*› wurde damit die aufgehende Sonne simuliert. Eine bessere Premiere hätte man sich für das neue Licht, die künstliche Sonne, wirklich nicht ausdenken können!

Eine neue Art der Stromerzeugung: Magnetelektrische Maschinen

Die ersten Ausführungen

Mit den ersten magnetelektrischen Maschinen konnte in den physikalischen Kabinetten die elektromagnetische Induktion vorgeführt werden, aber eine praktische Anwendung gab es bis zu Beginn der vierziger Jahre des 19. Jahrhunderts nicht. Was man langfristig benötigte, war ein Ersatz für die teuren und umständlichen galvanischen Elemente.

Der erste gelungene Versuch einer magnetelektrischen Maschine, die im Gegensatz zu Faradays Scheibe auch Funken erzeugen und Wasser zerlegen konnte, stammte von dem Instrumentenmacher Antoine Hippolyte Pixii (1808–1835), der für Arago und Ampère arbeitete. In der ursprünglichen Ausführung vom September 1832 drehte sich ein 2 kg schwerer Hufeisenmagnet an einer vertikalen Achse über den Polen eines feststehenden Elektromagneten, in dessen Wicklung eine Wechselspannung induziert wurde (Abb. 32). Im Oktober 1832 zeigte Ampère der Pariser Akademie eine Maschine an, bei der Pixii durch Verwendung der Ampèreschen Wippe die Stromrichtung nach jeder halben Umdrehung umkehrte und damit den Wechselstrom in einen pulsierenden Gleichstrom umwandelte. Pixii verbesserte diese Wippe, indem er an Stelle der

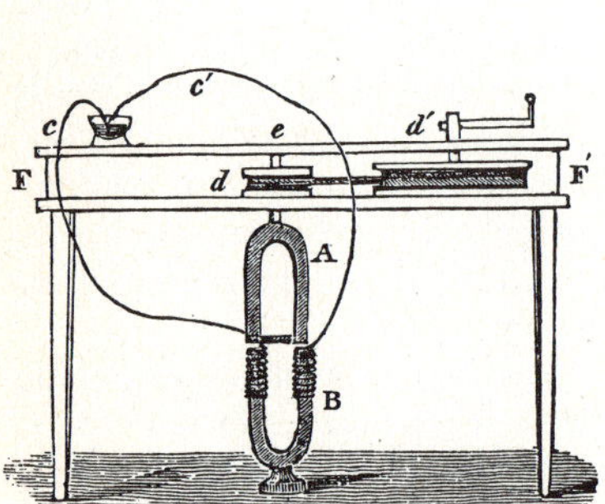

32: Magnetelektrische Maschine von Pixii (1832/33). Mit dieser Maschine eines französischen Mechanikers wird die elektromagnetische Induktion ausgenutzt. Über eine Handkurbel (d') und eine Übersetzung kann ein Hufeisenmagnet (A) sehr schnell um seine senkrechte Achse über einem feststehenden Hufeisenmagneten (B) mit zwei Spulen gedreht werden. Die ständig wechselnden Pole rufen in den Spulen einen ebenfalls ständig wechselnden Spannungsstoß hervor: Es entsteht eine Wechselspannung.

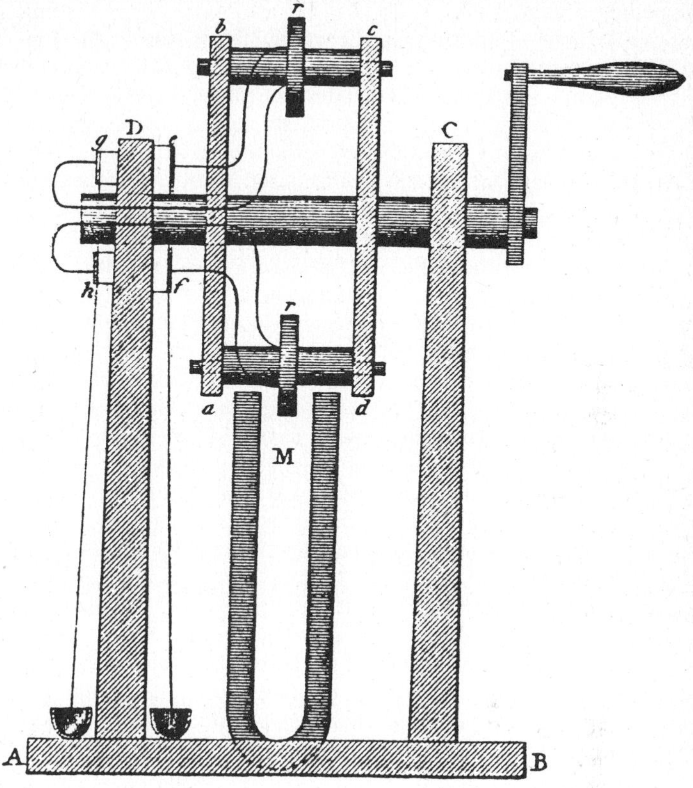

33: Magnetelektrische Maschine von William Ritchie (1833). Vier Spulen mit Weicheisenkernen (wegen der Übersichtlichkeit sind nur zwei gezeichnet) werden nacheinander an einem Hufeisenmagneten vorbeigeführt. Damit ist eine starre Verbindung der Zuleitungen von den Spulen zu den Quecksilbernäpfchen (links unten) nicht mehr möglich. Ritchie führte deshalb die Spulenenden zu zwei Schleifringen (links oben). Bei der Annäherung einer Spule an den Magneten gibt es einen Stromstoß in der einen Richtung, beim Weiterdrehen, wenn sich die Spule wieder entfernt, einen Stromstoß in der entgegengesetzten Richtung. Um stets einen Strom in derselben Richtung abnehmen zu können, ist der äußere Schleifring nur als Viertelkreis ausgeführt. Bei einer Umdrehung wird jede der vier Spulen nur in der Phase der Annäherung über die Schleifringe mit den Quecksilbernäpfchen verbunden. Damit ist die Ausnutzung gering.

Kontaktnäpfchen mit Quecksilber nun Federkontakte setzte. An eine praktische Verwendung dachte Pixii nicht, weshalb er auch auf seine Maschine kein Patent nahm.

Bei einer anderen Ausführung, die von William Ritchie (1790–1837) in London bereits Mitte 1832 ausgeführt, aber erst 1833 veröffentlicht wurde, rotieren vier Spulen vor dem feststehenden Magneten (Abb. 33). Das Problem der Stromabnahme löste Ritchie so: Je ein Spulenende schleift über einen mit dem Rahmen verbundenen Kupferring. Die vier anderen Spulenenden, die entsprechend der um 90° versetzten Spulen angeordnet sind, bilden den Kommutator (Stromwender) und schleifen nacheinander über einen feststehenden metallenen Viertelkreis.

Damit waren die wesentlichen Teile einer magnetelektrischen Maschine (Permanentmagnete, Elektromagnete, Kommutator) vorgegeben, und es lag im Belieben des einzelnen Mechanikers, sie entsprechend zu kombinieren und auszugestalten.

Als Nachteil empfand man bei der Pixiischen Maschine, daß ein schwerer Magnet gedreht werden mußte. Eine geschickte Anordnung wählte der amerikanische Mechaniker Joseph Saxton (1799–1873). Vor einem aus drei dünnen Hufeisenmagneten zusammengesetzten und waagrecht liegenden Magneten rotierte ein kurzer und damit leichter Anker vor den Magnetpolen auf einer ebenfalls horizontal gelagerten und in der Mitte des Hufeisenmagneten verlaufenden Welle. Die 1833 in England gebaute Maschine verbesserte Saxton zwei Jahre später, indem er auf der Welle ein zweites, um 90° versetztes Spulenpaar anordnete. Das eine Spulenpaar war mit einem dünnen und daher längeren Draht umwickelt und eignete sich mit seinem höheren Widerstand eher dazu, physiologische Wirkungen im medizinischen Bereich hervorzurufen. Das zweite Spulenpaar mit mehreren parallel geschalteten Drähten von starkem Querschnitt diente der Erzeugung von Funken.

Vielfältige Anwendungen

Ebenso wie die Saxtonsche Maschine erfreute sich die magnetelektrische Maschine des Londoner Mechanikers Edward Clarke großer Beliebtheit bei den Ärzten (Abb. 34a, b). Bei seiner Konstruktion stand der Magnet aufrecht, und das Spulenpaar rotierte vor den Polen auf einer horizontalen Welle. An Stelle der sonst üblichen Stromwender mit Quecksilber setzte Clarke ein rotierendes Kontaktstück mit einer metallenen Schleiffeder, für die es zwei Einstellungen gab, so daß Wechselstrom oder Gleichstrom abgenommen werden konnte (Abb. 34b). Diese Form des Kommutators, wie er 1836 vorgestellt wurde, ermöglichte im Gegensatz zu den Quecksilberkontakten eine genaue Festlegung der Unterbrechung

34a: Magnetelektrische Maschine von Clarke (1836/37). Das Innere der Maschine, die in einem Mahagoniholzkasten geliefert wurde. Die Anschlüsse der Spulen vor dem Hufeisenmagnet werden zu einem Kommutator geführt, wobei die Stellung der Drahtfeder Q auf H die Stromart bestimmt. Bei einer medizinischen Behandlung kann der Patient die Griffe R und S oder U und V direkt in die Hand oder auf den Körper legen.

und vermied das Herausschleudern des Quecksilbers bei größeren Umdrehungszahlen ebenso wie das Oxidieren und Verbrennen des Quecksilbers.

Clarke bot nicht nur die Maschine, sondern auch das Zubehör für eine Reihe von Versuchen an (Abb. 34b). Zunächst gab es eine ‹Intensitätsspule› (hohe Spannung) von dünnem und langem Draht, die einen so starken Schlag austeilte, daß sich, so Clarke, niemand ein zweites Mal freiwillig meldete. Seinen militärischen Kunden hatte Clarke sogar vorgeschlagen, die körperliche Züchtigung der Soldaten mit der Peitsche durch den die körperliche Verletzung vermeidenden elektrischen Schock zu ersetzen. Im medizinischen Bereich bot Clarkes Apparat Vorteile im Vergleich zur Elektrisiermaschine oder den galvanischen Elementen. Er war tragbar, bei jeder Witterung einsatzbereit, und es konnten keine Säuren verschüttet werden. Für die Zersetzung des Wassers lieferte Clarke eine Auffangvorrichtung mit ein oder zwei Gläsern, je nachdem, auf welchen Teil die Drahtfeder am Kommutator gesetzt wurde.

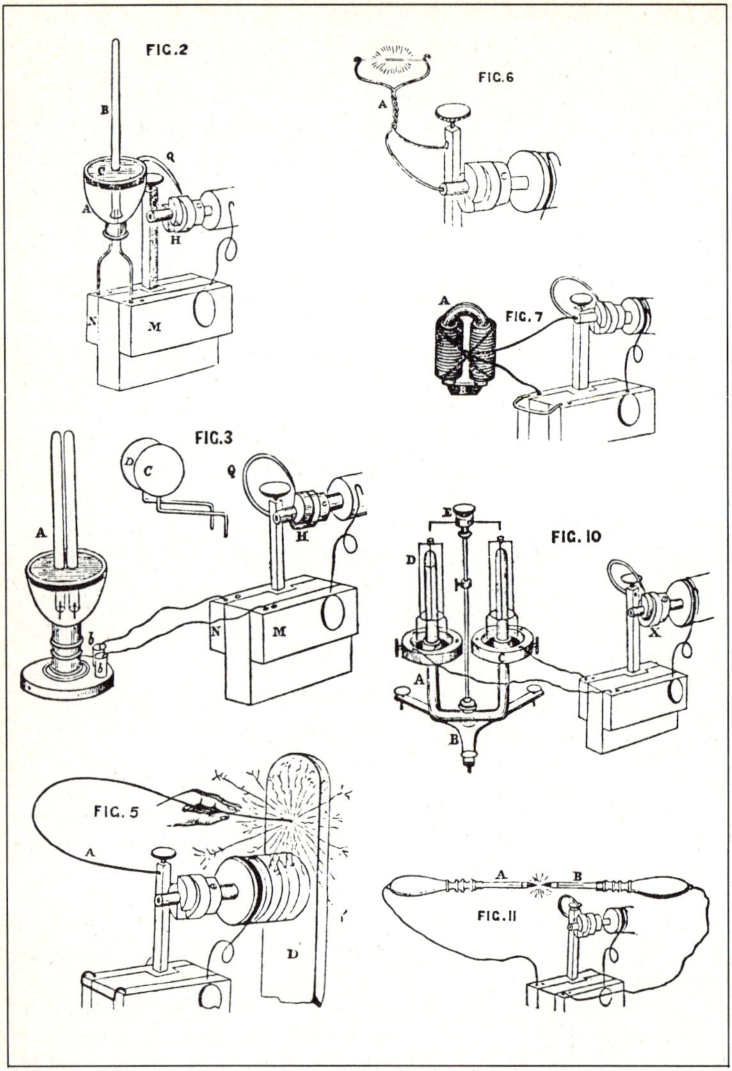

34 b: Verwendung der Clarkeschen magnetelektrischen Maschine. Ist die Stromart von Bedeutung (Wechselstrom oder pulsierender Gleichstrom), so zeichnet Clarke die Stellung der Feder ein. In Fig. 2 wird durch Wechselstrom Wasser in Wasserstoff und Sauerstoff zerlegt. In Fig. 3 werden durch Gleichstrom die beiden Gase in getrennten Gefäßen aufgefangen. In Fig. 5 werden Funken gezogen, in Fig. 6 ein Platindraht geglüht und in Fig. 11 ein Lichtbogen erzeugt. In Fig. 10 wird mit Gleichstrom ein Rotationsapparat angetrieben und in Fig. 7 ein Elektromagnet erregt.

Die ‹Quantitätsspule› (hoher Strom) bestand aus einem dicken Kupfer- oder Silberdraht und einem kleineren Eisenkern. Damit ließ sich ein Funken erzeugen oder ein Platindraht bis zur Rotglut erhitzen, um damit zum Beispiel Pulver zu entzünden. Bei entsprechender Einstellung der Drahtfeder konnte die Wirkung eines Elektromagneten demonstriert werden. Clarke trieb mit seiner Maschine eine elektrodynamische Rotationsvorrichtung an und stellte zwischen zwei Holzkohlestückchen einen Lichtbogen her (Clarke, 1837, S. 145ff).

Magnetelektrische Maschinen ersetzen Batterien

Waren bis dahin magnetelektrische Maschinen nur für Physiker oder gegebenenfalls für Mediziner interessant, so tauchten um 1840 neue Verwendungsmöglichkeiten für sie auf. Inzwischen hatte sich die elektrische Telegrafie so weit entwickelt, daß man sie zur Sicherung des Eisenbahnverkehrs auf den schnell wachsenden Streckennetzen, zunächst in England, dann in den Vereinigten Staaten und schließlich auch auf dem Kontinent, einsetzen konnte. Üblicherweise verwendete man galvanische Elemente, die sich jedoch als wartungsaufwendig und teuer in der Herstellung und im Betrieb erwiesen. Als erste nutzten Carl Friedrich Gauß (1777–1855) und Wilhelm Eduard Weber (1804–1891) für ihren 1833 erfundenen Telegrafen induzierte Stromstöße. An Stelle der galvanischen Elemente setzten sie im November 1835 eine Drahtspule, die sie über einen senkrecht stehenden Magnetstab stülpten bzw. wieder abhoben. Der ‹Magnetinduktor› in später verbesserter Form gab im Gegensatz zum galvanischen Element stets einen in der Größe konstanten Induktionsstromstoß. Zwei andere Pioniere der elektrischen Nachrichtentechnik, William Fothergill Cooke (1806–1879) und der Physiker Charles Wheatstone (1802–1875), erhielten 1845 ein Patent auf die Verwendung magnetelektrischer Maschinen bei der Telegrafie.

Ein größeres Anwendungsfeld für die magnetelektrischen Maschinen bot die sich seit 1840 entwickelnde Galvanotechnik. Da sich hierfür nur Gleichstrom eignete, mußte auf den genauen Zeitpunkt der Kommutierung geachtet werden.

Bei größeren Maschinen reichte der Handbetrieb nicht mehr aus und wurde durch die Dampfkraft ersetzt. Die ersten großen magnetelektrischen Maschinen für industrielle Zwecke stammten von dem Chemiker John Stephan Woolrich, der 1842 ein Patent über die Verwendung der elektromagnetischen Maschinen zum Galvanisieren erhielt. 1844 baute er für eine Galvanisieranstalt in Birmingham eine magnetelektrische Maschine mit vier feststehenden, zusammengesetzten Magneten und acht Spulen im Anker (Abb. 35). Auch bei anderen Konstrukteuren ist zu

35: Woolrichs elektromagnetische Maschine zum Galvanisieren (1844). Die in einem kräftigen Holzrahmen befestigte Maschine ist 1,8 m breit, 1,6 m hoch und 0,6 m tief und erforderte zum Antrieb eine Dampfmaschine oder ein Wasserrad. Zwischen den vier zusammengesetzten Hufeisenmagneten dreht sich eine Scheibe, in die, gleichmäßig verteilt, Spulen eingelassen sind. Der sogenannte Woolrichanker mit Axialspulen wurde zum Kennzeichen aller späteren Großmaschinen.

dieser Zeit der Übergang von der einpoligen, handbetriebenen zur mehrpoligen, von einer Kraftmaschine bewegten Maschine festzustellen. Der Woolrich-Anker, bei dem die Spulen kreisförmig und axial angeordnet sind, wurde zum Kennzeichen der Großmaschinen in dieser Zeit.

Großmaschinen für Leuchttürme

Zur Weiterentwicklung der magnetelektrischen Großmaschinen trug vor allem ihre Verwendung für die Beleuchtung von Leuchttürmen bei. Die Öllampen der Leuchttürme konnten dabei entweder durch elektrische Bogenlampen oder durch das Drummondsche Kalklicht ersetzt werden. Bei dem von Thomas Drummond (1797–1840) im Jahr 1826 erfundenen Kalklicht wurde zunächst durch elektrische Wasserzersetzung Knallgas gewonnen. Das Knallgas verbrannte und erhitzte dabei einen sich drehenden Kalkzylinder, der glühte und ein sehr helles weißes Licht abstrahlte.

Im Jahr 1853 schlug der Londoner Chemiker Frederick Hale Holmes die Verwendung magnetelektrischer Maschinen für elektrische Bogenlampen vor (Abb. 36). Zwei Jahre vorher war ihm dies erstmals gelungen,

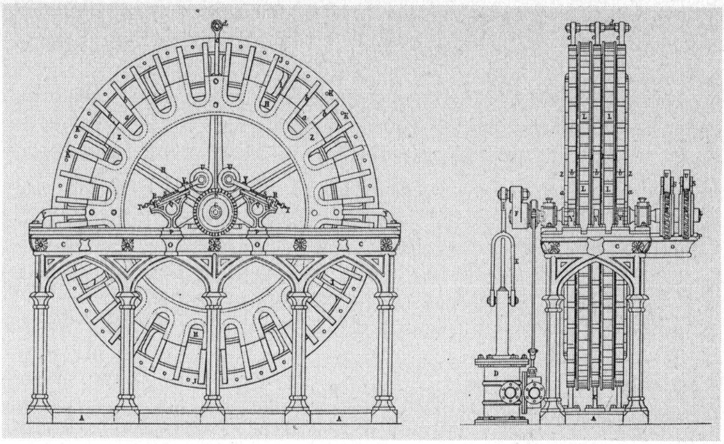

36: Holmes magnetelektrische Maschine (1857). Säulen im gotischen Stil, dem Geschmack der Zeit entsprechend, tragen die drei feststehenden Scheiben mit den Hufeisenmagneten und den zwei dazwischenliegenden Ankerrädern. An Stelle von Schleiffedern benutzte Holmes Schleifrollen für den Kommutator mit breiten Fugen zwischen den Segmenten (links Mitte). Interessant ist die direkte Ankopplung der Dampfmaschine (rechts). Da die Drehzahl der magnetelektrischen Maschine wegen der damals noch langsam laufenden Dampfmaschine sehr niedrig lag, mußten die Ankerräder groß ausgeführt werden. So konnten sich die Spulen sehr schnell an den Magneten vorbeibewegen; das ergab bei gleichbleibender Windungszahl der Spulen und gleichen Magneten höhere Spannungen.

obwohl Fachleute vorhergesagt hatten, dies sei nicht möglich. Ab 1857 führte Holmes Versuche vor dem Trinity House durch. Als Berater für diese im 16. Jahrhundert gegründete Korporation von Seeleuten, die für die Beleuchtung der Küste Englands zuständig war, gab Faraday ein Gutachten ab, in dem er 1859 Holmes die praktische Anwendbarkeit von magnetelektrischen Maschinen für die Beleuchtung bestätigte. Nachdem Holmes die Forderungen des Trinity House erfüllt hatte, nämlich direkte Koppelung mit der Dampfmaschine und geringere Spannung, um das Personal nicht zu gefährden, wurde 1862 an der Straße von Dover ein Leuchtturm mit dem neuen System ausgerüstet. Eine Dampfmaschine mit drei PS trieb den Generator an, mit dessen Elektrizität durch das Bogenlicht ein Lichtstrahl erzeugt werden konnte, der den von der Öllampe erzeugten bei weitem übertraf. Doch die Nachteile überwogen letztlich: Es war mehr und vor allem geschultes Personal notwendig. Zudem gab es Probleme mit der Kommutierung.

Die Maschine war mechanisch nicht sehr zuverlässig, so daß man ab 1874 bei diesem Leuchtturm wieder auf Öllicht zurückgriff.

Mehr Erfolg war einer französischen Aktiengesellschaft beschieden, deren Gründung alles andere als seriös genannt werden konnte. Ein belgischer Physiker und Erfinder, Florise Nollet (1794–1853), hatte verschiedene Pläne zur Verwertung von auf elektrolytischem Weg gewonnenem Knallgas entwickelt. Nach seinem Tod gingen die Pläne in den Besitz einer französisch-englischen Gesellschaft über, die danach einige magnetelektrische Maschinen bauen ließ und sie bei der Beleuchtung des Hôtel des Invalides in Paris vorführte. Die Versuche fielen ganz ausgezeichnet aus, weil vorsichtshalber in den Kellern eine starke Batterie aufgestellt worden war, die den Erfolg sicherstellte und so die ahnungslosen Prüfer und sogar den Kaiser Napoleon III. über die Mißerfolge der magnetelektrischen Maschinen täuschten (Mahr, 1941, S. 88). Der scheinbare Erfolg führte zur Gründung der Société L'Alliance, die sofort mit der Ausgabe von Aktien begann. Ein Mitarbeiter dieser Gesellschaft war der obengenannte Holmes. Der Schwindel flog auf, doch konnten die technischen Arbeiten weitergeführt werden. Ende 1863 wurde die erste Anlage mit Alliance-Maschinen auf einem der Leuchttürme von Cap de la Hêve bei Le Havre errichtet (Abb. 37).

Bis 1879 wurden in Frankreich und England, aber auch in Port Said und Odessa, etwa zehn mit Alliance- bzw. Holmesmaschinen versehene Leuchttürme gebaut oder auf elektrischen Betrieb umgerüstet. Gegen-

37: Alliancemaschinen für den Leuchtturm am Cap de la Hève bei Le Havre (nach 1863). Dampfmaschinen (im Nebenraum) treiben über eine Transmission vier Alliancegeneratoren an. Bei den hier angewandten magnetelektrischen Maschinen rotieren jeweils 16 Spulen auf 6 Scheibenrädern zwischen 7 Reihen mit je 8 Permanentmagneten. Diese Magnete, von denen ein einzelner um die 20 kg wog, machten die Maschine sehr schwer und unhandlich.

Tabelle 2: Vergleich der magnetelektrischen Maschine von Holmes mit einer Dynamomaschine von Siemens, durchgeführt im Winter 1876/77 in England im Hinblick auf eine Anwendung für Leuchttürme.

	Länge m	Breite m	Höhe m	Volumen-verhält.	Kosten £	Gewicht Tonnen	Gewichts-verhältnis
Holmes	1,50	1,32	1,57		750	$2\frac{1}{2}$	
				25 : 1			15 : 1
Siemens	0,66	0,73	0,25		75	$\frac{1}{6}$	

	Aufgenommene Leistung PS	Verhältnis des pro PS erzeugten Lichts	Verhältnis der Kosten pro Lichteinheit
Holmes	3,2		
		1 : 4	9 : 1
Siemens	3,3		

über den Dynamomaschinen Ende der siebziger Jahre des 19. Jahrhunderts hatten die magnetelektrischen Großmaschinen keine Chance, wie Tabelle 2 zeigt.

Berechnung und Dimensionierung elektrischer Maschinen

Ihr im Prinzip einfacher Aufbau, nämlich bewegte Drahtspulen in einem Magnetfeld, ließ keineswegs eine ebenso einfache Berechnung zu. Die Maschinen wurden nach Gefühl und Erfahrung gebaut und nach Fertigstellung dem jeweiligen Zweck durch kleine Änderungen angepaßt (Mahr, 1941, S. 100). Bei den kleinen Maschinen kam es zumeist gar nicht auf eine genaue Festlegung der Spannung oder Stromstärke an, um einen Schlag zu erteilen oder Wasser zu zersetzen. Anders lag der Fall bei den Großmaschinen zum Galvanisieren oder für Bogenlampen, hier mußten bestimmte Stromstärken und Spannungen angestrebt werden. Diese konnten durch entsprechende Auswahl der Ankerspulen angenähert und durch Veränderung der Drehzahl genau angepaßt werden. Bei manchen Maschinen war gar ein veränderlicher Luftspalt vorhanden, um damit Stromstärke und Spannung zu regulieren.

Obwohl seit 1825 Elektromagnete bekannt waren und die Versuche von Joseph Henry (1797–1878) mit sehr starken Elektromagneten um 1830 Aufsehen erregten, verwandte man bei den magnetelektrischen Maschinen nur Dauermagnete für die Erzeugung des Magnetfeldes. Die zumeist hufeisenförmigen Dauermagnete waren aus Stahl gefertigt, der zum Magnetisieren entweder mit einem bereits fertigen Magneten bestrichen oder in eine stromdurchflossene Spule gebracht wurde. Hing man an den Hufeisenmagneten einen Weicheisenanker mit einer Waagschale, so ließ sich die Tragkraft des Magneten als Summe des Ankergewichts und der zugelegten Gewichte bis zum Abreißpunkt ermitteln. Abgesehen von verschiedenen Unsicherheitsfaktoren bei der Messung war der Magnetismus eines solchen Dauermagneten keineswegs konstant. Durch Erschütterung oder Erwärmung ging schnell ein Teil des Magnetismus verloren, und die Dauermagnete mußten ständig neu magnetisiert werden. Um so erstaunlicher erscheint es uns heute, daß Elektromagnete nur eine untergeordnete Rolle spielten. Aus damaliger Sicht erscheint es aber verständlich, denn eine Fremderregung der Elektromagnete durch galvanische Elemente widersprach ja derAbsicht, gerade diese zu ersetzen. Zudem ging man noch 1850 davon aus, daß die Wirkung eines Elektromagneten in die Ferne, also bei einem Luftspalt, geringer wäre als die eines Dauermagneten.

Nicht weniger schwierig als die Messung magnetischer Größen gestaltete sich die Ermittlung von Spannung, Strom und Widerstand. Die Meßinstrumente aus den Labors waren den rauhen Bedingungen in der Praxis meist nicht gewachsen.

Dieselben Verhältnisse wie bei den magnetelektrischen Maschinen herrschten beim Bau elektromagnetischer Maschinen. In der Anfangszeit sollten die Maschinen zunächst funktionieren, erst an zweiter Stelle stand der Wirkungsgrad und die Wirtschaftlichkeit.

Die ersten Elektromotoren: Elektromagnetische Maschinen

In Oersteds Versuch wurde die Nadel um einen bestimmten Winkel abgelenkt, kam dann zur Ruhe und blieb in dieser Stellung, bis der Strom sich änderte. Dieses Verhalten der Nadel eignete sich später vorzüglich für telegrafische Zwecke in Form der Nadeltelegrafen (Oberliesen, 1982, S. 98ff).

Eine kontinuierliche, aber schwache Drehbewegung erreichte man mit einfachen Rotationsapparaten. Kräftigere, rotierende oder hin- und hergehende Bewegungen herzustellen, gelang erst in Verbindung mit Elektromagneten. Die Kombination von Spulen und Stahl- oder Elektromagneten nannte man elektromagnetische Maschinen, wenn der durch den elektrischen Strom erzeugte Magnetismus durch Anziehung und Abstoßung eine Bewegung hervorrief.

Rotationsapparate

Eine ständige Bewegung durch Magnetismus und Elektrizität erzielte erst Faraday. Der einfach aufgebaute Rotationsapparat regte zwar zu zahlreichen Nachbauten an, führte aber nicht zu einer technischen Ausnutzung. Die auftretenden Kräfte waren genau so schwach wie beim Barlowschen Rad.

1822 veröffentlichte Peter Barlow (1776–1862) einen Aufsatz über sein Rad, dessen Wirkung er durch Verdopplung noch steigern konnte. Barlow, Professor an der Royal Military Academy in Woolwich, setzte an Stelle des Drahts eine dünne Kupferscheibe mit gezacktem Rand zwischen die Pole eines starken Hufeisenmagneten (Abb. 38, s. a. Abb. 27 d).

Diese Apparate dienten zum Nachweis einer kontinuierlichen Bewegung. Auch wenn, wie beim Barlowschen Rad, das Auge dieser schnellen Drehbewegung nicht folgen konnte, so waren die Kräfte doch sehr gering. Eine Steigerung gelang erst durch Verwendung von Elektromagneten.

Das wichtigste Bauteil: Der Elektromagnet

1831 nutzte Joseph Henry (1797–1878) in einer Vorrichtung, die er selbst als ein ‹Philosophisches Spielzeug› bezeichnete, die Anziehung und Abstoßung eines im Schwerpunkt gelagerten Elektromagneten vor feststehenden gleichnamigen Magnetpolen für eine hin- und hergehende Bewe-

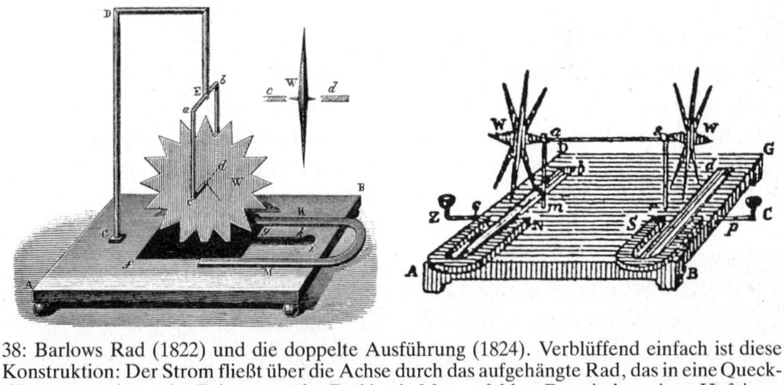

38: Barlows Rad (1822) und die doppelte Ausführung (1824). Verblüffend einfach ist diese Konstruktion: Der Strom fließt über die Achse durch das aufgehängte Rad, das in eine Quecksilberwanne eintaucht. Bringt man das Rad in ein Magnetfeld, z. B. zwischen einen Hufeisenmagneten, so dreht sich das Rad, wobei Stromrichtung und Anordnung der Magnetpole den Drehsinn bestimmen. Im rechten Bild wird die Wirkung durch ein zweites Rad verstärkt. Allerdings müssen nun die Pole des zweiten Hufeisenmagneten, bezogen auf den ersten, vertauscht sein.

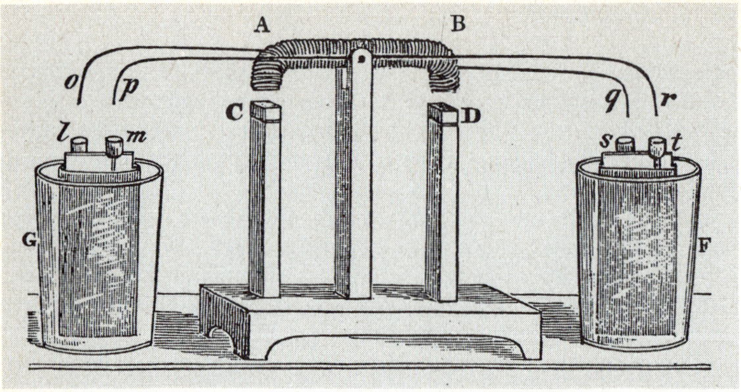

39: Henrys hin- und herwippender Elektromagnet (1831). Über zwei gleichnamigen Magnetpolen (C, D) ist ein 18 cm langer Elektromagnet drehbar befestigt. Die Enden der Spulen sind nach beiden Seiten so herausgeführt, daß sie im geneigten Zustand des Elektromagneten jeweils ein galvanisches Element berühren können. Der dann fließende Strom erregt den Elektromagneten so, daß er sich im Zusammenspiel mit den feststehenden Magneten nach der anderen Seite neigt, usw.

gung aus (Abb. 39). Auf dem etwa 18 cm langen Eisenkern waren drei parallel geschaltete Wicklungen von je rund 7,5 m Drahtlänge aufgebracht, deren Enden jeweils nach links und rechts herausgeführt wurden. Abwechselnd tauchten sie in zwei an den Zink- und Kupferplatten eines Elements befestigten Quecksilbernäpfchen so ein, daß die Pole des Elektromagneten ständig vertauscht wurden. Der Elektromagnet wippte 75mal in der Minute hin und her und das eine Stunde lang, wenn gelegentlich etwas frische Säure nachgegossen wurde. Henry, der zu dieser Zeit durch den Bau von Elektromagneten mit einer Tragkraft von mehr als dem Dreißigfachen des Eigengewichts Aufsehen erregte, schloß zunächst eine praktische Anwendung der elektromagnetischen Kraft nicht aus. Doch innerhalb weniger Jahre gelangte er, vor allem durch die Erfolge der Dampfkraft im Eisenbahnwesen, zu der Überzeugung, daß die elektrische Kraft im Vergleich dazu einfach zu teuer wäre.

Die Frage nach den Kosten, die später zur Lebensfrage der elektromagnetischen Kraft werden sollte, spielte zunächst aber keinerlei Rolle. So entstanden eine Fülle von elektromagnetischen Maschinen, in denen Elektromagnete, permanente Magnete und Kommutatoren auf unterschiedlichste Art und Weise ausgestaltet und angeordnet waren. Beim Bau solcher Maschinen beteiligten sich Konstrukteure verschiedener Herkunft und aus allen Ländern im Gegensatz etwa zur Entwicklung der Dampfmaschine im 18. Jahrhundert, die sich im wesentlichen in England vollzog.

40: Elektromagnetisches Pendel von Salvatore dal Negro (1831). Die Konstruktion erinnert an eine Pendeluhr. Der ‹Anstoß› des Pendels erfolgt durch einen Elektromagneten, der auf zwei Hufeisenmagnete am Pendel wirkt. Das hin- und hergehende Pendel bewirkt selbst das Ein- und Ausschalten des Elektromagneten (nicht eingezeichnet). Über ein Sperradgetriebe wird die Bewegung des Pendels für das Heben eines Gewichts ausgenutzt.

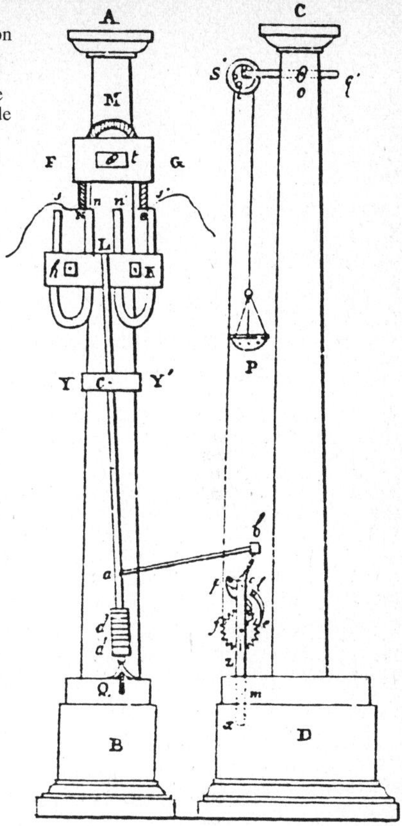

Aus der Reihe der Erfinder sollen nur einige genannt werden. In Padua erzeugte 1831 Salvatore dal Negro (1768–1839), Geistlicher und Professor der Physik an der dortigen Universität, eine hin- und hergehende Bewegung durch ein Pendel mit Hufeisenmagneten, die von einem Elektromagneten angezogen und abgestoßen wurden (Abb. 40). Damit gelang es ihm, ein Gewicht von 60 g in 1 Sekunde 5 cm hoch zu heben. (Falls die Zahlen stimmen, sind das $^1/_{25000}$ PS).

Angeregt von einer sehr vagen Beschreibung des Italieners verfertigte in Zürich 1832 der Lehrer der Naturgeschichte und Physik, Rudolph Schulthess (1802–1832?), ein ähnliches Pendel (Abb. 41):

«... doch ehe ich ein ganz günstiges Resultat erhielt, war noch eine Schwierigkeit zu überwinden. Es ist bekannt, daß die Electromagnete, wenn die Verbindung der

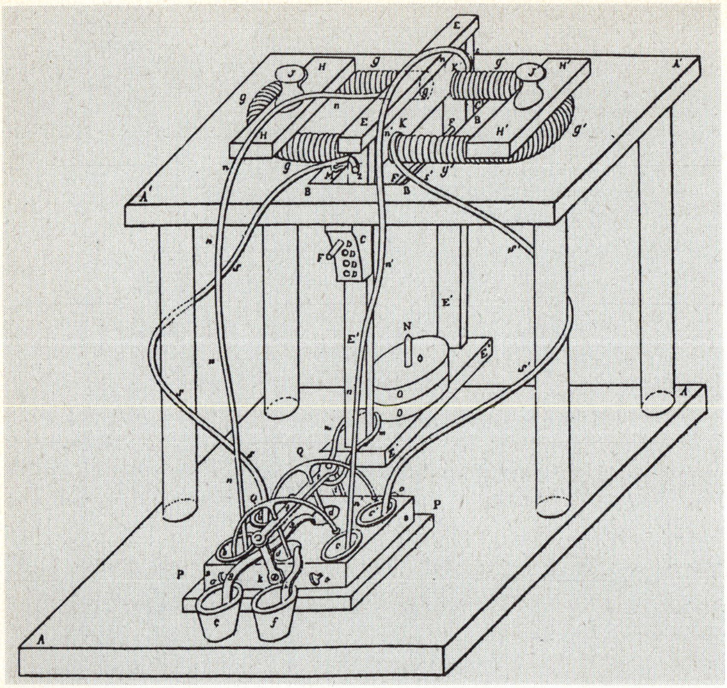

41: Elektromagnetisches Pendel von Schulthess (1832/35). Zwei Elektromagnete (oben) ziehen wechselweise ein Eisenstück an, das an der Oberseite eines in F drehbar gelagerten Rahmens befestigt ist. Das Ein- und Ausschalten der Elektromagnete wird von einem Kommutator in Wippenform (vorne Mitte) in Abhängigkeit von der Pendelbewegung gesteuert. Über quecksilbergefüllte Becher wird der Kontakt sowohl im Kommutator wie zur Batterie (nicht eingezeichnet) hergestellt. Das Modell hat eine Seitenlänge von rund 30 cm.

Drähte mit dem Electromotor [Batterie] aufgehoben wird, nicht auf der Stelle ihren Magnetismus verlieren, sondern noch geraume Zeit ein ziemliches Gewicht zu tragen vermögen» (Schulthess, 1835, S. 93f).

Da Schulthess nicht umpolte, blieb der Eisenzylinder im oberen Teil des Pendels gleich zu Beginn an einem der Elektromagnete hängen:

«... endlich kam ich auf den Gedanken, die völlige Berührung der Armatur mit den Electromagneten zu verhindern, indem ich die Armatur mit Papier umwikkelte, wodurch dieselbe immer in einem kleinen Abstande von dem Magneten gehalten wurde. ... Wenn ich nun bedenke, daß bereits Electromagnete verfertigt worden sind, welche 20 Centner zu tragen imstande waren, und daß kein Grund vorhanden ist, daran zu zweifeln, daß noch unendlich kräftigere verfertigt werden können, so glaube ich, jetzt ungescheut behaupten zu dürfen, daß dieselben allerdings zum Treiben von Maschinen benutzt werden können. Freylich ist denn eine andere Frage, ob dieß auch mit Vortheil geschehen könne, ob die Kosten ihrer Einrichtung und Unterhaltung nicht zu beträchtlich seyen, ...» (Schulthess, 1835, S. 95).

Die Konstruktion scheint in der Zeichnung klar zu sein, die Schwierigkeiten stecken aber im Detail.

Ritchies rotierender Elektromagnet

Erfolgversprechender für eine Anwendung erschien eine Konstruktion von William Ritchie (1790–1837), Professor für Naturphilosophie an der Royal Institution, der in der Zeitschrift der Royal Society im März 1833 die Rotation eines Elektromagneten zwischen den Polen eines hufeisenförmigen Magneten nachwies (Abb. 42). Das Problem der Stromführung löste Ritchie, indem er die Enden der Wicklung in zwei halbkreisförmigen, mit Quecksilber gefüllten Rinnen schleifen ließ, die wiederum mit einer Batterie verbunden waren. Bei geschickter Aufstellung genügte bereits das Magnetfeld der Erde für die Rotation.

Moritz Hermann Jacobi: Wissenschaftler und Techniker

Die Vorteile einer Drehbewegung gegenüber hin- und hergehenden Bewegungen erkannte auch Moritz Hermann Jacobi (1801–1874), der 1835

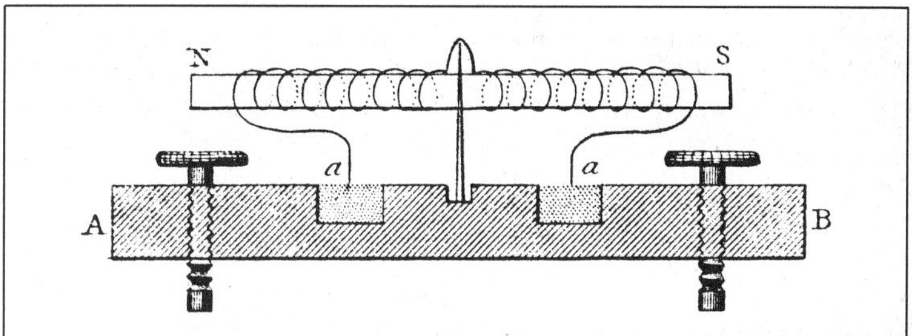

42: Ritchies rotierender Elektromagnet (1833). Die Wicklungsenden des wie eine Magnetnadel gelagerten Elektromagneten (NS) tauchen links und rechts bei a in eine kreisförmige Quecksilberrinne. Diese ist unterteilt, und die beiden Hälften sind mit der Batterie verbunden. Stünde der Elektromagnet nicht in Nord-Süd-Richtung des Erdmagnetfeldes, so würde er sich bei Stromdurchfluß wie eine Magnetnadel ausrichten und dann zum Stillstand kommen. In diesem Moment verlassen die beiden Enden ihre jeweilige halbkreisförmige Rinne und tauchen in die nächste ein. Damit wird die Stromrichtung umgekehrt, und der umgepolte Elektromagnet versucht, sich wieder auf das Erdmagnetfeld einzustellen. Die Bewegung wird verstärkt, wenn kräftige Magnetpole an Stelle des Erdmagnetfeldes treten.

43: Moritz Hermann Jacobi (1801–1874), In Potsdam geboren und seit 1848 russischer Staatsbürger, erregte er mit seinen von Elektromotoren angetriebenen Schiffen in den Jahren 1838/39 großes Aufsehen.

eine ausführliche Abhandlung über seine im vorhergehenden Jahr erbaute Maschine veröffentlichte (Abb. 43).

Jacobi, in Potsdam als Sohn eines Bankiers geboren, studierte unter anderem in Göttingen von 1821 bis 1823 die Kameralwissenschaften und wandte sich auf Wunsch der Eltern dem Bauwesen und der Architektur zu. Er trat in den preußischen Staatsdienst ein und zog 1833 von Potsdam nach Königsberg zu seinem dort als Mathematiker lehrenden Bruder Carl Gustav Jacob Jacobi (1804–1851). In Königsberg baute er im Jahre 1834 seine erste Maschine, von der er noch im November eine kurze Beschreibung an die Académie des Sciences in Paris schickte. Im April 1835 erschien ein in Potsdam verlegtes und in französischer Sprache abgefaßtes Memoire über die Anwendung des Elektromagnetismus zur Bewegung von Maschinen. Darin stellte er nicht nur seine Maschine durch eine Zeichnung vor, sondern führte auch deren Grundlagen aus.

Die Königsberger Maschine

Jacobi hatte seine Maschine bewußt so konstruiert, daß sich ohne Umwandlung sofort eine kreisförmige Bewegung ergab. Die Vorstellung, eine hin- und hergehende Bewegung zu erzeugen, verwarf er aus theoretischen Gründen. Denn bei der Ausführung im großen führt das abwechselnde Beschleunigen und plötzliche Abbremsen der bewegten Teile zu nachteiligen Erschütterungen und Verlusten. Seine klar gegliederte Maschine bestand aus drei Teilen (Abb. 44): einem System von aufeinanderwirkenden Elektromagneten, dem Kommutator und der Batterie. Vier hufeisenförmigen Elektromagneten auf dem festen Holzrahmen stehen vier weitere Elektromagnete auf einer drehbaren Scheibe gegenüber.

44: Elektromagnetische Maschine von Jacobi (1834/35). Vier hufeisenförmige Elektromagnete auf einem Holzrahmen stehen einem System von vier weiteren Magneten auf einer drehbaren Scheibe gegenüber. Die Anziehung und Abstoßung der Elektromagnete steuert ein auf der Achse befestigter Kommutator aus Scheiben, deren Rand abwechselnd leitend und nichtleitend ist. Der Strom der Batterie fließt über kleine Hebel, die die Scheiben abtasten. Die Leistung der klar gegliederten Maschine lag bei etwa 0,02 PS.

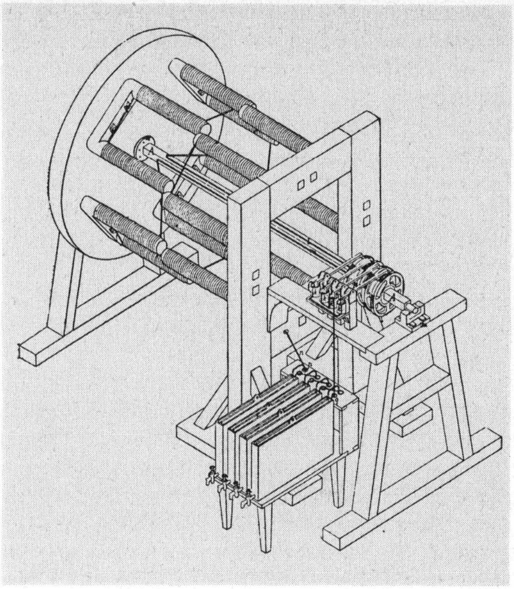

Verbunden mit dieser Scheibe ist eine drehbare Welle, auf der der Kommutator sitzt. Er wird aus vier Kupferscheiben gebildet, von denen die erste mit der zweiten und die dritte mit der vierten leitend verbunden sind. Zur Unterbrechung sind nichtleitende Ebenholzsegmente eingelassen. Die Abtastung geschieht mit Hebeln, deren andere Enden in mit der Batterie verbundene Quecksilbernäpfe eintauchen.

Mit seiner Anordnung, bei der die Elektromagnete aneinander vorbeigeführt wurden, glaubte Jacobi, durch ständiges Einwirken der magnetischen Kraft beliebig hohe Drehzahlen erzielen zu können. Voraussetzung war allerdings ein einwandfreies Funktionieren des Kommutators: Stets waren die acht Elektromagnete hintereinander geschaltet, und jeweils wurden die beweglichen Magnete, wenn sie den feststehenden gegenüberstanden, umgepolt, so daß Anziehung und Abstoßung sich abwechselten.

Als Batterie dienten ihm vier mit verdünnter Schwefelsäure gefüllte Kupfertröge, in die die Zinkplatten eintauchten. Trotz zahlreicher Versuche, u. a. überzog er die Zinkplatte mit einer Amalgamschicht, gelang es Jacobi nicht, einen konstanten Strom über längere Zeit zu erzielen. Bereits nach einer halben Stunde war die Zahl der Umdrehungen pro Minute (min^{-1}) von 120 auf 60 gesunken.

Jacobi bemerkte, daß der Stromverbrauch bei Stillstand der Maschine höher war als in Bewegung. Bei der höchsten Drehzahl im unbelasteten Zustand war der Zinkverbrauch sogar am geringsten. Dies weckte in so manchem Konstrukteur die Vorstellung, ein elektrisches Perpetuum mobile gebaut zu haben. Sie übersahen dabei, daß im Leerlauf auch keine Leistung abgegeben wurde. Jacobi erklärte die Abnahme des Stroms mit Gegenströmen. Die vom Batteriestrom durchflossenen Spulen bewegen sich im Magnetfeld, und in ihnen wird wie bei den magnetelektrischen Maschinen eine Spannung induziert, die nun aber der der Batterie entgegengesetzt ist.

Jacobis Stärke lag in der Fähigkeit, technische Ausführung und wissenschaftliche Erforschung der Phänomene zu vereinen. Er war vertraut mit der Literatur über Dampfmaschinen, er kannte sich im Mühlen- und Maschinenbau sowie in den Arbeiten französischer Mathematiker und Mechaniker aus. Ebenso zitierte er in seiner Denkschrift die Arbeiten führender Physiker aus dem Bereich der Elektrizitätslehre. Großen Wert legte er auf das Ohmsche Gesetz, das er konsequent anwandte und auf das er unermüdlich auch in seinen späteren Arbeiten immer wieder verwies. Denn es war noch lange nicht allen Physikern, ganz zu schweigen von den Praktikern, bekannt, oder es stieß auf Ablehnung.

Für Jacobi stand 1835 die Überlegenheit der neuen Antriebskraft fest: Sie war ungefährlich, einfach und billig. Was Jacobi nicht anführte, waren die Kosten für den Bau der Maschine und vor allem die Betriebskosten der Batterie, die damals wie heute den Erfolg bestimmen.

Förderung durch die russische Regierung

Eigene Mittel und eine finanzielle Unterstützung des preußischen Königs waren schnell aufgebraucht. Doch Jacobi hatte Glück. Ende 1835 erhielt er eine Professur für Zivilbaukunst an der deutschsprachigen Universität in Dorpat (Estland, UdSSR). Eineinhalb Jahre später wurde man in Petersburg auf ihn aufmerksam. 1837 schilderte Jacobi in einem Exposé, angefordert vom Minister für Volksaufklärung zur Vorlage bei der Petersburger Akademie, die Vorteile des Motors. Seine Erfindung bezeichnete er als ‹weltgeschichtliches Ereignis›. Weiterhin schrieb Jacobi:

«... nun wäre das nächste eine solche Maschine in etwas grösserem Masstabe zu erbauen, damit sie eine wirkliche Arbeit verrichten könne; es ist am Ende gleichgültig, welche, da sie sich mit derselben Leichtigkeit auf die Betreibung von Mühlwerken, Booten oder Lokomotiven anwenden liesse. Da aber das Erscheinungsgebiet des Elektromagnetismus ein noch ganz neues ist, so lässt der Effekt einer solchen Maschine sich weder vorausbestimmen noch berechnen; es kann der Natur der Sache nach nur die bisherige unzureichende Erfahrung sein, welche bei dem Bau derselben zum Teil als Richtschnur dienen würde. Diese Erfahrung hat aber das geleistet, dass sie die Sache selbst entschieden und günstig entschieden hat. Um zu allgemeiner produktiver Applikation zu gelangen, sind daher die Prinzipien fester zu begründen, und es ist zu untersuchen, wie das Verhältnis aller Teile einzurichten sei, damit ein bestimmter Effekt gewonnen werden könne. Hierzu gehört: Das Maximum von Magnetismus, welches man dem Eisen erteilen könne, welche Dimensionen die Elektromagnete haben, und wie die sie umgebenden Drahtspiralen eingerichtet sein müssen, nach welchem Verhältnisse die magnetische Attraktion mit der Entfernung abnimmt, ob nicht, wie es manche Erscheinungen andeuten, dieses Gesetz auf eine qualitative Weise und nicht bloss in seinen Konstanten von den Dimensionen der Magnete affiziert wird, in welchen Beziehungen die Elemente der galvanischen Apparate unter einander stehen, welche Bedeutung die Magnetoelektrizität annehmen und wie sie benützt werden könne u. s. w., endlich möglicherweise die Data einer leicht zugänglichen Effektberechnung zu begründen. Es ist schön, dass diese zu untersuchenden Prinzipien nicht bloss eine technische Seite haben, ihre Feststellung muss unter jeder Bedingung bedeutende wissenschaftliche Resultate liefern und Licht werfen auf die Natur dieser rätselhaften Agentien. Das ist der sichere Gewinn, der aus Arbeiten hervorgehen muss, die Schritt für Schritt mit Besonnenheit, Umsicht und Ausdauer durchzuführen sind. Ob ich die Kraft und Fähigkeit hierzu besitze? ich bin mir nur des festen Willens und des unermüdlichen regen Eifers bewusst» (Mitkevitsch, 1936, S. 246).

Jacobi, der 1848 die russische Staatsbürgerschaft annahm, schloß seine Ausführungen mit den Worten:

«... es [ist] die höchste Zeit (...) mit Energie zu Werke zu gehen, nicht nur, damit ich nicht des Erfolges meiner Anstrengungen entbehre, sondern vorzüglich damit mein neues Vaterland, an welches ich mich durch manche Bande gekettet habe, den Ruhm nicht einbüsse, eher die Neva als die Themse oder Tiber mit magnetischen Booten beschifft zu sehen» (Mitkevitch, 1936, S. 247).

Der Empfang beim Minister in Petersburg war sehr freundlich. In einem Brief an seinen Bruder in Königsberg schrieb Jacobi:

«... aber ich habe doch etwas Anstoss gegeben und den Finanzminister beleidigt als ich bei der Explication meinte ob es wohl anginge dass einige Stücke mit Platin könnten garnirt werden.»

Die Antwort des Finanzministers lautete:

«... wenn Sie für 100000 Rbl [Rubel] Platin brauchen, so können Sie auch das bekommen, es verbleibt ja doch der Krone» (Ahrens, 1907, S. 44).

Nach der Entdeckung von reichen Platinvorkommen im Ural bestand in Rußland zunächst kein Mangel an diesem Metall, aus dem man sogenannte ‹weiße Rubel› prägte. Die Vorführung seiner Maschine in Petersburg war ein voller Erfolg. Der Zar Nikolaus I. wünschte eine möglichst rasche Anwendung des Motors für Zwecke der Schiffahrt, und Jacobi siedelte nach Petersburg über.

Seit seiner Ankunft in Petersburg führte Jacobi zahlreiche Experimente zusammen mit Emil Lenz (1804–1865) und mit Unterstützung der

Akademie der Wissenschaften durch. In Lenz hatte er einen scharfen Beobachter und guten Experimentator gefunden, der schon als Neunzehnjähriger an einer Weltumsegelung als Physiker teilgenommen hatte und nach seiner Promotion in Heidelberg seit 1831 auf dem Gebiet der Elektrizitätslehre arbeitete. Bereits im Juli 1838 gaben sie in Auszügen ihre Forschungen ‹Ueber die Gesetze der Elektromagnete› der Akademie bekannt. Damit hofften Lenz und Jacobi der ‹Willkürlichkeit› in der Dimensionierung und dem ‹bloßen Herumtappen› ein Ende zu bereiten. Ihre Versuche zählten sie zu den

«schwierigsten in der Physik ..., wenn man bedenkt, wie veränderlich die Wirkung der galvanischen Kette ist, wie schwierig die Kraft des Stromes für einen gewünschten Augenblick mit Sicherheit zu messen, wie schwer seinen magnetisirenden Effect zu bestimmen, wie verschieden endlich seine Wirkung auf verschiedene Eisengattungen ausfällt u. s. w» (Jacobi, Lenz, 1838, Sp. 338).

Die gewonnenen Resultate fanden Eingang in Jacobis Veröffentlichung von 1840 ‹*Über die Prinzipien der elektromagnetischen Maschinen*›.

Der Erfolg: Ein elektromagnetisch angetriebenes Boot

Am 13. September 1838 stellte sich der erste Erfolg ein. Auf der Newa fuhr ein Schiff (Abb. 45), angetrieben von einem Elektromotor von etwa ⅓ bis ¼ PS, mit einer Geschwindigkeit von rund 2 bis 3 Werst in der Stunde (0,6–0,9 m/s) eine Entfernung von 7 Werst (rund 7,5 km). Allerdings trat ein Fehler am Kommutator auf, und auch die Batterie ließ zu wünschen

45: Jacobis elektrisches Boot auf der Newa (1838/39, Zeichnung aus dem Jahre 1868). Mit Unterstützung der russischen Regierung stattete Jacobi in Petersburg ein kleines Boot mit einem Elektromotor und Schaufelrad aus und fuhr damit mehrere Stunden auf der Newa hin und her. Technisch gesehen war das Boot ein Erfolg, jedoch standen einer wirtschaftlichen Nutzung die hohen Betriebs- und Anschaffungskosten der Platinbatterie entgegen.

übrig. Im folgenden Jahr verbesserte Jacobi den Motor und konnte die Geschwindigkeit mit einem größeren Motor und einer Groveschen Batterie mit 1,5 m^2 Platinoberfläche auf 1,2 m/s verdoppeln. Mitte September 1839 gelang es, in Verbindung mit einem Schaufelrad eine zehnrudrige Schaluppe mit 10 bis 14 Personen an Bord auf der Newa auf und ab fahren zu lassen. Dieser spektakuläre Erfolg ging durch die Presse und begründete den Ruhm Jacobis. Leider erfahren wir nichts über die Kosten und den Verbrauch.

Jacobis Prinzipien der elektromagnetischen Maschinen

Ein Jahr später trug Jacobi in Glasgow vor der Versammlung der britischen Naturforscher seine aus Experimenten und praktischen Versuchen gewonnenen Ergebnisse vor. Der Vortrag, mehrfach abgedruckt, erschien auch auf Deutsch in den *Annalen der Physik und Chemie*, deren Herausgeber, Poggendorff, Jacobi auf der Rückreise in Berlin besucht hatte. In sehr gedrängter Form wurden die ‹*Prinzipien der elektromagnetischen Maschinen*› einschließlich der Gesetze der Elektromagnete dargestellt:

1) Die Stärke des in weichem Eisen durch galvanische Ströme erregten Magnetismus ist proportional der Kraft dieser Ströme.
2) Die Dicke des in Gestalt einer Schraube den Eisenstab umgebenden Drahts ist durchaus gleichgültig vorausgesetzt, dass die Schraube stets eine gleiche Zahl von Gängen habe und der Strom stets von gleicher Stärke sei. ...
3) Bleibt der Strom sich gleich, so kann, in der Mehrzahl der praktischen Fälle, der Einfluss des Durchmessers der Schraube vernachlässigt werden.
4) Die gesamte Wirkung der elektromagnetischen Schraube auf den Eisenstab ist gleich der Summe der Wirkungen, die jede Windung einzeln ausübt.

Mit Hülfe dieser Gesetze und der Ohmschen Formel, deren Wichtigkeit erst neuerlich einige britische Physiker zu würdigen angefangen, haben wir eine Formel aufgestellt, die alle zur Erlangung des Maximums von Magnetismus erforderlichen besonderen Umstände umfasst, ...» (Jacobi, 1840, S. 358ff).

Strom und Windungszahl waren die wichtigsten Größen für Lenz und Jacobi. Nicht erkannt wurde die Sättigung, d. h., der Magnetismus nimmt ab einem bestimmten, vom Material abhängigen Wert nicht mehr proportional zu Strom und Windungszahl zu.

Die folgende Formel, im Vergleich zur Formulierung von 1838 viel klarer, gibt nach Jacobi eine Antwort auf das Problem, wie die Wicklung eines Elektromagneten mit gegebenem Eisenkern aussehen muß und wie gleichzeitig die Zahl der Plattenpaare einer Batterie mit gegebener Oberfläche bestimmt wird, um ein Maximum an Magnetismus zu erzielen: «Das Maximum des Magnetismus wird immer erhalten, wenn der gesamte Widerstand des die Schraube bildenden Leitungsdrahts gleich ist dem gesamten Widerstand der Säule». – ‹Innenwiderstand gleich Außenwiderstand›, an diese irreführende Regel hielt man sich rund 40 Jahre. Damit war eine Leistungsanpassung und ein Wirkungsgrad von höchstens 50 Prozent vorgegeben, da sich die Gesamtleistung im Stromkreis gleichmäßig auf die Batterie und den Motor verteilt.

Da Jacobi und Lenz bei ihren Versuchen mit geringen Stromstärken bei ruhenden Magneten arbeiteten, konnten sie keine Sättigung feststellen. Zudem war es ein Unterschied, ob die Elektromagnete ruhten oder sich bewegten und gegenseitig beeinflußten. Und gerade für den bewegten Zustand sollten die Prinzipien Jacobis gelten.

Unter der Voraussetzung, daß die Anziehung der Elektromagnete proportional dem Quadrat des Stroms sei, konnte Jacobi einfache Beziehungen für das Maximum der mechanischen Leistung aufstellen. Eine Veränderung der Windungszahl hatte dabei nach Jacobi keinen Einfluß auf die Leistung, nur auf die Geschwindigkeit und ersetzte so die gewöhnlichen Übersetzungen.

Weit wichtiger waren zwei andere von Jacobi gefolgerte Ergebnisse. Das eine betraf die Wirtschaftlichkeit: Je größer die elektromotorische Kraft (Spannung) des galvanischen Elements, desto geringer der Zinkverbrauch bei einer bestimmten Ausführung der Maschine. Dafür bot sich die Verwendung von Platin an Stelle von Kupfer an, was Jacobi auch tat. Dieser Weg konnte aber wegen der hohen Platinpreise nur von wenigen Konstrukteuren beschritten werden.

Bei dem damaligen Stand der Meßtechnik gestaltete es sich alles andere als einfach, die elektrischen Größen zu messen. Jacobi gab für den günstigsten Arbeitspunkt eine einfache Regel an, ohne sie in dem Aufsatz von 1840 zu begründen: Der Zinkverbrauch, der dem mit einem Galvanometer gemessenen Strom entspricht, ist im Ruhezustand doppelt so groß wie bei größter Leistungsabgabe. Wie Jacobi bereits 1835 ausgeführt hatte, nahm der Strom durch die Batterie wegen des Gegenstroms ab.

Am Ende eines Nachtrages zu seinen Prinzipien wies Jacobi auf eine weitere Schwierigkeit hin, bedingt durch das Eisen, das nicht schlagartig magnetisch wird und dafür einer gewissen Zeit bedarf. Jacobi sah auch keine Möglichkeit, dieses Verhalten des Eisens in die Formeln einzubringen. Zwar beschäftigte sich Jacobi auch in den folgenden Jahren mit dem Bau elektromagnetischer Maschinen, die Kommission wurde erst Ende 1842 aufgelöst, doch verlagerten sich seine Interessen auf andere Gebiete wie den Aufbau eines russischen Telegrafenwesens und die Ausbildung der Galvanoplastik. Als er 1842 «Über den gegenwärtigen Standpunkt der Versuche mit elektromagnetischen Maschinen» referierte, schlug er eine Umkehrung vor:

«Man errichte die galvanischen Batterieen nicht um der electromagnetischen Maschinen willen, sondern baue solche Maschinen da, wo galvanische Batterieen, oder electrolytische Processe im Allgemeinen, anderer Zwecke wegen eingeführt sind, oder eingeführt sein könnten, in den Münzwerkstätten, z. B. auf Kupferhütten oder bei andern Gelegenheiten, ...» (Jacobi, 1842, S. 78f).

Bis in die achtziger Jahre des 19. Jahrhunderts hinein stützte man sich auf die Jacobische Theorie, die dann erst durch eine Theorie der Dynamomaschine abgelöst wurde.

Johann Philipp Wagner: Ein elektromagnetischer Prometheus?

Die Erfolge und der Optimismus Jacobis ermunterten zum Bau elektromagnetischer Maschinen. Unter den ‹elektromagnetischen Helden›, wie die Konstrukteure in einer Zeitung genannt wurden, erregte in Deutschland Johann Philipp Wagner in Frankfurt mehr Aufsehen als alle anderen.

Johann Philipp Wagner wurde im Jahre 1799 in Fischbach im Herzogtum Nassau geboren und trat 1815 als Lehrling in ein Frankfurter Eisengeschäft ein. 1840 schied er, inzwischen zum Buchhalter aufgestiegen, aus der Firma aus und war dann als Inspektor bis kurz vor seinem Tod 1879 für die Überwachung der Dampfmaschinen in der Stadt Frankfurt am Main zuständig.

Der Nährboden: Physikalischer Verein und Gewerbverein

Im Gegensatz zu Jacobi befaßte er sich erst relativ spät mit wissenschaftlichen und technischen Fragen. Sein Interesse läßt sich nur vor dem Hintergrund zweier Vereine erklären, nämlich dem Physikalischen Verein und dem Gewerbverein in Frankfurt. Vereine dieser Art spielten in einer Zeit, in der die Anfänge einer technischen Ausbildung den Gewerbeschulen und Polytechnischen Schulen oblagen, eine wichtige Rolle zur Vermittlung von technischem Wissen.

Der Frankfurter Physikalische Verein verdankte seine Entstehung Mitgliedern der Senckenbergischen Naturforschenden Gesellschaft, die sich stärker für die Naturwissenschaften und weniger für die beschreibende Naturgeschichte interessierten. Auf Vorschlag des Frankfurter Mechanikus Johann Valentin Albert (1774–1856) sollte ein ‹physikalisches Cabinet› mit von ihm selbst gebauten Instrumenten eingerichtet werden, die von dem Mitgliedern gegen eine Vergütung benutzt werden konnten. Nach der Stiftung des Vereins im Oktober 1824 stieg dessen Mitgliederzahl auf 144 im ersten Jahr. In regelmäßigen Versammlungen unterrichteten sich die Mitglieder gegenseitig über die verschiedensten Gegenstände aus dem Bereich der physikalischen und chemischen Wissenschaften sowie der Technik. Mitte der dreißiger Jahre stellte der Physikalische Verein einen Lehrer fest an, dessen Bezahlung die Stadt Frankfurt mittrug. Dafür übernahm der Verein Gutachtertätigkeiten bei der Dampfmaschinenüberwachung oder der Regulierung von Turmuhren. Aus einem lokkeren Zusammenschluß naturwissenschaftlich interessierter Frankfurter Bürger war ein Verein mit festen Aufgaben geworden, an dessen Aktivitäten Wagner lange Zeit als Vorstandsmitglied beteiligt war.

Die zweite Organisation, in der Wagner wirkte, war der Frankfurter Gewerbverein, der 1835 aus der ‹Frankfurter Gesellschaft zur Beförderung nützlicher Künste und deren Hülfswissenschaften› hervorgegangen war. Letztere, auch unter der Bezeichnung Polytechnischer Verein bekannt, bestand seit 1816 aus einer technischen und naturwissenschaftlichen Sektion und trat mit zahlreichen, zumeist philanthropisch motivierten Unternehmungen hervor. Im Jahre 1841 hatte sie die erstaunliche Zahl von etwa 500 Mitgliedern bei einer Einwohnerzahl Frankfurts von nur rund 50000. Die von ihr durchgeführten Gewerbeausstellungen wurden nun vom Gewerbverein übernommen, der seit 1838 eine eigene Zeitschrift, den *Frankfurter Gewerbfreund* herausgab. Vergleichbar mit anderen technischen Zeitschriften dieser Zeit versprach der *Frankfurter Gewerbfreund* seinen Abonnenten, Originalmitteilungen oder Auszüge aus anderen Zeitschriften, Antworten auf Anfragen und die Beschreibung eigener Versuche zu bringen.

Die Zahl der Abonnenten ging bereits im zweiten Jahrgang empfindlich zurück, ‹weil das Niveau des Blattes über dem vieler Interessenten lag›. Den Mangel an theoretischen Kenntnissen bei den Lesern versuchte der Gewerbverein durch allgemeinverständliche Vorlesungen über industrielle Mechanik auszugleichen.

Sowohl im Physikalischen Verein als auch im Gewerbverein nahm Wagner als Vorstands- und Verwaltungsmitglied eine führende Rolle ein. Hier konnte er sich einerseits das Wissen und die Kenntnisse aneignen, die ihm beim Bau elektromagnetischer Maschinen von Nutzen waren, und andererseits seine Maschinen einem größeren Kreis vorstellen und so auf sich aufmerksam machen.

Eine Erfindung für die ganze deutsche Industrie

Während Jacobi die wissenschaftliche Seite seiner Arbeiten stets betonte, waren die Interessen Wagners ganz anders gelagert. Von seinen Maschinen gibt es keine Abbildungen, und seine Geheimhaltung ging so weit, daß er Teile seiner Maschinen bei verschiedenen Mechanikern in Frankfurt in Auftrag gab. Weshalb diese Geheimniskrämerei? Das lag im wesentlichen an der Patentgesetzgebung, die Sache der einzelnen Länder war. Jeder Erfinder war zum Schutz seiner Erfindung gezwungen, in den Ländern um ein Privileg oder ein Patent nachzusuchen, das dann auch nur für dieses Land und für eine bestimmte Zeit galt. Zum anderen sahen die

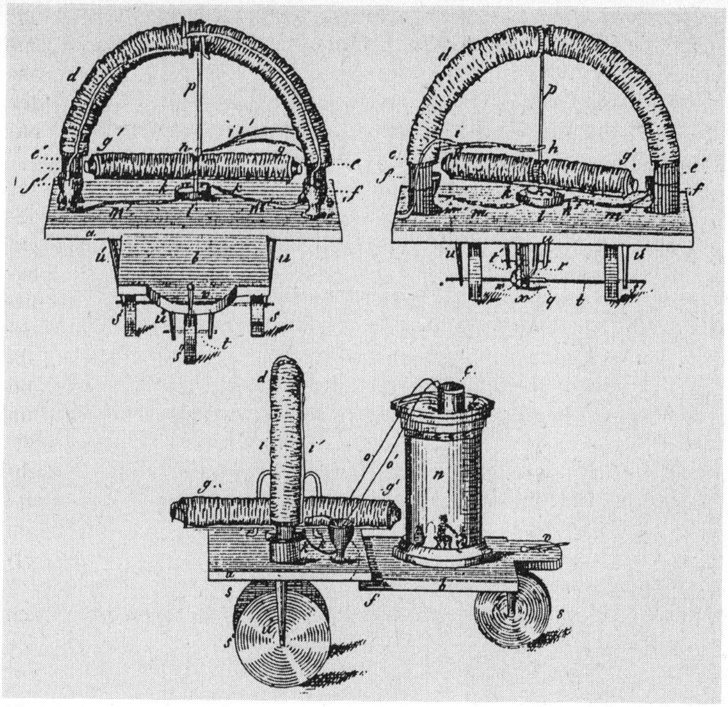

46: Elektromagnetischer Wagen von Stratingh und Becker (1835). Der kleine Wagen, nicht einmal 30 cm lang, führt sein galvanisches Element mit sich. Wagner baute 1836 einen ähnlichen Wagen.

Prüfer, zum Beispiel in Preußen, nichts Neues in einer Erfindung, die auf einer Kombination bereits bekannter einzelner Elemente beruhte.

Um diesen Schwierigkeiten zu entgehen und um seine Erfindung der ganzen deutschen Industrie zugänglich zu machen, wandte sich Wagner an die einzige übergeordnete Instanz, den Deutschen Bund. Dieser bestand seit 1815 als eine lose Föderation aus 34 unabhängigen deutschen Staaten und vier freien Städten, darunter auch Frankfurt am Main. Der Zweck des Deutschen Bundes war in erster Linie die Erhaltung der äußeren und inneren Sicherheit der beteiligten Staaten. Als beschlußfassendes Gremium tagte in Frankfurt unter dem immerwährenden Präsidium von Österreich die Bundesversammlung, deren engerer Rat 17 Mitglieder zählte. Um 1840 widmete sich die Bundesversammlung dem Schutz geistigen Eigentums großer deutscher Komponisten und Dichter, und von daher war es nicht abwegig, sich wegen Erfindungen an sie zu wenden.

Welche Erfindung konnte nun Wagner vorweisen?

Im Mai 1836 hatte er ein kleines Modell einer elektromagnetischen Maschine auf dem Jahresfest der Senckenbergischen Naturforschenden Gesellschaft vorgestellt. Im Prinzip war es der rotierende Elektromagnet Ritchies, und vom Aufbau ähnelte es der Konstruktion der Holländer Sibrandus S. Stratingh (1785–1841) und Christopher Becker, die 1835 einen fahrbaren Wagen gebaut hatten (Abb. 46).

Einem größeren Kreis wurden die Arbeiten und weiteren Modelle Wagners erst durch einen Vortrag des Freiherrn von Reden (1804 bis 1857) im September 1840 in der landwirtschaftlich-technologischen Sektion der Versammlung der Gesellschaft deutscher Naturforscher und Ärzte in Erlangen bekannt. Von Reden sprach über die bisherigen Versuche, den Elektromagnetismus als bewegende Kraft anzuwenden, und behauptete, «daß allenthalben, wo geringere Bewegungskräfte genügen, der Elektromagnetismus den Wasserdampf verdrängen werde» (Amtlicher Bericht ..., 1841, S. 174). Mehrere Zuhörer bezweifelten aber die ökonomischen Vorteile der neuen Kraft, und Georg Simon Ohm aus Berlin wies auf die Arbeiten Jacobis hin, die die in sie gesetzten Hoffnungen nicht erfüllt hatten.

Im Oktober 1840 erschien eine Mitteilung des Frankfurter Gewerbvereins, in der dieser vorschlug, ein Aktienunternehmen unter Beteiligung von Regierungen, Unternehmern und Privatleuten zu gründen. Die Aktionäre sollten eine bestimmte Geldsumme bereitlegen und damit den Bau einer großen Maschine Wagners finanzieren. Nach erfolgreicher Durchführung sollte Wagner diese Summe erhalten und den Aktionären sein Geheimnis mitteilen. Zum Schluß wurden die ‹verehrlichen deutschen Gewerbvereine zur thätigen Mitwirkung bei Verwerthung einer Erfindung aufgefordert, die Deutschland zur höchsten Ehre gereicht›. Wie konnten aber die deutschen Gewerbvereine eine solche Erfindung beurteilen und guten Gewissens unterstützen, wenn der Erfinder sie als sein Geheimnis hütete? Bevor jedoch die Öffentlichkeit auf die Vorschläge reagierte, hatte Wagner bereits ein Privileg auf 15 Jahre für die Verfertigung von elektromagnetischen Maschinen für das Gebiet der Freien Stadt Frankfurt erhalten.

Die ‹Vorteile› der Wagnerschen Maschine

Im Dezember 1840 stellte der Gesandte der freien Städte einen Antrag an die Bundesversammlung, die Gültigkeit und damit den Wert des Privilegs auf den Umfang des Deutschen Bundes auszudehnen. Eine Kommission wurde gebildet, und Wagner erläuterte für sie noch einmal die beeindruckenden Vorteile der neuen Kraft:

Sie ist
gefahrlos (keine Explosionsgefahr im Vergleich zu den Dampfmaschinen; keine gesundheitsschädlichen Gase)
einfach (Einsatz von ungelerntem Personal zur Aufstellung und Wartung; kein Aufsichtspersonal nötig; Nachbau leicht möglich)
anpassungsfähig (überall aufstellbar wegen des geringen Raumbedarfs; Drehzahl beliebig veränderbar, keine Transmissionen durch Direktantrieb; unempfindlich gegen Lastwechsel und Richtungsumkehr)
verschleißfrei (keine Abnutzungen und daher keine Reparaturen)
billig (in der Anschaffung und im Betrieb durch Verkauf von den sich in der Batterie bildenden Stoffen).

Zudem glaubte Wagner, daß die Kraft proportional dem Quadrat der Vergrößerung der Maschine bei gleichbleibendem Zinkverbrauch zunähme. Ein faszinierender Gedanke, der nicht nur bei Wagner auftauchte!

Die Prämie der deutschen Bundesversammlung
Zu diesen Argumenten kamen weitere Überlegungen, die entscheidend das Interesse des Deutschen Bundes erregten: Durch Anwendung der neuen Kraft glaubte man, die wirtschaftliche Überlegenheit Englands, die auf reichen Steinkohlenlagern beruhte, brechen zu können. In den deutschen Ländern waren die Fördermengen an Steinkohlen gering bzw. die Lager noch unbekannt. Dafür gab es aber reiche Zink- und Kupfervorkommen. Diese wollte man durch Verwendung der Metalle in den Batterien nutzen. Damit hoffte man, die weitere Zunahme von Dampfmaschinen, die auch in immer größeren PS-Zahlen gebaut wurden, zu stoppen. Von der Elektrizität sollte vor allem das Kleingewerbe profitieren.

Die Kommission übernahm diese Argumentation:

«Betrachtet man nun aber die einzelnen Hauptvorteile näher, welche man sich von dieser Erfindung verspricht, und die Wagner hauptsächlich in seiner Darstellung hervorhebt – nicht bloß die bedeutend größere Wohlfeilheit in Erzeugung der Kraft, was vielleicht noch am geringsten in Anschlag zu bringen wäre, sondern vor Allem die Gefahrlosigkeit bei der Anwendung, und die Möglichkeit, die Kraft auch im **Kleinen mit verhältnismäßig gleichem Vorteil** zu benutzen, was die Industrie mehr zu vertheilen und **die Zahl selbständiger** Unternehmer zu vermehren geeignet wäre, so wird die Ansicht gerechtfertigt erscheinen, daß wenn **sich die Erfindung bewährt**, man nicht genug eilen könne, ihre Verbreitung in ganz Deutschland zu befördern, und daß sie für diejenigen Länder noch ganz besonderen Werth habe, wo die Anhäufung von Capitalien in einzelnen Händen nicht so bedeutend, die Masse der Proletarier noch nicht so groß, und die Entwicklung der Industrie noch nicht auf der Höhe ist» (Protokolle der Deutschen Bundesversammlung, 1841, S. 96).

Da die erfolgreiche Einführung der neuen Kraft «nicht auf den einen oder anderen Zweig der Industrie, sondern nach allen Richtungen hin auf das ganze industrielle Wesen und Leben den großartigsten Einfluß ausüben werde» (Protokolle ..., 1841, S. 96), hielt man es 1841 für gerechtfertigt, für den erfolgreichen Bau einer großen Probemaschine eine Kaufsumme von 100000 Gulden auszusetzen.

Der Beschluß bedurfte noch der Genehmigung der einzelnen Regierungen. Preußen, Bayern und Österreich sollten je einen Gutachter für die Prüfung der Maschine stellen. Diese drei Staaten hatten schon vor der Beschlußfassung die Aktivitäten Wagners verfolgt, und ihre Vertreter in Frankfurt sandten laufend Berichte an ihre Regierungen.

So war Preußen, das reiche Zinkerzlager in Oberschlesien und in den Rheinprovinzen besaß, an der Auswertung einer solchen Erfindung interessiert.

Bayern stimmte dem Beschluß zu, da

«eine großartige Entwickelung des Eisenbahn-Systems nur dann mit vollkommen beruhigender Aussicht auf Gewinn möglich ist, wenn es gelingt die so kostspieligen Steinkohlen bei dem Abgange eigener Kohlenlager durch ein wohlfeileres Bewegungsmittel zu ersetzen» (Archiv 1).

Jacobis Erfolge vor Augen, schlug der bayerische Gesandte vor, elektromagnetische Maschinen für die Beschiffung des im Bau befindlichen Ludwigkanals zwischen Bamberg und Kelheim einzusetzen.

In Österreich ging die Initiative zunächst nicht vom Staat aus, sondern von der Direktion der Kaiser-Ferdinands-Nordbahn. Sie bot dem Fürsten Metternich in seiner Funktion als Österreichischer Haus-, Hof- und Staatskanzler an, den auf Österreich entfallenden Beitrag zu übernehmen. Es entsprach jedoch

«nicht der Ehre der kaiserlichen Regierung, ein Opfer von einzelnen Privatgesellschaften anzunehmen, dessen Erfolg nicht ihnen allein, sondern allen Untertanen zugute kommen solle» (Archiv 2).

Zudem hatte man das Beispiel Frankreichs vor Augen, wo kurz zuvor die Erfindung des Daguerreotypie (fotografisches Verfahren) als eine Nationalsache behandelt worden war.

Unterstützung von fürstlicher Seite

Auch andere Staaten zeigten Interesse, doch war ein schweizerischer Ingenieur namens Johann Jakob Sulzberger (1802–1855) der erste, der Wagner finanziell und materiell unterstützte. In dessen Werkstätten in Frauenfeld begann Wagner unter größter Geheimhaltung mit dem Bau. Wenig später, im Mai 1841, kam es zu einer Verbindung mit dem Fürsten Karl Egon II. von Fürstenberg (1796–1854), der in Donaueschingen residierte und Eisenwerke besaß. Vorgesehen war eine Beteiligung Wagners und Sulzbergers an einem Etablissement zur Fertigung elektromagnetischer Maschinen unter Leitung des Fürsten. Doch der Bau der Maschine – Wagner war inzwischen ins fürstenbergische Eisenwerk Zizzenhausen bei Stockach umgezogen – verzögerte sich. Im Oktober 1841 berichtete Wagner an Andreas v. Ettingshausen (1796–1878) von seinen Schwierigkeiten:

«Als ich zum erstenmale die Maschine in Bewegung setzte wurde ich nicht wenig bestürzt daß die Pole nicht aneinander vorübergehen wollten während doch der elektrische Strom unterbrochen war; ich beschwerte sie daher noch mit Gewicht so daß sich schon ohne Magnetismus die Maschine in Bewegung setzte, die Pole gingen jetzt etwas weniger an einander vorüber, der vorbeygegangene wurde aber wieder zurückgezogen. Ich erkannte nun hieraus daß die beyden einander anziehenden Magnetismen sich gegenseitig gebunden hielten so wie es geschieht wenn man einen Elektromagneten einen Anker unmittelbar vorlegt, der bey der Trennung der Kette auch nicht abfällt. Dieser Umstand [Restmagnetismus] erregte in mir die augenblickliche Überzeugung daß die Anwendung des Elektromagnetismus unmöglich sey. Dieser Gedanke war für mich, wie Sie leicht begreifen, erdrükkend und raubte mir eine ganze Nacht den Schlaf. Durch unsägliche Hindernisse die ich bis dahin besiegt hatte an unabläßiges Nachdenken gewöhnt fand ich auch bald ein Mittel dieses zu beseitigen. Es besteht dieses Mittel einfach darin daß ich schon die Pole wechseln lasse wenn sie senkrecht vor einander zu stehen kömmen» (Archiv 3).

Diese Briefstelle zeigt, mit welchen Schwierigkeiten Wagner bei der Kommutierung noch zu kämpfen hatte. Auch aus anderen Bemerkungen wird ersichtlich, daß seine Maschine, deren drehbarer Teil bei einem Durchmesser von 1,5 m 6 bis 7 Zentner wog, keineswegs ausgereift war.

In seinem Brief an den Physiker v. Ettingshausen äußerte sich Wagner zu seinem Geheimnis. Er verteidigte darin seine Behauptung von der quadratischen Kraftzunahme bei Vergrößerung der Maschine:

«Wissenschaftlich ausgedrückt würde dieser Satz also lauten: ‹Bey gleichbleibenden Zinkverbrauch wächst die Kraft eines Elektromagneten wie die Anzahl seiner Windungen» (Archiv 3).

Zum Beweis berechnete er, allerdings falsch, den Strom für hintereinander- und parallelgeschaltete Wicklungen. Was Wagner nicht beachtete und was erst Gustav Robert Kirchhoff (1824–1887) im Jahre 1845 klar aussprach, war die Aufteilung des Stroms bei parallelgeschalteten Wicklungen. Die Sättigung der Elektromagnete zog er ebenfalls nicht in Betracht.

Für seine Maschine hatte Wagner wahrscheinlich eine ähnliche Anordnung wie William Hannis Taylor 1840 in England gewählt, wenn auch bei ihm die Anker feststanden und die Elektromagnete rotierten (Abb. 47).

Die Arbeiten verzögerten sich. Im Dezember 1843 trieb Wagner nach eigenen Angaben auf der Taunuseisenbahn in Frankfurt einen Wagen von 30 Zentnern mit zwei seiner Maschinen an. Andererseits bekannte er ge-

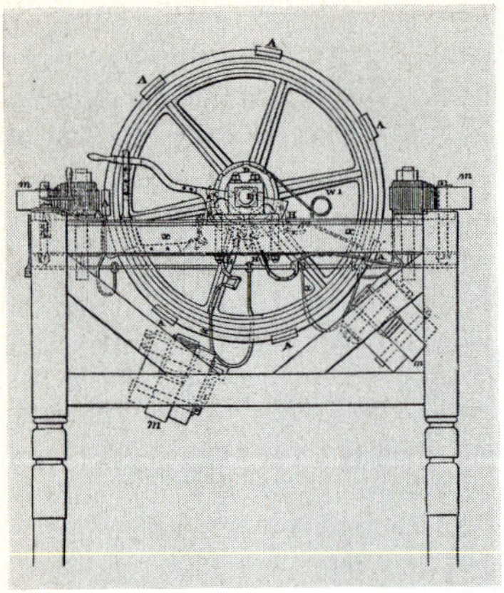

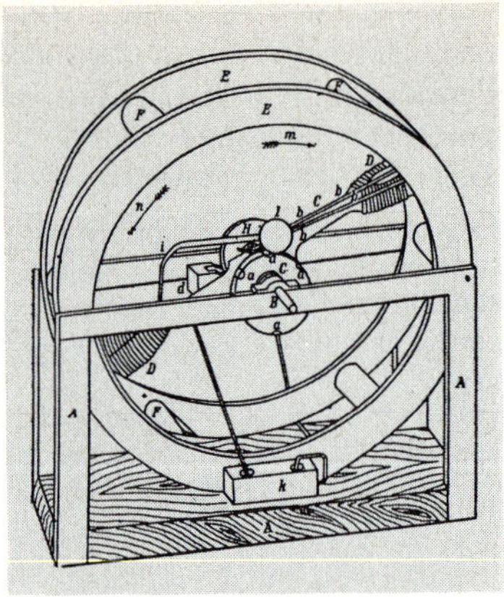

47: Elektromagnetische Maschinen von Taylor (1840). Bei der Maschine links rotieren die Elektromagnete zwischen zwei durch Eisenstücke verbundene Holzringe, während rechts vier feststehende Elektromagnete (M) auf die sieben Eisenstücke (F) am Umfang des Holzrades mit einem Durchmesser von etwa 55 cm wirken.

genüber dem Fürsten, daß er das von der Bundesversammlung geforderte Ziel nicht erreicht habe. Schließlich hielt er den Zeitpunkt für gekommen, seine Maschine für die Prüfung vorzustellen.

Der Fehlschlag

Die drei Gutachter, Ernst Ludwig Schubarth (1797–1868) aus Berlin, v. Ettingshausen aus Wien und Carl August Steinheil (1801–1870) aus München, trafen im Mai 1844 in Frankfurt ein und führten mit der Wagnerschen Maschine Versuche durch. Die elektromagnetische Maschine rotierte dabei um eine horizontale Achse, deren Büchsenlager an der Decke befestigt waren. Sie trieb die Spindel einer Drehbank über einen Schnurlauf an. Zwischen den Spitzen war ein Eisenzylinder mit einem Bremszaum eingespannt. Das Ergebnis der Messungen war niederschmetternd: Die Maschinenleistung lag zwischen $\frac{1}{35}$ und $\frac{1}{15}$ PS. Hochgerechnet auf 1 PS betrug der Verbrauch über 80 Pfund Zink pro Pferdekraft und Tag (8 Stunden). Die elektromagnetische Kraft kam damit im günstigsten Fall fünfmal so teuer wie die Pferdekraft und doppelt so teuer wie die menschliche Arbeitskraft eines Tagelöhners!

Wagner, zuvor in den Zeitungen noch als ‹elektromagnetischer Prometheus› gepriesen, war in erster Linie an den Kosten gescheitert. Zudem reichte der allgemeine Kenntnisstand nicht aus, die elektromagnetischen Phänomene in den Maschinen quantitativ zu beschreiben oder zu messen und damit gezielt zu verbessern.

Wenn man heute den Namen Wagner in der Elektroindustrie hört, dann nur im Zusammenhang mit dem Wagnerschen Hammer. Ein stromdurchflossener Elektromagnet zieht einen Anker an, der den Stromkreis unterbricht. Der abfallende Anker schließt erneut den Stromkreis usw. Dieser 1837 von Wagner erfundene Selbstunterbrecher findet Anwendung bei der elektrischen Klingel.

Der weiteren Entwicklung der elektromagnetischen Maschinen war genausowenig Erfolg beschieden, auch wenn spätere Maschinen besser gefertigt waren und einen Wirkungsgrad von 10–25 Prozent aufwiesen. Unsere heutigen Gleichstrommotoren sind aus der Dynamomaschine, einem Generator, abgeleitet. Die generelle Umkehrbarkeit von magnetelektrischer Maschine (Generator) und elektromagnetischer Maschine (Elektromotor) hatte Lenz 1832 im Prinzip ausgesprochen, doch liefen die Entwicklungsstränge getrennt voneinander.

Im Jahr 1866, das häufig wegen der Siemensschen Entdeckung des elektrodynamischen Prinzips als Beginn der Starkstromtechnik bezeichnet wird, heißt es in einem Handbuch der angewandten Elektrizitätslehre zum Abschnitt über die praktische Anwendung des Elektromagnetismus:

«Das Gebiet, welches wir im Folgenden wenigstens seinen allgemeinen Umrissen nach zu berühren, für unvermeidlich halten müssen, ist unter allen Anwendungen, mit denen wir uns in den vorausgegangenen Abschnitten beschäftiget haben, für wissenschaftlich-praktische Zwecke wohl das unerquicklichste, da es das Feld der Versuche nicht bloss noch nicht verlassen hat, sondern auch in eine Phase der praktischen Verwendbarkeit bis jetzt nicht übergegangen ist. Obwohl die Aussichten für einen erklecklichen Erfolg unter Anwendung der bisher hiefür benutzten wesentlichen Hülfsmittel vorläufig noch sehr getrübt sind, so können wir dennoch die Leistungen auf diesem Gebiet nicht umgehen, da gerade diese Bestrebungen als die wesentliche Veranlassung zu den grossartigen Fortschritten, welche den theoretischen Untersuchungen über Elektromechanik zu verdanken sind, bezeichnet werden müssen» (Kuhn, 1866, S. 1336).

Der elektrische Funke als Revolutionär

Die Faszination, die von den elektromagnetischen Maschinen ausging, wurde trotz vieler Mißerfolge nicht geringer. Wilhelm Friedrich Liebknecht (1826–1900), ein nach der Märzrevolution von 1848 in England lebender Journalist, schildert in seinen Lebenserinnerungen den Eindruck, den diese Maschinen auf Karl Marx (1818–1883) ausübten:

«Bald waren wir auf dem Gebiet der Naturwissenschaft, und Marx spottete der siegreichen Reaktion in Europa, welche sich einbilde, die Revolution erstickt zu haben, und die nicht ahne, daß die Naturwissenschaft eine neue Revolution vorbereite. Der König Dampf, der im vorigen Jahrhundert die Welt umgewälzt, habe ausregiert, an seine Stelle werde ein noch ungleich größerer Revolutionär treten:

48: Werbeplakat für eine Vorführung elektromagnetischer Maschinen durch den Schotten Robert Davidson (1842). Davidson führte Versuche mit einer elektrischen Maschine auf der Strecke zwischen Edinburgh und Glasgow durch. Bei einem Gewicht von etwa 5 t erreichte er eine Geschwindigkeit von über 6 km/h bei einem geschätzten Wirkungsgrad von 10–16 %. Später stellte er seine Motoren in London aus.

der elektrische Funke. Und nun erzählte mir Marx, ganz Feuer und Flamme, daß seit Beinigen Tagen in Regent's Street [London] das Modell einer elektrischen Maschine ausgestellt sei, die einen Eisenbahntrain ziehe [Abb. 48]. ‹Jetzt ist das Problem gelöst – die Folgen sind unabsehbar. Der ökonomischen Revolution muß mit Notwendigkeit die politische folgen, denn sie ist nur deren Ausdruck›. ... und ich eilte nach Regent's Street, um das Modell zu sehen, dieses moderne trojanische Pferd, das die bürgerliche Gesellschaft in selbstmörderischer Verblendung, wie weiland die Trojaner und Trojanerinnen, mit Jubel in ihr Ilios einführte, und das ihr sicheres Verderben bringen würde. (...) Ein dichter Menschenhaufen zeigte mir das Schaufenster, hinter dem das Modell ausgestellt war. Ich drängte mich durch, richtig, da war die Lokomotive und der Zug – und Lokomotive und Zug liefen lustig herum. – Damals zählten wir 1850 – Anfang Juli» (Liebknecht, 1896, S. 50ff).

1896 bei der Niederschrift hatte der König Dampf noch nicht ausregiert, so daß Liebknecht hinzufügte: «Und wer die Revolution prophezeit, irrt regelmäßig im Datum.» Aber Marx sah richtig, daß sich mit dem Elektromagnetismus etwas Revolutionäres in der Technik anbahnte. Erinnert sei hier an die Formel Lenins (1870–1924): ‹Kommunismus ist Sowjetmacht plus Elektrifizierung des ganzen Landes.›

Galvanoplastik

Viele Zeitgenossen in der Mitte des 19. Jahrhunderts kamen auf weit weniger spektakuläre Art, wie Marx es in dem obengenannten Zitat beschrieben hatte, mit der Elektrizität in Berührung, indem sie die Endprodukte eines elektrochemischen Vorgangs benutzten oder sich an ihnen erfreuten.

Hatten die magnetelektrischen Maschinen die galvanischen Elemente und die elektromagnetischen Maschinen die herkömmlichen Antriebskräfte wie Menschenkraft, Tierkraft usw. als Konkurrenten, so gab es eine Anwendung der Elektrizität, die durch ihre Vollkommenheit so gut wie nicht durch herkömmliche Verfahren zu ersetzen war: die Galvanoplastik. Dabei wird auf elektrischem Weg eine Form mit einer Metallschicht überzogen. Strenggenommen unterscheidet man zwischen der Herstellung von Überzügen auf Metallen (Galvanostegie) und der Nachbildung von Gegenständen (Galvanoplastik im engeren Sinne).

Die Arbeiten Jacobis

Im Februar 1837 berichtete Jacobi aus Dorpat (Estland) an den Akademiker Lenz in Petersburg von seinen Erfolgen beim Bau eines konstanten Elements, von dem eine erfolgreiche Anwendung seiner elektromagnetischen Maschinen abhing. Bei diesem Element trennte eine Tierblase die amalgierte Zinkplatte in der Salmiaklösung von der Kupferplatte in der Kupfervitriollösung. In der Beschreibung heißt es am Schluß: «Zu bemerken ist übrigens, dass sich bei den letzten beiden Versuchsreihen das Kupfer in ganz fester Gestalt ausschied, und den Boden des Gefässes [gebildet von der Kupferplatte] gleichmässig überzog» (BSAP, II, 1837, Sp. 64). Metallische Überzüge hatten bereits andere Forscher festgestellt.

Als erster hatte in Jena Ritter (s. S. 52) die Fällung von Kupfer an einem oder zwei in eine Kupferlösung gesteckten Drähten bei Stromdurchgang beobachtet. Vielleicht kannten bereits die Ägypter dieses Verfahren, denn man fand verkupferte und vergoldete Vasen in ihren Gräbern, die darauf schließen lassen. Jedenfalls war es so neu nicht, was Jacobi eher zufällig entdeckt hatte. Seine Leistung lag darin, den technischen

Nutzen zu erkennen und das Verfahren zielstrebig einer praktischen Verwendung zuzuführen.

Im Frühjahr 1840 erschien Jacobis Schrift ‹*Die Galvanoplastik, oder das Verfahren cohärentes Kupfer in Platten oder sonst gegebenen Formen, unmittelbar aus Kupferauflösungen auf galvanischem Wege zu produciren*›. Sie fand auch den Beifall Alexander von Humboldts (1769 bis 1859), der sich in einem Brief an Jacobi vom August 1840 lobend äußerte:

«Die Schrift hat das Verdienst der grössten Klarheit und edelsten Einfachheit der Darstellung. Der Kreis der technischen Anwendungen Ihrer schönen sinnigen Entdeckung hat sich auf das Grossartigste erweitert. Selbst die, welche anfangs an der allgemeinen praktischen Anwendung zu zweifeln schienen, sind von ihrem Irrthume zurückgekommen und lassen dem galvanoplastischen Processe volle Gerechtigkeit widerfahren. Eine solche Entdeckung ist aber nicht blos wichtig durch das, was dieselbe unmittelbar schafft, sie ist es als belebendes Princip, als Mittel der Verbreitung wissenschaftlicher Kenntnisse unter einer Volksklasse, wo sie bisher nicht hingelangten, sie erzwingt bei den sogenannten niederen Ständen, wie bei dem zahlreichen, vornehmen Pöbel, Achtung für die, welche das nützliche finden, indem sie das wahre suchen; sie lehret, dass in dem Erkennen eine Macht liegt» (Ahrens, 1907, S. 75).

Wie seine Denkschrift aus dem Jahre 1835 über elektromagnetische Maschinen, so ist auch diese Schrift Jacobis über die Galvanoplastik systematisch aufgebaut. Auf eine Darstellung der Grundlagen des galvanischen Elements und dessen Wirkungsweise folgt die Anwendung.

Geschah der eigentliche galvanoplastische Vorgang 1837 im Element selbst, indem es durch einen Draht kurzgeschlossen war, so trennte Jacobi jetzt die Stromerzeugung vom eigentlichen Verfahren. In den Stromkreis des Elements schaltete Jacobi eine *Flüssigkeitszelle* mit Schwefelsäure oder mit gesättigter Kupferlösung (Kupfervitriol), die sich besser eignete (Abb. 49). Er erlangte damit «eine beinah unbegrenzte Freiheit in Bezug auf die Grösse und Gestalt der Originale, von denen man galvanische Copien machen will» (Jacobi: Die Galvanoplastik, 1840, S. 40).

Die eine Elektrode war ein Kupferstab, die andere das zu verkupfernde Original. Dazu eigneten sich Kupferplatten, aber auch Gipsformen, die mit einer Graphitschicht eine leitfähige Oberfläche erhielten. Die nicht zu verkupfernden Flächen wurden mit einer Wachsschicht überzogen. Jacobi empfahl den Gebrauch eines Galvanometers zur Messung und Kontrolle des Stroms. Die Größe des Stroms, abhängig von den Abmessungen der Batterie, der Anordnung in der Flüssigkeitszelle, der Sättigung der Kupferlösung usw., bestimmte die Güte des Niederschlags. Die Metallniederschläge wurden so gezielt auf einer Vorlage erzeugt und dann abgelöst. Als eine negative Kopie gaben sie die Oberfläche der Vorlage in all ihren Feinheiten wieder. Die Galvanoplastik, die ‹gewissermassen als eine kalte Metallgiesserei betrachtet werden kann›, lieferte Kopien von

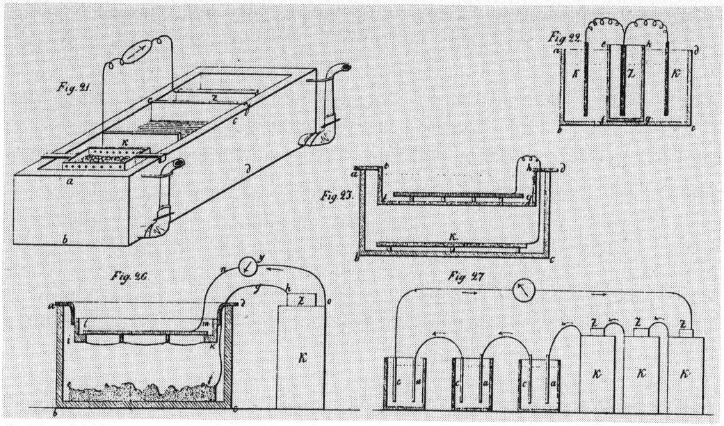

49: Verschiedene Anordnungen der Tröge und Batterien für galvanoplastische Prozesse von Jacobi (1840). Das Überziehen von Gegenständen mit einer metallischen Schicht erforderte sehr viel Fingerspitzengefühl, weshalb Jacobi zur besseren Überwachung des Stroms Galvanometer benutzte.

gravierten Kupferplatten, von Medaillen und von anderen in Metall getriebenen Arbeiten. Auch Holzschnitte, Stempel oder Formen für Tapeten- und Kattundruck konnten jetzt leicht vervielfältigt werden. Originalgetreue Kopien von in Wachs gefertigten Büsten ließen sich herstellen, indem man die leitend gemachte Oberfläche mit einer ersten Kupferschicht überzog, das Wachs ausschmolz, nun auf die Innenseite der ersten eine zweite Kupferschicht aufbrachte und dann die erste, äußere Schicht ablöste. Die zweite Schicht entsprach dem Original.

Eine weitere Anwendung für sein Verfahren sah Jacobi im Korrosionsschutz: Im Freien aufgestellte Gegenstände sollten einen kupfernen Überzug gegen die Unbilden der Witterung erhalten.

Jacobi wies in einer Kostenrechnung nach, daß die Produktionskosten durch Verkauf des kristallisierten Zinkvitriols (Zinksulfat) aus den galvanischen Elementen gedeckt waren. Wie bei so vielen Erfindungen führte auch diese zu Prioritätsstreitigkeiten, in diesem Fall mit einem Engländer namens Thomas Spencer. Auf einer Versammlung der englischen Naturforscher im September 1840 in Glasgow, an der Jacobi teilnahm, sprach man jedoch Jacobi das Verdienst zu, da er als erster seine Entdeckung publiziert hatte. Zeugen bescheinigten später, daß Jacobi schon im Frühjahr 1837 den Abdruck eines Zweikopekenstückes hergestellt hatte.

Die russische Regierung kaufte ihm für 25000 Silberrubel die Erfindung ab, und die Akademie in Petersburg bedachte ihn mit einem Preis von 5000 Rubel, die Jacobi für wissenschaftliche Zwecke spendete.

Galvanisieranstalten

Jacobi hatte in seiner Abhandlung von 1840 nicht nur auf die Galvanoplastik, die Herstellung einer metallischen Kopie eines Gegenstands, sondern auch auf die Galvanostegie, die Oberflächenbehandlung von Metallen, hingewiesen. Bei dem letzteren Verfahren werden Metalle aus ihren Salzlösungen auf einer Metalloberfläche abgeschieden.

In Paris gründete 1842 Charles Christofle (1805–1863) die wohl bekannteste Galvanisieranstalt (Abb. 50). In ihr wurden in den ersten 40 Jahren ihres Bestehens rund 170000 kg, davon um 1880 jährlich 6000 kg Silber verbraucht. Man versilberte und vergoldete Kunstgegenstände, zumeist aber zahllose Gegenstände des täglichen Bedarfs. Erwähnt seien nur die vergoldeten und versilberten Bestecke, für die von seiten des aufkommenden Bürgertums ein großer Bedarf bestand, vergleichbar mit dem an furnierten Möbeln.

In Birmingham folgten 1840 George Richard Elkington (nach 1800 bis 1840) und sein Vetter Henry Elkington (1810–1852) dem Pariser Beispiel und gründeten eine Galvanisieranstalt.

Da anfangs nur mit geringen Leistungen und niedrigen Spannungen gearbeitet wurde, genügten die, wenn auch teuren galvanischen Elemente oder magnetelektrischen Maschinen. Erst mit der Verwendung

50: Galvanisieranstalt von Christofle in Paris (um 1867). Zum Versilbern und Vergolden von Geschirr und Eßbestecken dienen die Bäder in Bildmitte und an den Außenwänden. An der Wand befinden sich die Leitungen, die zu den Batterien in den Nebenräumen führen. Die Arbeit in solchen mit Säuredampf erfüllten Räumen war sicher alles andere als gesund.

von Dynamomaschinen Mitte der siebziger Jahre verringerten sich die Kosten der galvanischen Niederschläge erheblich. Bei Christofle sanken die Kosten für den Stromverbrauch auf ein Viertel der ursprünglichen.

Inzwischen gelangen nicht nur Niederschläge von Kupfer, Gold und Silber, sondern auch solche von Messing, Bronze, Nickel, Platin, Blei, Zink, Zinn, Eisen und Kobalt.

Das für elektrische Anlagen wichtigste Metall, das Kupfer, lag in Form von Kupferdrähten und -platten zumeist verunreinigt vor, was zu einer Verschlechterung der elektrischen Werte und zu unerwünschten Nebenprodukten in den Batterien führte. Um dies zu vermeiden, gewann man bei Elkington ab 1865 das Kupfer auf elektrolytischem Weg. In Deutschland gab es später noch einen anderen Grund, sich dem Verfahren der elektrolytischen Kupfer-Raffination zuzuwenden. Nach der Reichsgründung kamen ab 1873 erhebliche Mengen an Scheidemünzen außer Kurs, und das einzig wirtschaftliche Verfahren, Silber und Kupfer voneinander zu scheiden, war die Elektrolyse (Schütt, 1971, A126).

5. Der Durchbruch

Dynamoelektrische Maschinen

Werner von Siemens

Kein Name in Deutschland ist mit der Entwicklung der Elektrotechnik im 19. Jahrhundert so eng verknüpft wie der von Werner von Siemens (1816 bis 1892, ‹von› seit 1888). In einem Brief an den Generalpostmeister Heinrich von Stephan (1831–1897) vom 5.2.1879 hat er die Bezeichnung ‹Elektrotechnik› geprägt. Zu dieser Zeit war die Telegrafentechnik nicht mehr die einzige Anwendung der Elektrizität im großen Stil, die Starkstromtechnik mit der Möglichkeit der Beleuchtung und des elektrischen Antriebs hatte sich als weiterer Zweig der angewandten Elektrizitätslehre ausgebildet und erlebte einen Aufschwung, der sich nur mit den Anwendungen der Dampfkraft in der ersten Hälfte des 19. Jahrhunderts vergleichen läßt. An dieser Entwicklung hatte Siemens kräftig mitgewirkt, nicht nur als Erfinder und Techniker, sondern auch als Unternehmer und darüber hinaus als Wissenschaftspolitiker und Wissenschaftler.

Werner Siemens, 1816 als Sohn eines Landwirts und Gutspächters in Lenthe bei Hannover geboren, schlug zunächst eine militärische Laufbahn ein. Da dem naturwissenschaftlich Interessierten die finanziellen Mittel für ein Universitätsstudium fehlten, sah er in der Armee die Möglichkeit, sich technische Kenntnisse anzueignen. Als knapp Achtzehnjähriger trat er, obwohl er kein preußischer Untertan war, in eine Artilleriebrigade der preußischen Armee in Magdeburg ein. 1835 erhielt er das ersehnte Kommando an die Vereinigte Artillerie- und Ingenieurschule in Berlin. In seiner Autobiographie ‹*Lebenserinnerungen*›, Berlin 1892, schreibt Siemens über diese Zeit:

«Die drei Jahre, welche ich vom Herbst 1835 bis zum Sommer 1838 auf der Berliner Artillerie- und Ingenieurschule zubrachte, zähle ich zu den glücklichsten meines Lebens. Das kameradschaftliche Leben mit jungen Leuten gleichen Alters und gleichen Strebens, das gemeinschaftliche Studium unter der Leitung tüchtiger Lehrer, von denen ich nur den Mathematiker Ohm [Martin Ohm (1792–1872) war der Bruder des Physikers Georg Simon Ohm], den Physiker Magnus [Heinrich Gustav Magnus (1802–1870)] und den Chemiker Erdmann [Otto Linné Erdmann (1804 bis 1869)] nennen will, deren Unterricht mir eine neue, interessante Welt eröffnete, machten diese Zeit für mich zu einer außerordentlich genußreichen» (Siemens, 1892, S. 19).

51: Familienfoto mit Werner von Siemens (1816–1892). Als Erfinder, Unternehmer und Wissenschaftler prägte Werner von Siemens entscheidend die Entwicklung der Elektrotechnik. Von ihm stammt der Ausdruck ‹Elektrotechnik›. Der Ausschnitt aus einem Familienbild aus dem Jahr 1860 zeigt Werner von Siemens (rechts hinten) mit zwei Brüdern, links von ihm stehend seinen Bruder Carl Siemens (1829 bis 1906), der das russische Zweiggeschäft in Petersburg führte, und sitzend William (Wilhelm) Siemens (1823 bis 1887), der die englischen Geschäfte besorgte, mit seiner Frau, der Schwester eines englischen Geschäftsfreundes. Werner von Siemens beteiligte die Familie an seinen erfolgreichen Unternehmungen: «So habe ich für die Gründung eines Weltgeschäftes à la Fugger von Jugend an geschwärmt, welches nicht nur mir, sondern auch meinen Nachkommen Macht und Ansehen in der Welt gäbe und die Mittel, auch meine Geschwister und nähere Angehörige in höhere Lebensregionen zu erheben» (Matschoß, 1916, S. 911).

Seine Freizeit verbrachte er mit seinen ‹Lieblingswissenschaften› Mathematik, Physik und Chemie. Rückblickend sah Siemens in der *‹Liebe zu diesen Wissenschaften›* die Grundlage seiner späteren Erfolge.

1839/40 starben seine Eltern, und er hatte als Ältester für seine auf zehn angewachsene Geschwisterschar die Verantwortung, die er zeit seines Lebens sehr ernst nahm (Abb. 51).

So kam es ihm sehr gelegen, als ihm ein Verfahren zur galvanischen Vergoldung im Jahre 1842 glückte und er dieses und andere Verfahren verkaufen konnte. Noch im selben Jahr nach Berlin versetzt, konnte Siemens nun leichter seinen wissenschaftlichen Neigungen nachgehen. Er nahm teil an den Sitzungen der 1839 gegründeten Berliner Polytechnischen Gesellschaft und hatte Umgang mit zahlreichen Wissenschaftlern in der Physikalischen Gesellschaft, an deren Gründung er 1845 beteiligt war und die jedem fachlich Interessierten offenstand. In beiden Gesellschaften hielt Siemens Vorträge über elektrische Telegrafie.

Gründung der Telegrafen-Bauanstalt

Auf Grund seiner wissenschaftlichen und technischen Kenntnisse gelang ihm eine Verbesserung des Wheatstoneschen Zeigertelegrafen. Preußen, das seit 1833 eine optische Telegrafenlinie von Berlin über Köln nach Koblenz besaß, hatte eine Telegrafenkommission zur Erprobung elektrischer Telegrafen eingesetzt. Siemens beschloß 1846, sich ‹eine feste Laufbahn durch die Telegraphie zu bilden, sei es beim oder außerhalb des Militärs, und er erhielt seine Versetzung zur Telegrafenkommission. Dieser Kommission führte Siemens 1847 erfolgreich seinen Telegrafen vor, den nach seinen Plänen der Mechaniker Johann Georg Halske (1814–1890) angefertigt hatte. Als der preußische Staat 1848 eine Telegrafenlinie von Berlin nach Frankfurt a. M. zur dort tagenden Deutschen Nationalversammlung baute, wurde ihm die technische Leitung übertragen. Inzwischen hatte Siemens zusammen mit Halske und einem Verwandten, der das notwendige Kapital beisteuerte, am 1. Oktober 1847 die *Telegraphen-Bauanstalt von Siemens & Halske* in Berlin gegründet, die auch Telegrafenapparate für die Linie nach Frankfurt lieferte. Die Produktion der Telegraphen-Bauanstalt war in den nächsten zwanzig Jahren vielseitig: Telegrafenapparate, Signalapparate, Wassermesser, elektromedizinische Apparate und Installationsmaterial. Erst im Sommer 1849 nahm Siemens seinen Abschied vom Militär. Die Leitung der sich rasch vergrößernden Anstalt (Abb. 52), die Zahl der Arbeiter war bis 1849 von 3 auf 25 gestiegen, und seine Tätigkeit als Staatsbeamter bzw. seine militärische Stellung ließen sich nicht mehr vereinen, obwohl diese Verzahnung sicher zum Aufschwung beigetragen hatte. 1851 kam es zu einer gefährlichen Situation für das junge Unternehmen. Wegen schadhafter unterirdischer Leitungen entzog die preußische Telegrafenverwaltung der Firma alle Aufträge, und Siemens war gezwungen, auf ausländische Märkte, vor allem Rußland, auszuweichen.

Bis 1867 stieg die Zahl der Arbeiter im Berliner Geschäft auf 177 und der Umsatz auf fast 700000 Mark (Czada, 1969, S. 40). Der Aufschwung der Firma bedingte eine Änderung der Fabrikation und der Geschäftsführung. Begonnen hatte das Unternehmen als Mechanikerwerkstatt, in der die Apparate einzeln und handwerklich gefertigt wurden. Nun vollzog sich der Übergang zur Massenfertigung unter wirtschaftlichen Gesichtspunkten. Zur Zeit der Gründung waren Siemens und Halske eine ideale Kombination: der erstere, wissenschaftlich vorgebildet, lieferte die Erfindungsideen, und der andere setzte sie mit einem Höchstmaß an Geschick und Präzision in die Realität um. Massenfertigung und Akkord-

52: Blick in den Fabrikhof der Telegraphen-Bauanstalt Siemens & Halske in Berlin, Markgrafenstraße (um 1870). Die 1847 in der Schöneberger Straße gegründete Firma bezog fünf Jahre später neue Fabrikräume. Hier baute Siemens 1866 seine erste elektrodynamische Maschine.

lohn verlangten eine andere Arbeitsweise, mit der Halske, der innerlich Handwerker geblieben war, sich nicht zufriedengeben konnte. 1867 schied er aus der Firma Siemens & Halske aus. Zu diesem Zeitpunkt bahnte sich mit der Entdeckung des dynamoelektrischen Prinzips durch Werner von Siemens eine neue Entwicklung für das Unternehmen an.

Das dynamoelektrische Prinzip

Die Nachfrage nach Telegrafenapparaten war zu Beginn der fünfziger Jahre des 19. Jahrhunderts von seiten der staatlichen Telegrafenverwaltungen sehr groß. In rascher Folge entstanden in den deutschen Staaten elektrische Telegrafenlinien, die zunächst nur staatlichen Zwecken dienten, aber bald mit Gewinn zur geschäftlichen und privaten Nutzung freigegeben wurden. Weitere wichtige Auftraggeber stellten die Eisenbahnverwaltungen dar, die zur Zugsicherung Telegrafen und Läutewerke benötigten. Für solche Läutewerke nahm man üblicherweise galvanische Elemente, die jedoch die bekannten Nachteile aufwiesen:

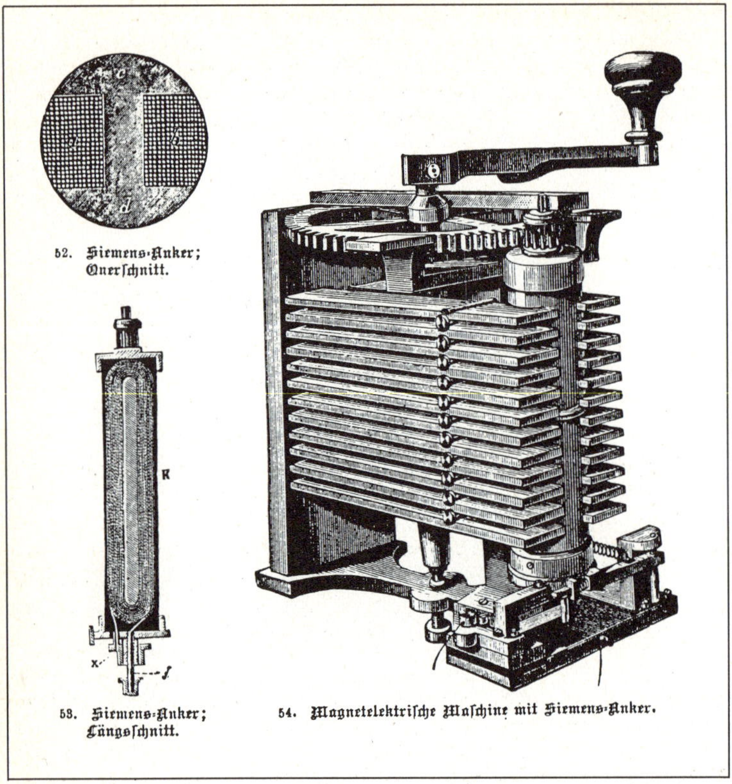

53: Magnetelektrische Maschine mit Doppel-T-Anker von Siemens (1856/57). Als Ersatz für Batterien in der Telegrafie baute Siemens diese Maschine, bei der zwischen Stahlmagneten bei kleinstem Luftspalt ein Anker rotiert. Der Doppel-T-Anker, der in zwei Nuten die Wicklung trägt, hat seinen Namen von der Querschnittsform (links oben). Die Entwicklung dieses Ankers war eine wichtige Voraussetzung für die spätere Erfindung der elektrodynamischen Maschine.

«... sie functionirten aber mangelhaft, weil es schwer fiel, die großen galvanischen Batterien, die auf den Stationen zur Auslösung der Werke erforderlich waren, in gutem Stande zu erhalten. Der Gedanke lag nahe, Magnetinductoren [d. h. magnetelektrische Maschinen] anstatt der Batterien anzuwenden, doch waren die bis dahin bekannten Magnetinductionsmaschinen von Saxton und Stöhrer für diesen Zweck nicht geeignet. Wir construirten nun eine neue Art solcher Inductoren, die sich ausgezeichnet bewährt und alle anderen Constructionen später vollständig verdrängt hat [Abb. 53]. Das wesentliche unseres Inductors war, daß als rotirender Anker ein Eisencylinder verwendet wurde, der mit tiefen, sich gegenüberstehenden Längseinschnitten versehen war, die eine Rinne zur Aufnahme des umsponnenen Kupferdrahtes bildeten. Nach der Form seines Eisenquerschnittes erhielt dieser Anker den Namen Doppel-T-Anker; ... die am Ende ausgehöhlten Stahlmagnete, welche den rotirenden Cylinder umfassten, konnten getrennt von einander längs desselben angebracht werden, daher eine kräftigere magnetisirende Wirkung ausüben und sich gegenseitig weniger schwächen ...

Meine cylinderförmigen Anker mit transversaler Wickelung besaßen vor den älteren Constructionen den großen Vorzug, daß sie bei kräftiger Wirkung wenig Masse und namentlich bei schneller Drehung geringes Trägheitsmoment hatten» (Siemens, 1892, S. 174).

Der nach mechanischen Gesichtspunkten konstruierte Doppel-T-Anker drehte sich zwischen den ausgehöhlten Enden von Stahlmagneten. Im Vergleich zu anderen Konstruktionen fiel bei der Siemensschen Konstruktion von 1856 der Luftspalt sehr klein aus, was eine bessere Ausnutzung des Magnetismus gestattete. Wegen ihrer Vorteile verbreitete sich die neue Ankerform sehr schnell.

Erst im Herbst des Jahres 1866 befaßte sich Siemens erneut mit Magnetinduktoren. Der Krieg Preußens gegen Österreich vom Sommer 1866 blieb nicht ohne Auswirkung auf die Firma. Die Nachfrage nach magnetelektrischen Minenzündern, elektrischen Distanzmessern, elektrischen Schiffssteuerungen, um mit Sprengladungen ausgerüstete Boote ohne Bemannung feindlichen Schiffen entgegenzusteuern, und Telegrafenapparaten für die Militärtelegrafie stieg stark an. In diese Zeit fiel die Erfindung der dynamoelektrischen Maschine durch Siemens:

«Bereits im Herbst des Jahres 1866, als ich bemüht war die elektrischen Zündvorrichtungen mit Hülfe meines Cylinderinductors zu vervollkommnen, beschäftigte mich die Frage, ob man nicht durch geschickte Benutzung des sogenannten Extrastromes eine wesentliche Verstärkung des Inductionsstromes hervorbringen könnte. Es wurde mir klar, daß eine elektromagnetische Maschine, deren Arbeitsleistung durch die in ihren Windungen entstehenden Gegenströme so außerordentlich geschwächt wird, weil diese Gegenströme die Kraft der wirksamen Batterie beträchtlich vermindern, umgekehrt eine Verstärkung der Kraft dieser Batterie hervorrufen müßte, wenn sie durch eine äußere Arbeitskraft in der entgegengesetzten Richtung gewaltsam gedreht würde. Dies mußte der Fall sein, weil durch die umgekehrte Bewegung gleichzeitig die Richtung der inducirten Ströme umgekehrt wurde. In der That bestätigte der Versuch diese Theorie, und es stellte sich dabei heraus, daß in den feststehenden Elektromagneten einer passend eingerichteten elektromagnetischen Maschine immer Magnetismus genug zurückbleibt, um durch allmähliche Verstärkung des durch ihn erzeugten Stromes bei umgekehrter Drehung die überraschendsten Wirkungen hervorzubringen [Abb. 54].

Es war dies die Entdeckung und erste Anwendung des allen dynamo-elektrischen Maschinen zu Grunde liegenden dynamo-elektrischen Princips» (Siemens, 1892, S. 252).

Wie war nun Siemens diese Erfindung und Entdeckung des dynamoelektrischen Prinzips geglückt?

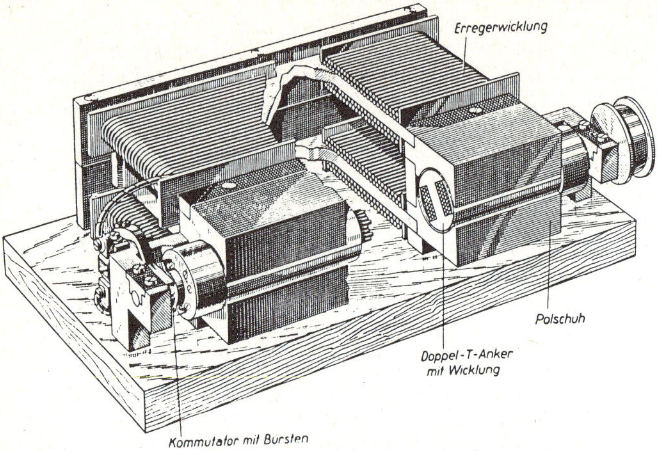

54: Schemazeichnung und Foto der elektrodynamischen Maschine von Siemens (1866). Mit den, nach dem elektrodynamischen Prinzip gebauten Maschinen gelang es, große Ströme billig zu erzeugen.

Daten der Dynamomaschine (Natalis 1935):

	Feldwicklung	Anker
Drahtstärke (mm)	2,7	1,9
Mittlere Windungslänge (m)	0,784	0,764
Windungszahl	2 × 47 pro Schenkel	etwa 90
Widerstand (Ohm)	0,62	0,455

wahrscheinliche Umdrehungszahl 1250 min^{-1}, Nutzleistung nur etwa 26–29 W, da zwei Drittel der Ankerleistung für die Erregung verbraucht wurde. Die Abmessungen der Magnete einschließlich der Polschuhe waren 35 cm × 27 cm × 9,5 cm.

Ausgangspunkt war einer seiner Magnetinduktoren, bei dem er die Stahlmagnete durch Elektromagnete ersetzte und einen Kommutator hinzufügte. Durch die Wicklungen des Ankers und der Elektromagnete schickte er einen Strom, so daß aus der magnetelektrischen Maschine eine elektromagnetische wurde. Dabei entstand im Anker ein Gegenstrom, der den Strom aus der Batterie schwächte, was durch Jacobi seit 1835 bekannt war. Als er nun den Anker festhielt und ihn in entgegengesetzter Richtung gewaltsam drehte, gab es einen in gleicher Richtung wie der Batteriestrom fließenden Strom: Der Motor wirkte dadurch als Generator. Siemens schaltete die Batterie aus, und dennoch lieferte die Maschine Strom. Der im Anker erzeugte Strom floß durch die Wicklung der Elektromagnete, erregte sie und ersetzte dadurch die Batterie. Die stärkere Erregung der Elektromagnete führte wiederum zu einem stärkeren induzierten Ankerstrom, der das Magnetfeld erneut verstärkte usw., bis die Elektromagnete gesättigt waren. Dieses Aufschaukeln ist das Prinzip der Selbsterregung, das der Däne Søren Hjorth (1801–1870) im Jahr 1851 klar erfaßt hatte. Dieses Prinzip, das unabhängig von Hjorth andere ebenfalls entdeckt hatten, konnte somit nicht das Wesentliche der Siemensschen Entdeckung sein. Das entscheidend Neue wird am Ende des obigen Zitats ausgesprochen: Der Restmagnetismus reicht für die Anfangserregung aus.

Am 4. Dezember 1866 schrieb Werner Siemens an seinen Bruder Wilhelm in London:

«Ich habe eine neue Idee gehabt, die aller Wahrscheinlichkeit nach reussieren und bedeutende Resultate geben wird. (...) Man kann mithin allein mit Hilfe von Drahtwindungen und weichem Eisen Kraft in Strom umwandeln, wenn nur der Impuls gegeben wird. Dieses Geben des Impulses, welcher die Stromrichtung bestimmt, kann auch durch den rückbleibenden Magnetismus oder durch ein paar Stahlmagnete, welche dem Kern stets einen schwachen Magnetismus geben, geschehen. Die Effekte müssen bei richtiger Konstruktion kolossal werden. Die Sache ist sehr ausbildungsfähig und kann eine neue Ära des Elektromagnetismus anbahnen! In wenigen Tagen wird ein Apparat fertig sein. Mache Du doch auch Versuche, damit Wilde, der der Sache ganz nahe ist, uns nicht zuvor kommt [Henry Wilde (1833–1919) hatte gerade in England unter Verwendung von Doppel-T-Ankern eine fremderregte magnetelektrische Maschine gebaut]. – Magnetelektrizität wird hierdurch billig werden und es kann nun Licht, Galvanometallurgie usw., selbst kleine elektromagnetische Maschinen, die ihre Kraft von großen erhalten, möglich und nützlich werden» (Matschoß, 1916, S. 260).

Die Befürchtungen von Siemens waren, wenn auch nicht auf Wilde bezogen, berechtigt.

Das dynamoelektrische Prinzip, Induzierung eines Stroms durch den Restmagnetismus mit anschließender Selbsterregung, erscheint einfach. Doch Voraussetzung war, wie Siemens selbst schrieb, eine «passend eingerichtete elektromagnetische Maschine», und das bedeutete konkret:

«... nur der beim Doppel-T-Anker mögliche geringe Luftspalt und der dadurch erzielte ausgezeichnete magnetische Schluß [ließ] den Versuch von Werner Siemens gelingen ...» (Heintzenberg, 1941, S. 113).

Noch im Dezember 1866 zeigte Siemens seine neue Maschine einer Reihe von Physikern, und sein Freund und Akademiemitglied Magnus erklärte sich bereit, der Berliner Akademie der Wissenschaften eine Beschreibung der Entdeckung vorzulegen. Wegen der Weihnachtsferien geschah dies erst am 17. Januar 1867, und die Arbeit trug den Titel ‹Ueber die Umwandlung von Arbeitskraft in elektrischen Strom ohne permanente Magnete›.

Prioritätsstreitigkeiten

Otto Mahr schreibt in seiner Arbeit über die Entstehung der Dynamomaschine (1941, S. 1), daß in der Frühgeschichte der elektrischen Maschinen und deren Grundlagen so gut wie jeder Prioritätsanspruch einmal angezweifelt worden ist. Das galt für den Elektromagnetismus und für die elektromagnetische Induktion, für das Galvanometer usw. und im besonderen Maß für die Entdeckung des dynamoelektrischen Prinzips. Bei der Dynamomaschine ist es müßig, die Namen der Erfinder aufzuzählen, denen diese zumeist von späteren Historikern zugeschrieben wurde. Jedoch sollen zwei angeführt werden, die oft in einem Atemzug mit Siemens genannt werden: Wheatstone und Varley.

Charles Wheatstone (1802–1875), der sich als Telegrafeningenieur und Physiker einen Namen gemacht hatte, war bereits in den vierziger Jahren des 19. Jahrhunderts mit eigenständigen Konstruktionen von magnetelektrischen Maschinen hervorgetreten. Im Juli und August 1866 experimentierte er mit einer der Wildeschen ähnlichen Maschine, bei der sich das Verhältnis der Widerstände von Anker und Feldwicklung wie 1:8 verhielt, während bei Siemens das Verhältnis etwa 6:8 betrug. Erst am 15. Februar 1867 teilte Wheatstone seine Ergebnisse der Royal Society in London mit. In einem Brief vom 27. Juli 1867 an einen Fachkollegen schilderte Siemens das Wettrennen mit Wheatstone aus seiner Sicht:

«Es hätte eigentlich für Wilde nahegelegen, den kleinen Induktor durch den Strom des großen zu magnetisieren und so auf meine dynamoelektrische Maschine ohne Stahlmagnete zu kommen. Doch man kommt zu den einfachen Sachen gewöhnlich erst auf Umwegen! Die Betrachtungen, welche mich zu derselben führten, habe [ich] in der Publikation in der Akademie der Wissenschaften auseinander gesetzt. Schon im Dezember v. J. experimentierte ich mit einer einzylindrigen Maschine dieser Art vor den hiesigen Physikern und begann den Bau der großen 2zylindrigen, von der ich oben sprach. Die erstere ist in Paris als interessantestes Novum ausgestellt. Da eine Publikation durch die hiesige Akademie ein ziemlich wirksames Verheimlichungsverfahren ist, so bat ich meinen Bruder William in London, der Royal Society ca. 2 Monate später eine Mitteilung von der Sache zu machen.

Nachdem derselbe seinen Vortrag angemeldet hatte (14 Tage vor der Sitzung) meldete auch Professor Wheatstone einen Vortrag ähnlichen Inhaltes an. Wheatstone kam also in der selben Sitzung dicht hinter meinem Bruder, aber ca. 2 Monate, nachdem die Sache in der hiesigen Akademie publiziert war» (Matschoß, 1916, S. 275).

Der wissenschaftlichen Praxis der Zeit entsprechend, die Priorität einer Entdeckung mit dem Zeitpunkt der Veröffentlichung zu verknüpfen, hatte Siemens zu Recht die Entdeckung für sich in Anspruch genommen. Wheatstone dachte nicht an eine wirtschaftliche Verwertung dieser Entdeckung. Und bezeichnend ist eine Bemerkung der Redaktion des *Polytechnischen Journals* im Nachtrag zu seiner Veröffentlichung:

«So interessant auch für die Wissenschaft diese neuen Eroberungen seyn müssen, so könne doch vorläufig die ökonomische Seite noch keine wesentlichen Erfolge von denselben erwarten» (Wheatstone, 1867, S. 22).

Zur Sicherung der Priorität in der Technik meldet man üblicherweise ein Patent an, und dies tat der Dritte im Bunde, der Telegrafeningenieur Samuel Alfred Varley (1832–1921). Am 24. Dezember 1866 hatte er ein englisches Patent auf seine Maschine beantragt, und dem englischen Verfahren entsprechend wurde es erst ein halbes Jahr später veröffentlicht. Es blieb jedoch unbeachtet, bis der Erfinder 1877 seinen Anspruch in einer Fachzeitschrift anmeldete. Bereits im Sommer 1866 habe er die Idee des dynamoelektrischen Prinzips besessen und diese Ende September oder Anfang Oktober ausgearbeitet. Mahr stellt zu Varleys Patent fest, daß darin «das dynamoelektrische Prinzip in seinem vollen Umfange ausgesprochen [wird], eine Tatsache, die auch Werner Siemens immer anerkannt hat» (Mahr, 1941, S. 144).

Man sieht daraus, daß das dynamoelektrische Prinzip nicht allzuschwer zu finden war, im Gegensatz zur technischen Realisierung und Durchbildung. Weder Wheatstone noch Varley arbeiteten in den folgenden Jahren an der Vervollkommnung ihrer Maschinen. Siemens ließ für die Pariser Weltausstellung, die im Frühjahr 1867 begann, einen kleinen dynamoelektrischen Apparat für Minensprengungen und eine große Maschine anfertigen. Einer Prüfung wurden sie nicht unterzogen, da Siemens selbst Mitglied der Jury war. Vielleicht war es auch besser so, denn den Maschinen hafteten noch viele Mängel an.

Vom Prinzip zur brauchbaren Maschine

Bereits in seinem Bericht an die Akademie erwähnte Siemens, daß die Umwindungsdrähte der Elektromagnete durch die erzeugten Ströme heiß wurden und sogar die Isolierungen der Drähte verkohlen konnten. In

Briefen an seine Brüder bezeichnet Siemens seine Maschine als einen ‹wütenden Kerl, der sich noch sehr ungeschlacht benimmt›, und beschreibt ihre *Wildheit*. In Anbetracht der großen Ströme war die Maschine nicht leicht zu drehen. Siemens kannte das Gesetz von der Erhaltung der Kraft, das um 1845 formuliert worden war. Im Gegensatz zu seinen Vorgängern wußte er, daß man kein Perpetuum mobile bauen kann und starke Ströme auch große mechanische Kräfte verlangen. Problematischer erwies sich im Betrieb die Erwärmung des Eisens der Anker. Es gab die bekannten Wirbelströme durch Ummagnetisierung. Um diese ständig zu wiederholen, ist ein gewisser Energiebetrag nötig, der schließlich in Wärme umgewandelt wird (Hystereseverluste). Siemens überschätzte diese Verluste und verzichtete daher zunächst auf den Bau größerer Maschinen für die Praxis. Das einfachste Gegenmittel, aber keine elektrotechnische Lösung, war die Wasserkühlung. So führten zu einer Dynamomaschine aus dem Jahr 1868 nicht nur elektrische Leitungen, sondern auch Wasserleitungen. Als Hilfsmaschine erregte sie eine größere Wechselstrommaschine, die für nächtliche Schießversuche eine Bogenlampe speiste.

Siemens & Halske lieferte in den folgenden Jahren eine ganze Reihe von Maschinensätzen für Beleuchtungszwecke (s. Abb. 108), so zum Beispiel zur Beleuchtung der Bauplätze an der Isarbrücke bei München 1868. Für die Bedienung waren drei Arbeiter erforderlich: einer für die fahrbare Dampfmaschine oder Lokomobile (zum Antrieb) und für die Wasserpumpe (zur Kühlung), ein zweiter für die Dynamomaschine (für den Strom) und ein dritter für die Bogenlampe (für das Licht). Die Arbeit war nicht ungefährlich, denn wenn bei der handregulierten Bogenlampe der Lichtbogen unterbrochen wurde, dann lief die Dynamomaschine im Leerlauf. Das hatte zur Folge, daß der Kolben der dann unbelasteten Dampfmaschine sich immer schneller bewegte und bei ungenügender Regelung die Maschine zerstört werden konnte. Der Posten an der Dynamomaschine war ebenfalls nicht begehrt, da der Kommutator kräftig funkte und bei Änderungen im Stromkreis verstellt werden mußte. Ein Maschinist erklärte: «Ich bin Familienvater und kann es vor meinem Gewissen nicht verantworten, den Dienst am Kommutator zu tun» (Thomälen, 1917, S. 151).

Zu den hohen Bedienungs- und Unterhaltungskosten kam natürlich noch der Preis für die Anlage hinzu. Die Selbstkosten für eine aus zwei dynamoelektrischen Induktoren kombinierte Maschine beliefen sich im Jahr 1870 auf 1240 Taler, der Ausgangspreis auf 2000 Taler, die Kosten für die Bogenlampe mit Parabolspiegel auf 200 bzw. 250 Taler (Thomälen, 1917, S. 151).

Die oben angeführte Kombination einer dynamoelektrischen Maschine zur Erregung einer Wechselstrommaschine mag zunächst überraschen. Doch bei der Reihenschaltung von Anker, Feldmagnet und Bogenlampe wirkte sich eine Änderung des Widerstands, bedingt durch veränderten Abstand der Kohlespitzen, doppelt auf die Stromstärke aus: zum einen nach dem Ohmschen Gesetz und zum zweiten dadurch, daß ein schwächerer Strom den Magnetismus der Magnete mindert. Weniger empfindlich wäre eine Nebenschlußmaschine gewesen, bei der Anker- und Feldwicklung parallel liegen, wie es bei der Wheatstoneschen Maschine der Fall war. Das einfachste war jedoch, zwei herkömmliche Maschinen zu verwenden: eine dynamoelektrische Maschine zur Erregung einer großen magnetelektrischen Maschine.

Die dynamoelektrischen Maschinen hatten in den ersten Jahren nach der Entdeckung des Prinzips so gut wie keine Bedeutung. Die Zahl der jährlich von Siemens & Halske gelieferten Dynamomaschinen lag in den ersten Jahren unter fünf und stieg erst nach 1878 mit der Erfindung der Differentialbogenlampe auf über zehn an. Nach 1880 setzte ein Boom ein, der die Stückzahl von 300 auf 500 emportrieb. Die Zahl der insgesamt gefertigten Maschinen ist natürlich noch höher anzusetzen, da eine ganze Reihe von elektrotechnischen Firmen die Produktion solcher Maschinen aufnahm. Der Boom läßt sich aus der Wechselwirkung zwischen gesteigertem Bedarf an elektrischem Strom für Beleuchtung und für elektrochemische Verfahren im Hüttenwesen einerseits und durch technische Verbesserungen andererseits erklären.

Das größte Hindernis bei der Anwendung der dynamoelektrischen Maschine bildete die unerwünschte Umwandlung von Arbeit in Wärme. Ein weiterer Nachteil war die Form des Gleichstroms. Im Idealfall hatte die Spannung einen zeitlich sinusförmigen Verlauf, deren negativer Teil durch den Kommutator ins Positive umgeklappt wurde. Die Größe schwankte dabei stets zwischen Null und dem Höchstwert. In Wirklichkeit überlagerten sich Ankerfeld und Erregerfeld, die induzierte Spannung war keinesfalls mehr sinusförmig, und bei höheren Ankerströmen mußten die Bürsten oder Schleiffedern in die neutrale Zone verdreht werden. Geschah dies nicht zum richtigen Zeitpunkt, dann erfolgte die Kommutierung nicht beim Nulldurchgang. Für eine gewisse Zeit floß der Strom in die andere Richtung, was sich vor allem bei elektrolytischen Vorgängen nachteilig auswirkte. Erwünscht war die Abnahme eines möglichst wenig pulsierenden Gleichstroms am Kommutator.

Neue Ankerformen, Ringanker

Um diese Nachteile zu beseitigen, mußte der Doppel-T-Anker, der für Siemens die Entdeckung des dynamoelektrischen Prinzips ermöglicht hatte, in dieser Form aufgegeben werde.

Von den verschiedenen Ankerformen wurde eine noch nicht genannt: der Ringanker von Pacinotti. Er besteht aus einem mit einer geschlossenen Wicklung versehenen Eisenring, der sich zwischen zwei Magnetpolen

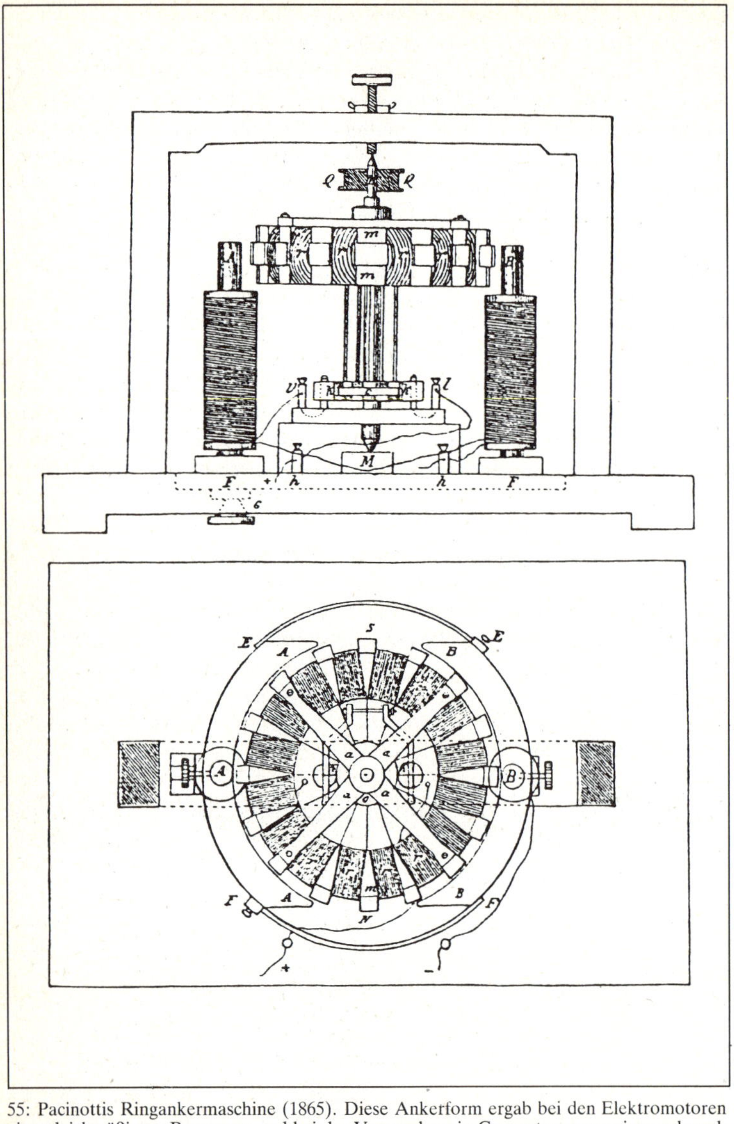

55: Pacinottis Ringankermaschine (1865). Diese Ankerform ergab bei den Elektromotoren eine gleichmäßigere Bewegung und bei der Verwendung in Generatoren nur einen schwach pulsierenden Gleichstrom. 16 Wicklungen bilden die geschlossene Ankerwicklung, die zwischen zwei Elektromagneten (A, B) rotiert. Von den Verbindungsstellen der einzelnen Spulen (r) führen Drähte zu den 16 Kollektorsegmenten (k), von denen über Schleifrollen der Strom ab- und zugeführt wird.

drehen kann (Abb. 55). Um die Wirkungsweise zu erklären, nehmen wir an, der Draht sei blank, und zwei Schleiffedern liegen außen auf dem Draht so auf, daß ihre Verbindungslinie die Verbindungslinie der beiden Pole senkrecht kreuzt. Wird nun der Ring zwischen den Polen gedreht, so wird in den einzelnen Windungen eine Spannung induziert, die sich, da die Windungen hintereinander geschaltet sind, in der einen Hälfte des Rings in einer Richtung aufsummiert, ebenso in der zweiten Ringhälfte in der gleichen Richtung. Die beiden Ringhälften sind parallel geschaltet, und ihre Ströme addieren sich. Antonio Pacinotti (1841–1912) konstruierte 1860 für das physikalisch-technologische Kabinett der Universität zu Pisa mit diesem Ringanker einen Motor, der aber auch als Generator arbeitete. Auf den Ring brachte er eine 16fach unterteilte Wicklung auf, deren Anzapfungen er zu einem Kommutator führte. Strenggenommen war dies aber kein Kommutator oder Stromwender, sondern ein Kollektor (Stromsammler), denn der Strom floß ja immer in derselben Richtung! Pacinotti gab folgende Gründe für den Bau seiner Maschine an: keine Unterbrechung des Stroms, gleichmäßiges Drehen, allmähliches Magnetisieren und Entmagnetisieren der einzelnen Wicklungsteile und schwächere Funken, da der Strom nicht unterbrochen wird. Als Generator geschaltet, lieferte die Maschine einen Gleichstrom, der nur schwach pulsierte.

1865 reiste Pacinotti mit der Absicht nach Paris, eine Maschine im großen auszuführen, und nahm Kontakt mit einer Fabrik auf, die elektrische Apparate herstellte. Bei dieser Unterredung soll auch ein Werkführer namens Gramme zugegen gewesen sein. Fünf Jahre später gelang es diesem Zénobe Théophile Gramme (1826–1901), der bei der Societé L'Al-

56: Zénobe Théophile Gramme (1826 bis 1901). Der belgische Elektrotechniker wandte erfolgreich das dynamoelektrische Prinzip auf seine Ringankermaschinen an und baute die ersten Dynamomaschinen für Galvanisier- und Beleuchtungszwecke.

liance in Paris als Modelltischler gearbeitet hatte und Patente auf elektrische Bogenlampen und Maschinen besaß, den Ringanker zu einem technisch brauchbaren Element auszuarbeiten (Abb. 56). 1871 wandte er das dynamoelektrische Prinzip auf den Ringanker an. Der Eisenring war bei Gramme nicht mehr aus massivem Eisen, sondern aus Weicheisendrähten, um Wirbelströme und damit die Erwärmung zu verringern (Abb. 57). Im Winter 1870/71 war es ihm gelungen, trotz widriger Umstände, hervorgerufen durch den Deutsch-Französischen Krieg, Geldgeber zur Gründung einer Gesellschaft für die Fabrikation der Maschinen zu finden. Zwei Jahre später konnte er die ersten Dynamos zum Galvanisieren und für Bogenlampen verkaufen. Es waren riesige Ungetüme mit einem Gewicht zwischen 750 und 1000 kg, einer Standfläche von fast einem Quadratmeter und einer Höhe von 1,25 m (King, 1962, S. 382). Grammes Maschinen fanden Anklang, die Verkaufszahlen kletterten von vier Stück im Jahr 1874 rasch auf 85 Stück 1876; 1878 waren es bereits 500 und 1879 schon mehr als 1000 Exemplare.

Das Problem der Erwärmung war bei den Grammeschen Maschinen zum größten Teil gelöst, zumal die natürliche Luftkühlung durch die geringe axiale Länge des Ankers begünstigt wurde. Im Vergleich zum Trommelanker hatte aber der Ringanker einen konstruktionsbedingten Nachteil: Nur die äußeren Teile der Windungen trugen zur Stromerzeugung bei.

Trommelanker von v. Hefner-Alteneck

Siemens & Halske war durch die Grammesche Ringankermaschine, die mit viel Reklame angepriesen wurde, ein ernsthafter Konkurrent für ihre Maschinen entstanden. Wegen des Baus der Indo-Europäischen Telegra-

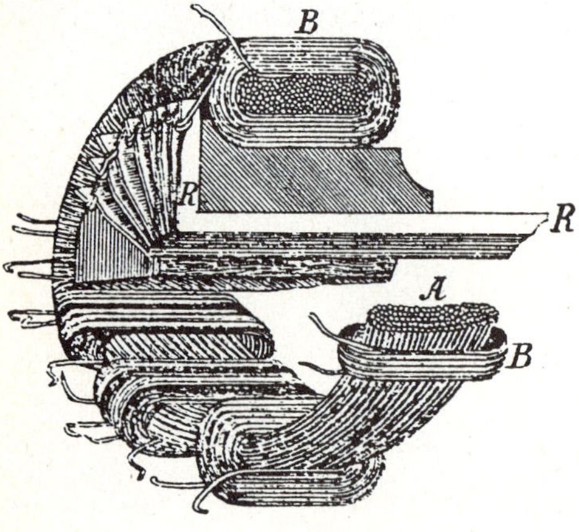

57: Ringanker in der von Gramme verbesserten Form (1869/70). Um den aus einem Drahtbündel gebildeten Kern (A) sind 60 Spulen (B) gewickelt, deren Verbindungsdrähte einzeln (über R) zu einem Kollektor herausgeführt werden.

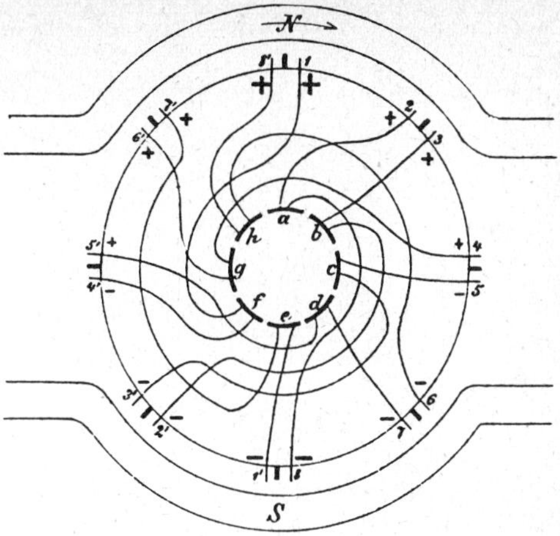

58: Schaltung des Trommelankers von v. Hefner-Alteneck in einer Schemazeichnung von 1875. Beim Trommelanker sind die Drähte gleichmäßig über den Umfang verteilt. Diese Ankerform setzte sich gegen Ende des 19. Jahrhunderts allgemein bei den Gleichstrommaschinen durch. (Vergleiche Abb. 59 und die Beschreibung im Text, S. 129 u.)

fenlinie von London nach Indien in den Jahren 1867 bis 1869 hatte Siemens die Starkstromtechnik zwangsläufig vernachlässigt. Die Firma, die 1872 ihr 25jähriges Jubiläum feierte, hatte inzwischen über 1500 Mitarbeiter in Berlin, Petersburg und London. Ein Unternehmen dieser Größenordnung war von einer Person alleine nicht mehr zu führen; es bildete sich eine für einzelne Bereiche verantwortliche Schicht von Ingenieuren und Konstrukteuren.

Zu diesen zählte Friedrich von Hefner-Alteneck (1845–1904), der sich, beeindruckt von den Erzeugnissen der Firma Siemens & Halske auf der Pariser Weltausstellung, nach dem Studium in München und Zürich in Berlin um eine Stelle als Konstrukteur bewarb. Zunächst als Arbeiter eingestellt, übernahm man ihn noch im gleichen Jahr in das Konstruktionsbüro, das nach dem Ausscheiden Halskes eingerichtet worden war. Von Hefner-Alteneck stieg rasch auf, wurde 1880 Prokurist, und als er 1889 aus der Firma austrat, beliefen sich seine Jahreseinnahmen auf über 100000 Mark. Am weitreichendsten wirkte seine Erfindung des Trommelankers für elektrische Maschinen im Jahre 1872.

Der Trommelanker vereinigte die Vorteile des Doppel-T-Ankers und des Ringankers. Eine geschlossene Wicklung ist axial gleichmäßig über die Oberfläche eines Zylinders verteilt. Auf der Stirnseite sind die einzelnen Windungen angezapft, und Verbindungsdrähte führen zum Kollektor. Die Trommelankerwicklung weist nicht die geometrische Einfachheit der Grammeschen Wicklung auf. Um das Prinzip zu veranschaulichen, soll ein Trommelanker mit acht Windungen erklärt werden (Abb. 58): Oben und unten sind der Nord- bzw. Südpol. Der mit Ziffern bezeichnete Kreis entspricht der Mantelfläche des rotierenden Zylinders. Im Zentrum dieses Kreises befinden sich acht voneinander isolierte Segmente des

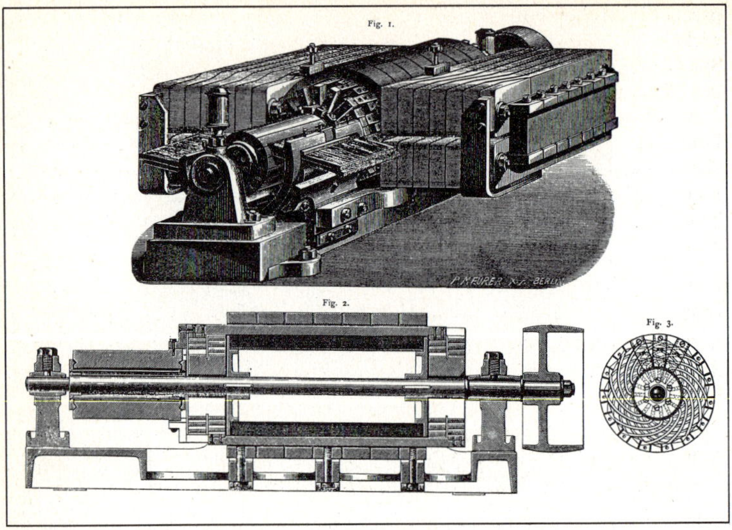

59: Dynamomaschine für elektrolytische Zwecke (1877). Die Elektrotechnik benötigt große Mengen an möglichst reinem Kupfer. Da bereits geringe Verunreinigungen die Leitfähigkeit des Kupfers stark vermindern, gewinnt man es auf nassem Weg aus Rohkupfer. Für das Elektrolyseverfahren liefert diese Dynamomaschine den Strom, der das in einem Bad aus Kupfersulfatlösung und Schwefelsäure befindliche Rohkupfer löst und an der anderen Elektrode als reines Kupfer niederschlägt. Die Maschine ist für große Ströme ausgelegt, weshalb die wenigen Windungen aus dicken viereckigen Kupferbarren bestehen.

Kommutators. Auf den äußeren, hier mit g und c bezeichnet, schleifen die Kontaktrollen oder -bürsten. Wie beim Ringanker müssen nun die Drahtwindungen so verbunden werden, daß jeder positive Einzelstrom zu g, jeder negative zu c gelangen kann. Die Windungen auf der Zylindermantelfläche beginnen mit den Zahlen 1 bis 8, gehen dann jeweils über die nicht sichtbare, rückwärtige Stirnseite und enden in den Zahlen 1′ bis 8′. Die Drahtenden 1 bis 8 und 1′ bis 8′ müssen nun so über den Kommutator geführt werden, daß eine geschlossene Ankerwicklung entsteht, die durch die Kommutatorsegmente g und c in zwei symmetrische Hälften geteilt wird. So geht in der gezeichneten Stellung der eine Zweig, von c aus über 5 5′, d 7 7′, e 1′ 1, f 4′ 4 nach g, der andere Zweig von c über 3′ 3, b 2′ 2, a 8 8′, h 6 6′ nach g. Dreht man die Trommel, so tritt an die Stelle g zwar ein anderes Kommutatorsegment, der Sachverhalt bleibt aber derselbe.

Im englischen Patent, in Deutschland war er nicht geschützt, wird der Trommelanker so beschrieben:

«Zwischen den passend geformten Polen eines Elektromagneten liegt ein zylindrischer Eisenkern, welcher hohl oder massiv ist. Er ist an seiner äußeren Peripherie parallel zur Achse, also auch über die beiden Stirnflächen hinweg mit Draht umwickelt. Zwischen den Polen des Elektromagneten und dem Eisenkern ist soviel Spielraum gelassen, daß die Drähte bei ihrer Rotation um die Achse des Zylinders den Elektromagneten nicht berühren.

Bei der Maschine rotiert entweder der Draht mit dem Eisenzylinder oder nur der Draht allein. Im letzteren Fall wird der Draht nicht direkt auf den Eisenkern, sondern auf einen diesen mit kleinem Spielraum umgebendem Mantel aus dünnem Blech gewickelt, und der zylindrische Eisenkern wird auf irgendeine Weise festgehalten oder wenigstens so montiert, daß er die Rotation der Drahtwicklung nicht mitzumachen braucht» (Heintzenberg, 1951, S. 29).

Ein Nachbau war bei einer solchen Beschreibung alles andere als einfach. Im zweiten Teil des Patents wird gegen die Erwärmung des massiven Ankereisens vorgegangen. Hefner-Alteneck gelang es, durch Aufbringen der Wicklung auf einen Zylinder von dünnem Neusilberblech den Anker festzustellen und die Wicklung zwischen diesem und den Polen der Feldmagnete umlaufen zu lassen. Diese mechanisch schwierig durchzuführende Konstruktion wurde 1875 wieder aufgegeben. Zur Abschwächung der Wirbelströme stellte man den Ankerkern nicht mehr aus massivem Eisen, sondern aus Eisendrahtwindungen über einem Holzzylinder her. Erst durch Lamellierung des Ankereisens konnte den Wirbelströmen wirksam begegnet werden.

In der Beschreibung des dynamoelektrischen Prinzips für die Akademie im Jahre 1867 sprach Siemens optimistisch davon, daß

«der Technik gegenwärtig die Mittel gegeben sind, elektrische Ströme von unbegrenzter Stärke auf billige und bequeme Weise überall da zu erzeugen, wo Arbeitskraft disponibel ist» (Siemens, 1889, S. 210).

1880 stellte Siemens, seit 1873 selbst Mitglied der Preußischen Akademie der Wissenschaften, vor dieser fest, daß ‹es eines Zeitraumes von vierzehn Jahren bedurfte, bis die (...) Erwartung ersichtlich in Erfüllung ging›. Im Gegensatz zu Wheatstone und Varley hatte Siemens die technische Bedeutung seines Prinzips richtig geahnt (Abb. 59).

Ein neuer Anfang: Dynamomaschine und Glühlampe

Der alte Konkurrent: Das Gaslicht

Mit dem Bekanntwerden der Dynamomaschine, die ja mit dem Anspruch angetreten war, Ströme von unbegrenzter Stärke billig und bequem zu erzeugen, hätte man annehmen können, daß damit der Siegeszug der elektrischen Beleuchtung beginne. Dem war keineswegs so. Und Siemens war sich dessen auch bewußt:

«Es hat sich hierbei herausgestellt, dass die Kosten der Beleuchtung größerer passender Räume bei etwa dreifacher Minimalhelligkeit des Bodens selbst bei Betrieb mit Gaskraftmaschinen nur etwa gleich den Kosten der Gasbeleuchtung sind. Ich möchte hierbei aber doch bemerken, dass trotzdem das elektrische Licht schwerlich jemals das Gaslicht wird verdrängen können. Die grosse Bequemlichkeit, Reinlichkeit, unbegrenzte Theilbarkeit des Gaslichtes, sowie die heizenden Eigenschaften des Gases werden demselben überall da den Vorzug vor der Elektricität sichern, wo nicht die größere Helligkeit, welche durch elektrische Beleuchtung zu erzielen ist, die reine Weisse des Lichtes, die geringe Erwärmung und Verunreinigung der Luft der zu beleuchtenden grösseren Räume entscheidend für Anwendung der elektrischen Beleuchtung sprechen» (Siemens, 1891, S. 384).

Diese Prognose von Siemens ist einem Vortrag unter dem Titel ‹Die Elektricität im Dienste des Lebens› entnommen, der als erster Artikel in der 1880 erstmalig erschienenen *Elektrotechnischen Zeitschrift*, herausgegeben vom Elektrotechnischen Verein in Berlin, abgedruckt wurde (ETZ, 1880, S. 21). Sicher war diese Bemerkung auch dafür gedacht, die Gasfachleute, die der elektrischen Beleuchtung den Kampf angesagt hatten, etwas zu beschwichtigen. Die Zurückhaltung erstaunt um so mehr, als kurz vor 1880 die drei großen Hindernisse, die einer Einführung der elektrischen Beleuchtung im Weg standen, zum Teil erfolgreich angegangen wurden.

Elektrisches Licht mit verbesserten Chancen

Neben der Dynamomaschine gab es seit 1878 eine weitere Erfindung aus dem Hause Siemens, die die immer komplizierter gebauten und damit störanfälligeren Regelungen der Bogenlampen (Abb. 60) erheblich vereinfachte: die elektrische Differentiallampe (Abb. 61). Ihre Konstruktion, die Stromschwankungen ausglich, stammte von dem bereits erwähnten von Hefner-Alteneck. Mit dieser Lampe im Angebot steigerte Siemens & Halske den Absatz ihrer Dynamomaschinen. Die Lampe war zudem so konstruiert, daß auch mehrere Bogenlampen in Reihe mit nur einer Maschine brennen konnten (Abb. 62).

Noch nicht gelöst war die Teilung des Lichts, und so blieb der Einsatz der Bogenlampen großen Räumen wie Fabrikhallen oder der Straßenbeleuchtung vorbehalten.

Eine überraschende und geniale Lösung der beiden genannten Probleme, Regelung des Abstands und eine gewisse Teilung des Lichts schlug der Russe Pawel Nikolajewitsch Jablotschkow (auch Jablochkoff) (1847–1894) im Jahre 1876 vor. Bei der nach ihm benannten Jablotsch-

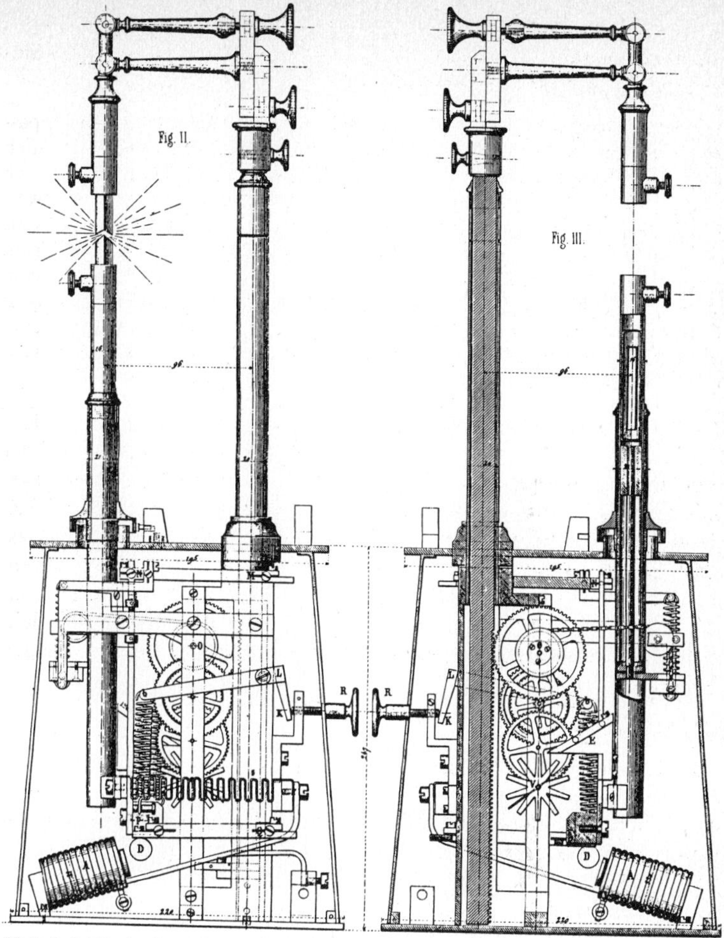

60: Beispiel für den komplizierten Aufbau einer Bogenlampe (1876). Um einen gleichmäßigen Abbrand der Kohlen zu erzielen, war ein komplizierter Regelmechanismus wie hier bei der Bogenlampe von Serrin erforderlich. Dadurch verteuerten sich die Bogenlampen nicht nur, sie wurden auch störanfälliger.

kowkerze stehen aufrecht zwei parallele Kohlestifte, die durch eine leicht schmelzbare isolierende Schicht getrennt werden. Nur an der Spitze überbrückt ein Kohlestückchen die beiden Stifte, das beim ersten Stromdurchgang abbrennt und den Lichtbogen erzeugt. Da bei Gleichstrom die mit dem positiven Pol verbundene Kohle doppelt so schnell abbrennt wie die andere, muß erstere den doppelten Querschnitt besitzen. Einfacher ist es jedoch, bei gleichdicken Kohlestiften Wechselstrom anzuwenden.

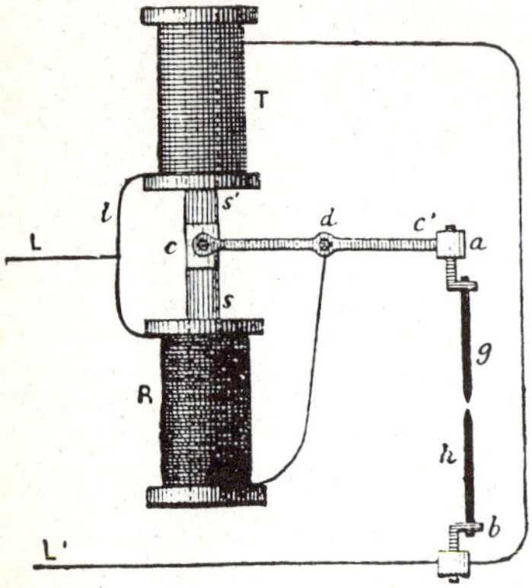

61: Elektrische Differentiallampe von Siemens & Halske (Konstruktion von v. Hefner-Alteneck 1878). Mit dieser verblüffend einfachen Regelung konnten mehrere Bogenlampen gleichzeitig und ohne gegenseitige Beeinflussung in einem Stromkreis betrieben werden. Die Spule T in Fig. 1 mit vielen Windungen und hohem Widerstand ist parallel zum Lichtbogen und zur Spule R mit wenigen Windungen und geringem Widerstand geschaltet. Vergrößert sich der Abstand zwischen den Kohlespitzen, so erhöht sich auch der Widerstand des Lichtbogens in diesem Kreis. Dann fließt aber ein größerer Anteil des Stroms durch die obere Spule, die nun den Eisenstab ss' nach oben zieht und den um d beweglichen Balken so dreht, daß der Abstand der Kohlespitzen und damit der Widerstand des Lichtbogens verkleinert wird. In der Skizze ist der obere Kohlestab g fest an dem Balken angeordnet, in Wirklichkeit bewirkt die Bewegung ein Nachrutschen des Kohlestabs und der Balken bleibt in horizontaler Stellung. Wird durch einen Vorgang außerhalb der Lampe die Stromstärke verändert, so erfolgt keine Bewegung in der Lampe, da sich die Ströme in den beiden Spulen im gleichen Verhältnis ändern.

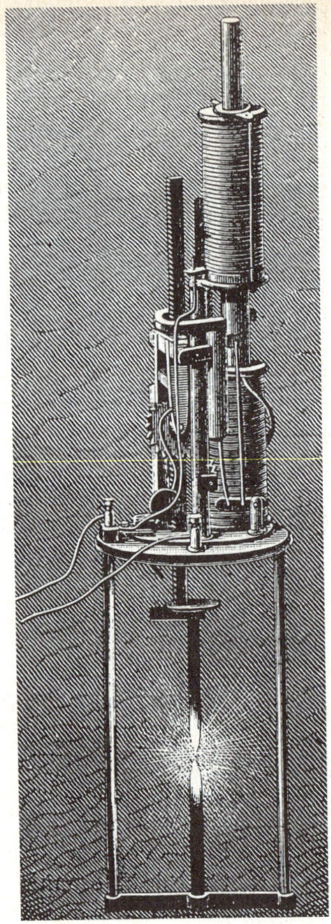

63: Jablotschkowsches Beleuchtungssystem (1879). Eine Grammesche Wechselstrommaschine mit Erregermaschine (links) versorgt in 4 getrennten Stromkreisen jeweils 4 hintereinandergeschaltete Lampen (Schaltbild rechts). In der linken Zeichnung befindet sich im Stromkreis nur eine Lampe, deren Kerzen sich über einen Schalter nacheinander anzünden lassen. Nicht eingezeichnet sind die Transmissionen und die Dampfmaschine. ▶

62: Beleuchtung des Platzes vor dem Mansion House, dem Sitz des Oberbürgermeisters von London, durch Siemenssche Differentiallampen (1881). Die Bogenlampen sind wegen der großen Helligkeit an hohen Masten angebracht. Durch die Regulierung können etwa 10 Lampen hintereinandergeschaltet werden.

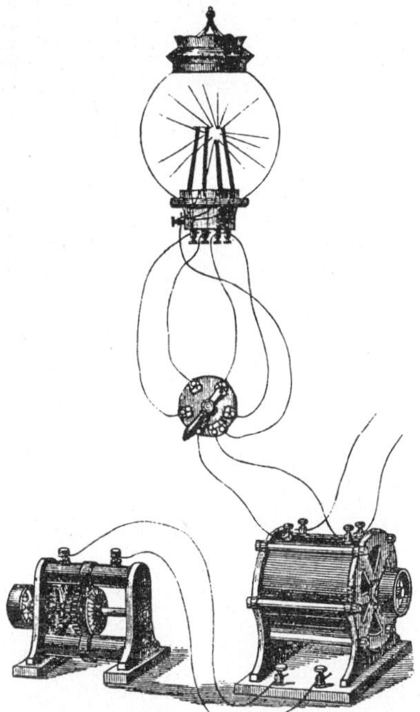

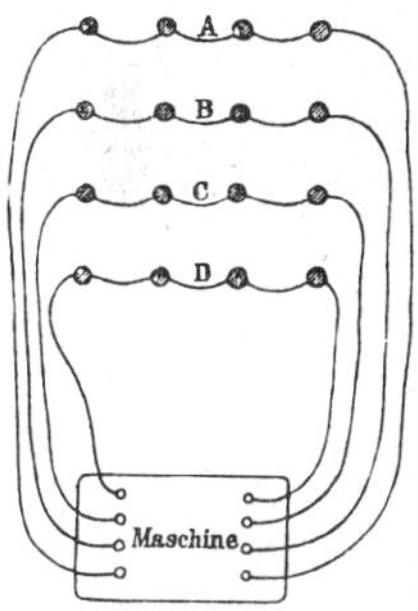

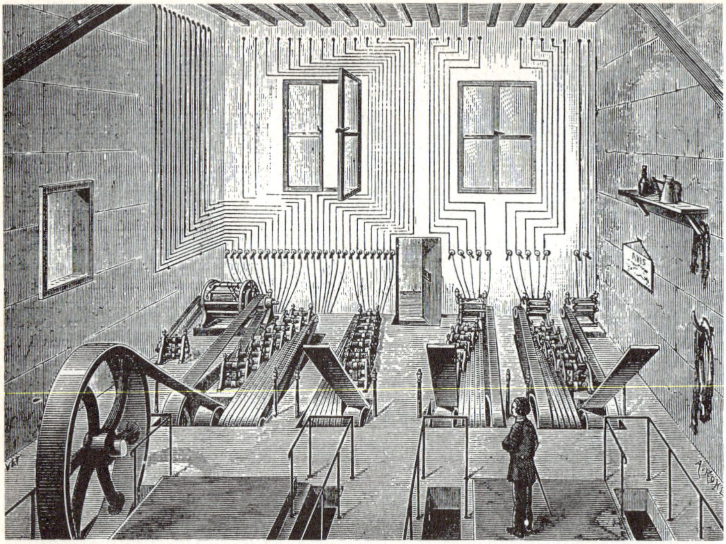

64: Elektrische Beleuchtung des Hippodroms in Paris (1880). Oben: Blick in die Maschinenhalle, in der zwei knapp 20 PS starke Dampfmaschinen (nicht eingezeichnet) vier Wechselstromgeneratoren für die Jablotschkowschen Kerzen und zwanzig Gleichstromgeneratoren für die Bogenlampen antreiben. Unten: Für die Beleuchtung großer Hallen, wie hier bei der Reitbahn, erwies sich das elektrische Licht von Jablotschowschen Kerzen und Bogenlampen dem Gaslicht überlegen.

65: Öffentliche Beleuchtung mit Jablotschkowschen Kerzen (1879). In vielen Städten, wie hier in London am Themseufer, bestaunte die Bevölkerung die neue Beleuchtungsart. Das Gaslicht (rechts) behielt man sicherheitshalber bei. Häufig brannte die elektrische Beleuchtung nur in den Abendstunden, da das spärliche Gaslicht für die Nachtstunden ausreichte.

Die geringere Helligkeit sah man sogar als Vorteil an. Eine andere Zusammensetzung der isolierenden Schicht sorgte für angenehmeres Licht und eine größere Gleichmäßigkeit des Abbrennens. Der wichtigste Vorteil der neuen Kerze aber war, daß man mehrere Kerzen gleichzeitig durch denselben Strom speisen konnte (Abb. 63), da die isolierende Schicht bei der hohen Temperatur den Strom teilweise leitete. Außerdem waren in einer Leuchte vier Kerzen so geschaltet, daß beim Abbrennen der ersten nach ein bis eineinhalb Stunden die folgende von Hand oder automatisch angezündet wurde.

Für Paris, wo man 1877 mit der Beleuchtung der Magazine des Louvre durch das Jablotschkowsche System begonnen hatte und drei Jahre später auch das Hippodrom beleuchtete (Abb. 64), liegen Zahlen für die Kosten der Beleuchtung der Place und Avenue de l'Opera sowie der Place du Théatre français vor. Der Gasfachmann W. Oechelhäuser wies nach, daß der bloße Abbrand der Kohlen schon etwa das Doppelte einer gleich intensiven Gasbeleuchtung kostete, und das sogar ohne Unterhaltung und Amortisation der Dampfmaschine und des Generators. Der Vergleich mit der bisherigen viel schwächeren und als ausreichend empfundenen Gasbeleuchtung fiel noch ungünstiger aus. Oechelhäuser, der der elektrischen Straßenbeleuchtung (Abb. 65) keine Zukunft prophezeite, schrieb:

«Niemand wird es aber einfallen, denjenigen ins **Gebiet des Luxus fallenden** Helligkeitsgraden, welche **über das Nothwendige** in der Strassenbeleuchtung hinausgehen, einen gleichen wirthschaftlichen Werth beizulegen wie den Helligkeitsgraden unter dieser Grenze. ... soll man die luxuriösere Helligkeit aber in gleichem, ja sogar in noch weit stärkerem [hier sechsfachen] Verhältniss höher bezahlen als die nothwendige Helligkeit, so wird sich sicherlich Niemand dazu auf die Dauer verstehen» (Zeitschr. f. angew. Elektr.lehre 1, 1879, S. 23).

Im Schnitt ersetzte eine elektrische Kerze zwölf Gasflammen, jedoch hing dies stark von den Abmessungen des Raums, von der Plazierung der Lichtquellen und nicht zuletzt vom subjektiven Empfinden des Beobachters ab. Die Messung der Lichtstärke, die erst einen Vergleich der verschiedenen Lampen ermöglichte, war bei den späteren Elektrizitätsausstellungen von großer Bedeutung. Noch waren die in den verschiedenen Ländern gebrauchten Einheiten nur unsicher zu bestimmen, und dementsprechend unterschiedlich fielen die Kostenberechnungen aus.

Von der Schwierigkeit eines Vergleichs

Im zweiten Band der *Zeitschrift für angewandte Elektricitätslehre* von 1880 verglich der Herausgeber die Kosten verschiedener elektrischer Beleuchtungssysteme mit denen der Gasbeleuchtung.

Von den elektrischen Lampen wählte er die Serrinsche Bogenlampe, die Jablotschkowsche Kerze und die Siemenssche Differentiallampe aus, deren dynamoelektrische Maschinen entweder von einer bereits vorhandenen größeren Dampfmaschinenanlage oder einem zu diesem Zweck neuaufgestellten Otto-Gasmotor betrieben wurden (Abb. 66). Bei Mitbenutzung einer Dampfmaschine kostete 1 PS rund 800 Mk pro Jahr, beim Otto-Gasmotor etwa 1500 Mk. Davon wurden, wie auch bei den sonstigen Posten, 10 % für Zinsen und Amortisation in Rechnung gesetzt.

Die elektrischen Anlagen kosteten:

1 Serrinsche Lampe (Bogenlampe)	360 Mk
1 Grammesche Maschine ab Paris	1200 Mk
Transport, Aufstellung, Leitung und Transmission	1200 Mk
	2760 Mk

oder

Jablotschkowsche Kerze und dynamoelektrische Maschine	ca. 600 Mk

oder

Differentiallampe von Siemens & Halske	210 Mk
Wechselstrommaschine (für 4 Lampen 1600 Mk)	400 Mk
Glasballon	25 Mk
Aufhängung, Leitung	150 Mk
Fracht, Montage etc.	70 Mk
	855 Mk

66: Elektrische Hausbeleuchtung (1879). Bevor es öffentliche Elektrizitätswerke gab, mußte der Strom beim Verbraucher selbst erzeugt werden. Dabei konnte man sich den jeweiligen Gegebenheiten anpassen. In einer Fabrik z. B. schloß man den Generator an die Transmission der Dampfmaschine an, hier im Hause stellte man einen Gasmotor für den Generator im Keller auf. Die Wahl der Lampen richtete sich nach der Größe der Räume. Für kleine Zimmer genügten vor dem Aufkommen der Glühlampen elektrische Kerzen nach Art der Jablotschkowschen.

Hinzu kamen noch die Lokalmiete, die Ausgaben für die Kohle oder das Gas, für Kohlenstifte, Schmiermaterial und Bedienung.

Aus diesen Angaben ließen sich die Selbstkosten für das elektrische Licht berechnen. Ein kostenmäßiger Vergleich mit der Gasbeleuchtung gestaltete sich in der Praxis außerordentlich schwierig:

«Einen sehr unsicheren Boden für die Calculation betritt man, wenn man sich nun zu der Frage wendet: Wie verhalten sich die Kosten der elektrischen Beleuchtung zu jenen der Gasbeleuchtung? Es fehlt hier deshalb die sichere Grundlage, weil man nicht allgemein sagen kann, wie viele Gasflammen resp. welchen Gasconsum man gebraucht, um das Licht einer elektrischen Lampe dieser oder jener Art zu ersetzen. ...

Ueber die Art und Weise, wie die photometrischen Messungen, aus denen die Zahlen gewonnen sind, ausgeführt wurden, ist wenig bekannt» (Zeitschr. f. angew. Elektr.lehre 2, 1880, S. 112f).

Für die absolute Leuchtkraft nahm man folgende Zahlen an:

Serrinsche Lampe	100–150	Pariser Gasflammen
Jablotschkowsche Kerze	40	Pariser Gasflammen
Differentiallampe von Siemens	35–40	Pariser Gasflammen

(1 Pariser Gasflamme entsprach 105 l Gas pro Stunde)

Für die praktische Beleuchtung war die absolute Leuchtkraft nicht allein entscheidend. Um nicht geblendet zu werden, mußte ein Ballon aus mattem Glas, Opalglas o. ä. aufgesetzt werden, der das Licht um 30 bis 60 Prozent dämpfte. Da das elektrische Licht dann immer noch sehr intensiv strahlte, hing man die Lampen in einer Höhe von 5 bis 6 m auf (die Lichtintensität nimmt mit dem Quadrat der Entfernung ab). Damit ließ sich zwar eine kreisförmige Fläche sehr gut ausleuchten, doch in den meisten Fällen waren die Grundflächen anders gestaltet. Dann konnten aber mehrere geschickt verteilte Gasflammen günstiger sein.

In Spinnereien und Werkstätten reichte eine Serrinsche Bogenlampe im Mittel für eine Bodenfläche von 400 m^2 aus, für Lagerhallen 600 bis 900 m^2 und in Höfen sogar für 1000–2000 m^2. Bei einer gleichmäßigen Verteilung der weniger hellen Gasflammen (1 Fünf-Kubikfuß-Flamme mit 142 l Gas/Stunde für 12–15 m^2) veränderten sich die Verhältnisse noch mehr zuungunsten der elektrischen Beleuchtungsart:

	Verteilte Gasflammen	Gas/Stunde in m^3
Serrinsche Lampe	30	4,26
Jablotschkowsche Kerze	15	2,13
Differentiallampe von Siemens	20	2,84

Tabelle 3: Kostenvergleich für verschiedene Arten elektrischer Beleuchtungen. Die Tabelle zeigt die Schwierigkeiten eines Vergleichs in Abhängigkeit von den jährlichen Brennstunden und vom Gaspreis. Die Zahlen in Klammern beziehen sich auf 500 jährliche Brennstunden.

Bei 1000 (500) jährlichen Brennstunden betragen die Kosten in Pfennigen pro Lampe und Brennstunde:	Zinsen und Amortisation für die Anlage	Betrieb und Unterhaltung der Kraftmaschinenanlage	Betrieb und Unterhaltung der Lichtmaschinen, Leitungen und Lampen	Kohlenstifte	Gesamtkosten pro Lampe und Brennstunde	Zahl der Gasflammen bei gleicher Beleuchtung	Gaspreis einschl. Verzinsung, Amortisation, Bedienung etc. bei gleicher Beleuchtung 16 Pfg/m³	24 Pfg/m³
Serrinsche Lampe und vorhandene größere Dampfmaschinenanlage**	44,5	16–21	16	20	96,5–102,5 (145–150)			
						30	77	111
Serrinsche Lampe und Otto-Gasmotor**	58,5	44–48	16	20	138,5–142,5 (211–215)		(86)	(120)
Jablotschkowsche Kerze und vorhand. größere Dampfmasch.-Anl.*	15	8–10,5	11	30	64–66,5 (88–90,5)			
						15	39	56
Jablotschowsche Kerze und Otto-Gasmotor*	22	22–24	11	30	85–87 (121–123)		(43)	(60)
Siemenssche Differentiallampe und vorhand. größere Dampfmasch.-Anlage	17,5	8–10,5	11	15	51,5–54 (78–80,5)			
						20	51	74
Siemenssche Differentiallampe und Otto-Gasmotor*	21,5–24,5	22–24	11	15	69,5–74,5 (105–113)		(57)	(80)

* 1 PS ** 2 PS

Den großen Unsicherheitsfaktor für den weiteren Vergleich bildete der Gaspreis, auf den der Verbraucher nur bedingt, etwa durch Abnahme großer Mengen, Einfluß nehmen konnte. Der Preis eines einfachen Gasbrenners lag bei ungefähr 30 Mk, und die Kosten für die Bedienung fielen nicht ins Gewicht.

Aus Tabelle 3 läßt sich schließen:

«In der Regel wird sich die elektrische Beleuchtung mehr oder weniger theuerer stellen als die Gasbeleuchtung, und es gehören schon besondere Verhältnisse dazu, wenn der Unterschied nicht bedeutend groß werden soll. ... Bei einer allgemeinen Einführung der elektrischen Beleuchtung würde es jedenfalls dahin kommen müssen, dass man auch hier den Betrieb an Dritte übergeben würde, ... Wie die Sache gegenwärtig liegt, ist die elektrische Beleuchtung einmal ... ihrer Natur nach auf eine beschränkte Anwendung angewiesen, da man weder die Theilbarkeit noch die Constanz und Sicherheit des Lichtes in der erforderlichen Weise erreicht hat, und auch die Kosten der elektrischen Beleuchtung sind nicht derart, dass man aus Ersparungsrücksichten auf dieselbe überzugehen Veranlassung hätte. Von einer eigentlichen Concurrenz der elektrischen Beleuchtung mit der Gasbeleuchtung kann demnach keine Rede sein» (Zeitschr. f. angew. Elektr.lehre 2, 1880, S. 130f).

Als Siemens 1879/80 über die Zukunft des Gaslichts sprach, arbeitete bereits ein Amerikaner an einer Erfindung, die der elektrischen Beleuchtung zum Durchbruch verhelfen sollte.

Edison: Zauberer oder Betrüger?

Im zweiten Jahrgang der *Zeitschrift für angewandte Elektricitätslehre* von 1880 werden in einem Verzeichnis der bis einschließlich 1879 veröffentlichten Konstruktionen elektrischer Lampen über 50 Bogenlampen und

67: Thomas Alva Edison (1847–1931). Er verband sein ungewöhnliches und vielseitiges Erfindertalent mit amerikanischem Geschäftssinn und wurde schon zu Lebzeiten eine Legende. Befragt, ob er ein Genie sei, antwortete Edison: Genie ist 99% Transpiration und 1% Inspiration.

Lampen, ähnlich der Jablotschkowschen, und 25 Glühlampen aufgeführt. Unter Nummer 61 wird auf die neue Erfindung von Thomas Alva Edison (1847–1931, Abb. 67) hingewiesen und aus der Tagespresse zitiert. Man muß vorausschicken, daß Edison kurz vorher durch eine großangelegte Pressekampagne für ein neues Lichtsystem, das ein Fallen der Gaslichtaktien bewirkte, weite Kreise verärgert hatte.

«Dass die von Herrn Edison neuerdings beliebte Sensationsnachricht mit obligatem Gasactienfallen auf soliderer Basis beruht, darf aus mehreren Gründen nicht ohne weiteres angenommen werden. Wir lassen anbei den Steckbrief dieser neuen Erfindung folgen [Abb. 68]: A die luftleere Glaskugel. B das Gestell der Lampe, durch welches die Drähte einlaufen. C Kohlenfasern aus verkohltem Kartenpapier, die an ihren Enden durch Platinadrähte verbunden sind. D Platinadrähte, welche zu den Klemmschrauben führen. Die neue Edison'sche Lampe lässt sich angeblich bis auf eine Lichtstärke von 16 Kerzen herabstellen und kostet in ihrer Herstellung 1 Shilling das Stück. Wie die ‹N. Fr. Presse› mittheilt, hat sich ein

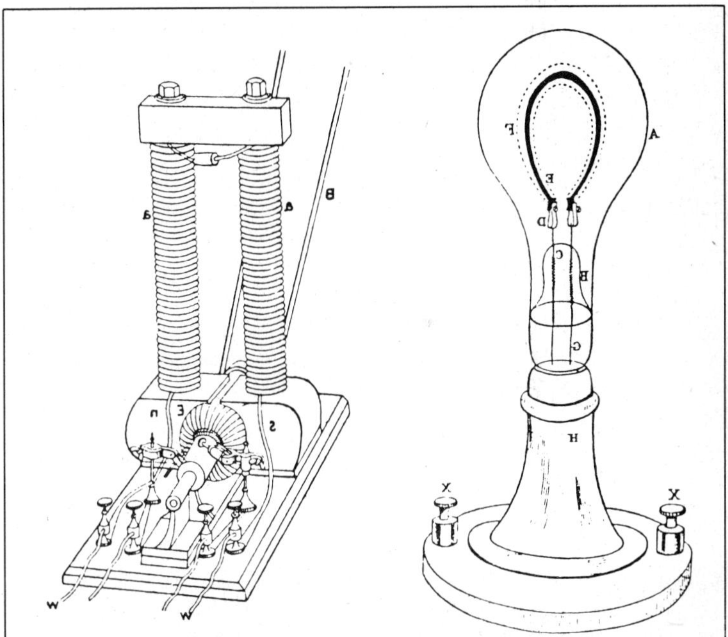

68: Das Edisonsche Beleuchtungssystem (1879). Edison erfand nicht nur diese Kohlenfadenlampe mit verkohlter Bambusfaser (links), sondern kümmerte sich um alle weiteren Einzelheiten des Beleuchtungssystems. So konstruierte er einen Dynamo, der unabhängig von der Zahl der eingeschalteten Glühlampen eine konstante Spannung lieferte. Wegen der langgezogenen Elektromagnete nannte man die Dynamomaschine ‹Mary Ann mit der langen Taille› (rechts).

grosses Wiener Haus telegraphisch nach New York gewendet, um eine wahrheitsgetreue Auskunft über die vielbesprochene Edison'sche Lampe zu erhalten. Diese Antwort per Kabel liegt uns nun vor; sie lautet: ‹Bis jetzt ist Edison's neue Lampe öffentlich noch nicht angewendet worden. Er selbst ist jedoch sanguinisch und hält die durchgeführten Privatversuche für entscheidend. Männer der Wissenschaft zweifeln an einem praktischen Endresultat›. Diese Depesche klingt viel nüchterner als das früher nach der ‹Times› mitgetheilte Telegramm aus New York. Edison selbst telegraphirte unterm 4. Januar [1880] aus Menlo Park nach Paris: ‹Erste Nachrichten der ‹Times› richtig. Brauchbarkeit und Billigkeit übertreffen alle Erwartungen. Seit zehn Tagen sind alle Häuser von den neuen Lampen beleuchtet›. Einstweilen möchten wir dringend anrathen, auch dieser Erfindung nicht sehr zu trauen, da die eben illustrirte Lampe schon vor 15 Jahren von Mr. Swan und du Moncel mit ungünstigem Erfolge versucht wurde. Auch die bei den Lampen von Konn und Sawyer & Man gemachten Erfahrungen machen die Brauchbarkeit der Lampe unwahrscheinlich. Neuerdings hat Edison eine neue dynamo-elektrische Maschine ‹erfunden›, die wir anbei abbilden. Es ist sofort zu sehen, dass dieselbe eine, wenn auch schwache, Nachahmung der dynamo-elektrischen Maschine von v. Hefner-Alteneck ist; trotzdem gibt derselbe, wenn man den Nachrichten glauben darf, bisweilen ein Güteverhältnis von 90 %, manchmal dagegen nur, wie einer seiner Assistenten ganz naiv gesteht, 102 % (sic!). Sodann gehört noch eine elektrodynamische Maschine zu Edison's ‹System›. Man beachte die unsolide Bürstenanordnung, sowie das Fehlen jedweder Schmiervorrichtung. Die Stelle der Gasuhr wird bei Edison durch einen galvanoplastischen Apparat ausgefüllt und der Stromverbrauch aus dem erfolgten Kupferniederschlag bestimmt. Welche Mengen von Elektricität würden dabei wohl nutzlos verloren gehen! Wir könnten nun noch von Edison's neuesten Siegen über den Rheumatismus vermittels seines ‹Polyform› erzählen (es ist dies alles nämlich in einem Artikel, überschrieben Edison's Light, vom New York Herald 21. December 1879 enthalten), allein wir müssen fürchten, die Geduld der Leser zu ermüden» (Zeitschr. f. angew. Elektr.lehre 2, 1880, S. 102f).

Sehr ernst wurde Edison nicht genommen, wie man einem Urteil von Siemens über ihn entnehmen kann:

«Es ist ja möglich, dass ein unermüdlicher, wenn auch nicht sehr unterrichteter, talentvoller Experimentator wie Edison kleine Hilfsmittel gefunden hat, um die bisherigen Mängel des Glühlichtes zum Theil zu beseitigen. Sicher bleiben aber viele noch übrig, und jedenfalls liegen nur kleine Modificationen bekannter Methoden, keine neue geniale Erfindung dabei vor. Hierauf beschränkt sich eben Edison's Verdienst in der Sache. (...) Er ist eben ein amerikanischer Go-ahead-Erfinder, der nicht Zeit und Gelegenheit gehabt, sich zu unterrichten, und schnell Geld machen will. Dass aber die europäische Journalistik getreu dem Grundsatze, dass nur gut ist, was weit herkommt, sich ohne Kritik zum Organe dieser Manöver macht – ist wirklich betrübend. Für Edison selbst wird diese Aufbauschung seiner Erfindung durch die Journalistik verderblich werden, was ebenfalls bedauerlich ist, da ihm Talent nicht abzusprechen ist, wenn auch seine wirklich nützlichen Leistungen bisher nur äusserst gering waren» (Zeitschr. f. angew. Elektr.lehre 2, 1880, S. 83f).

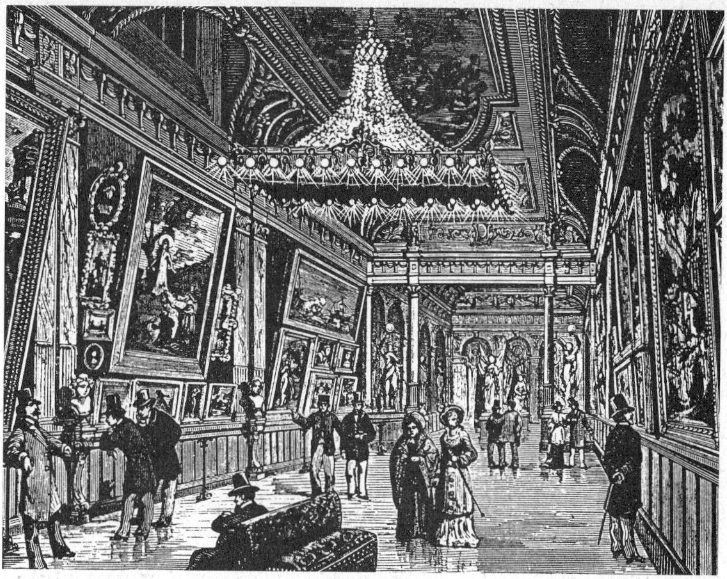

69: Beispiel für die Beleuchtung mit Glühlampen (1881). In dieser Bildergalerie wurde die Gasbeleuchtung durch Glühlampen ersetzt, die dem Gaslicht an Helligkeit überlegen waren und zudem keine für die Bilder schädlichen Verbrennungsgase lieferten.

Ein Jahr später auf der Pariser Weltausstellung im Jahr 1881 sah alles ganz anders aus. Der damals 26jährige Oskar von Miller (1855–1934) schilderte seine erste Begegnung mit dem Edisonschen Glühlicht so (Abb. 69):

«Der Eindruck der Ausstellung war überwältigend. Die Beleuchtung übertraf jede Vorstellung. Die Edison-Glühlichter, die im Gewölbe des Saales und im Treppenhaus angebracht waren, strahlten wie Tausende von Sternen von der Decke. Die Bogenlampen von Brush, Siemens und Hefner-Alteneck verbreiteten ein bis dahin unbekannt starkes Licht, welches von einem der bedeutendsten Naturforscher dieser Zeit als dem Sonnenlicht ähnlich bezeichnet wurde. Die Kerzen von Jablotschkow imponierten durch ihre Einfachheit (...). Alles dies erschien wunderbar und märchenhaft. Das allergrößte Aufsehen aber erregte doch eine Glühlampe von Edison, die man mit einem Schalter anzünden und auslöschen konnte, an welcher die Menschen zu Hunderten anstanden, um selbst diesen Schalter einmal bedienen zu können» (v. Miller, 1932, S. 154).

Der Zauberer von Menlo Park

Als Edison sich 1878 dem elektrischen Licht zuwandte, hatte er sich bereits einen Namen als Erfinder gemacht. Er wuchs ohne besondere Schulbindung auf, zeigte sich aber dafür um so mehr an den technischen Neuerungen wie der Eisenbahn und dem Telegrafenapparat interessiert. 1859 erhielt der Zwölfjährige einen Job als Zeitungsjunge auf einer neuen Eisenbahnlinie. Drei Jahre später brachte er, um seine Einkünfte aufzubessern, eine Zeitung heraus, die im Gepäckwagen der Eisenbahn gedruckt wurde. Als seine Taubheit zunahm, resignierte er nicht. Edison beschloß, Telegrafist zu werden, ein Beruf, der zur Zeit des amerikanischen Bürgerkriegs viele talentierte junge Leute anzog. Von 1863 bis 1868 arbeitete er in verschiedenen Städten und nutzte seine freie Zeit, um Bücher über Elektrizität zu lesen oder zu experimentieren. 1868 begann er damit, sich Erfindungen auf dem Gebiet der Telegrafie patentieren zu lassen. Edison erkannte dabei sehr schnell, daß es nicht nur darauf ankommt, etwas zu erfinden, sondern daß auch ein Markt dafür vorhanden sein muß. 1869 ließ er sich als freier Erfinder in New York nieder. In dem Dorf Menlo Park nahe New York richtete er 1876 für sich und seine dreizehn Mitarbeiter das erste industrielle Forschungslabor in Amerika ein. Auf Bestellung und gegen Bezahlung konnte man bei ihm forschen lassen:

«Edison machte keinen Hehl daraus, daß er sich in Menlo Park mit praktischen Erfindungen beschäftigen wollte, die kommerziell verwertbar sind. Er stellte sich damit bewußt in Gegensatz zum wahren Wissenschaftler, der es in der Regel für unter seiner Würde hielt, sich um nützliche Anwendungen von Ideen und Entdekkungen zu bemühen, und nannte sich selbst trotzig einen Industrie-Wissenschaftler. Es klang wie Prahlerei, als Edison vor seiner Abreise aus Newark – in vollem Ernst – sagte: ... jeden zehnten Tag eine kleinere Erfindung, und eine große Sache alle sechs Monate. Seine Voraussage sollte sich im wesentlichen bewahrheiten» (Vögtle, 1982, S. 38).

Eine größere Sache war der Phonograph von 1877 zur Tonaufzeichnung.

Im August 1878 lernte er auf einer Reise elektrische Beleuchtungsanlagen mit Bogenlampen kennen. Er war fasziniert, erkannte jedoch, daß solch helle Lichtquellen für kleine Abnehmer nicht geeignet waren. Eine Lösung sah Edison nur im Glühlicht, bei dem durch Glühen eines schlechten Leiters im ununterbrochenen Stromkreis Licht abgestrahlt wird. Versuche in dieser Richtung gab es seit mindestens 40 Jahren und sogar noch länger, wenn man die glühenden Platindrähte mit einbezieht.

Entsprechend seinem Grundsatz, Erfindungen im Hinblick auf ihre Verwertung zu machen, dachte Edison nicht nur an die Konstruktion einer Glühlampe, sondern gleich an ein ganzes elektrisches Energieverteilungssystem. Dabei waren erste Versuche im September 1878 mit Platin- und Kohlefäden in schwach evakuierten Glasflaschen fehlgeschlagen. Um seine Versuche zu finanzieren, startete Edison eine Pressekampagne für das neue System, die zum anfangs erwähnten Fallen der Gasaktien führte und eine Gruppe von Finanzleuten zur Gründung einer Edison

Electric Light Company im November 1878 bewog. Mit dem Geld baute er sein Labor weiter aus und ergänzte seinen Mitarbeiterstab. Entscheidend war jedoch Edisons Idee einer hochohmigen Lampe mit einer Spannung von rund 100 V und gleichzeitiger Parallelschaltung der Lampen, um dem einzelnen Benutzer das beliebige Ein- und Ausschalten zu ermöglichen. Die hohe Spannung erlaubte es, den Querschnitt der Leitungen zu verringern und damit Kupfer einzusparen. Durch die beliebig einzuschaltenden Glühlampen war der Generator einer wechselnden Belastung ausgesetzt. Edison gab sich nicht mit den herkömmlichen Dynamomaschinen zufrieden, sondern ging an die Konstruktion einer eigenen. Auch hier hatte er eine von den allgemeinen Vorstellungen abweichende Idee. Es war üblich, den Innenwiderstand des Dynamos gleich dem Außenwiderstand der Leitung und der Verbraucher zu setzen. Damit betrug der Wirkungsgrad im Höchstfall 50 %. Edison und seine Mannschaft bauten einen Dynamo mit kleinem Innenwiderstand im Vergleich zum Außenwiderstand, mit riesigen Feldmagneten mit regelbarer Wicklung und einem lamellierten Trommelanker, um die Erwärmung durch Wirbelströme gering zu halten. Durch Vergrößerung der Anzahl der Kollektorsegmente gab der Dynamo einen gut geglätteten Gleichstrom mit einer Spannung von 110 V ab, die auch bei wechselnder Belastung konstant blieb. Mit einem Wirkungsgrad von 90 % bei voller Belastung wurde die Vorstellung praktisch widerlegt, daß er im Höchstfall 50 % betrage.

Die Glühlampe als Teil eines Systems

Das Wichtigste, eine Glühlampe mit langer Lebensdauer, fehlte noch. Das Vakuum im Glaskolben zu verbessern, damit die stromdurchflossenen und erhitzten Fäden nicht verbrannten, war einfach. Viel schwieriger erwies sich die Suche nach geeignetem Fadenmaterial. An Stelle des Platins nahm man Kohle, die einen doppelt so hohen Schmelzpunkt (rund 3500° C) besaß.

Die Fäden wurden aus Lampenruß und Teer geknetet und ihre mechanischen und elektrischen Eigenschaften systematisch untersucht. Doch die Brenndauer lag bei höchstens zwei bis drei Stunden. Im Oktober 1878 ging Edison indirekt vor. Er nahm einen hufeisenförmigen Baumwollfaden, den er in Kohlepulver legte und unter Luftabschluß so stark erhitzte, bis er verkohlte. Dieser Glühfaden hatte einen Widerstand von 113 Ohm und glühte rund 13 Stunden. Damit war ein gewisser Durchbruch gelungen, worauf Edison und seine Mitarbeiter systematisch nach neuen Stoffen suchten, die sich in verkohlter Form als Glühfaden eigneten. Ein aus verkohltem Kartonpapier hergestellter Glühfaden brannte 170 Stunden, doch beanspruchten andere die Priorität für verkohltes Papier. Noch besser eignete sich ein Faden aus Bambus, der im Gegensatz zur filzartigen Struktur des Papiers, aus langen Fasern bestand. Daraufhin wurden in den nächsten Jahren rund 6000 Pflanzenfasern auf ihre Eignung untersucht. In der Weihnachtswoche und am Neujahrstag 1879/80 führte Edison seine Lampe während einer improvisierten Ausstellung den begeisterten Zuschauern in Menlo Park vor.

Ein wesentlicher Grund für den wirtschaftlichen und technischen Erfolg war die Abstimmung der einzelnen Bestandteile dieses Systems aufeinander. Die Glühlampen in Parallelschaltung und der verbesserte Dynamo waren bereits vorhanden, es fehlten noch das Verteilernetz, die Sicherungen, das Isoliermaterial, die Lampenfassungen und die Schalter. Nur wenn es ihm gelang, alles bis ins kleinste Detail durchzukonstruieren, rechnete Edison mit einem Erfolg (Abb. 70).

Ein in Menlo Park angelegtes Versuchskraftwerk mit mehr als 400 Glühlampen arbeitete Anfang 1881 wirtschaftlich zufriedenstellend, dennoch zögerten die Direktoren der Gesellschaft, für die Fertigung elektrischer Anlagen und des Zubehörs das erforderliche Kapital bereitzustellen. Daraufhin gründeten Edison und zwei seiner Mitarbeiter eine eigene Glühlampenfabrik in der Nähe des Laboratoriums. Weitere Firmen wurden für die Herstellung von Lampenfassungen, Schaltern, Dynamos usw. ins Leben gerufen.

New Yorker Elektrizitätswerk in der Pearl Street

Im Dezember 1880 gründete man die *Edison Electric Illuminating Company of New York* mit dem Ziel, in New York ein Kraftwerk für die elektrische Beleuchtung zu bauen. Als Standort wählte Edison die Pearl Street in Manhattan (Abb. 71). In den Gebäuden brachte man die Dampfmaschinen und die Dynamos im ersten Stock, die Heizkessel im Erdgeschoß unter. Ein unterirdisches Kabelnetz, in Rohren verlegt, führte zu den 85 Abnehmern mit 400 Lampen, die am 4. September 1882 zum erstenmal von der 600000 Dollar kostenden Zentrale mit Strom beliefert wurden. Um die Einführung zu erleichtern, erhielten die Kunden anfangs nicht einmal Rechnungen (Vögtle, 1982, S. 58). Bis 1884 wurden rund 500 Verbraucher mit 10000 Lampen angeschlossen.

Mit dem Kraftwerk in der Pearl Street hatte Edison sein Ziel erreicht, ein elektrisches Beleuchtungssystem aufzubauen, bei dem alle Teile aufeinander abgestimmt und das Problem der Teilung des Lichts erfolgreich gelöst waren:

«Edisons Bedeutung lag nicht in einer einsamen Erfindung, sondern in der Vervollkommnung vorhandener Elemente, ihrer Zusammenfassung zu einer praktikablen technischen Einheit, sowie einer großen propagandistischen Begabung. ...

Edison begann seine lichttechnischen Arbeiten mit dem erklärten Ziel, ein Glühlicht herzustellen, das alle Eigenschaften des Gaslichts besaß außer derjenigen, die Luft zu verbrauchen. In seinen Notizbüchern finden sich folgende Eintragungen: ‹Edisons großes Projekt: Herstellung nicht eines besonders großen oder

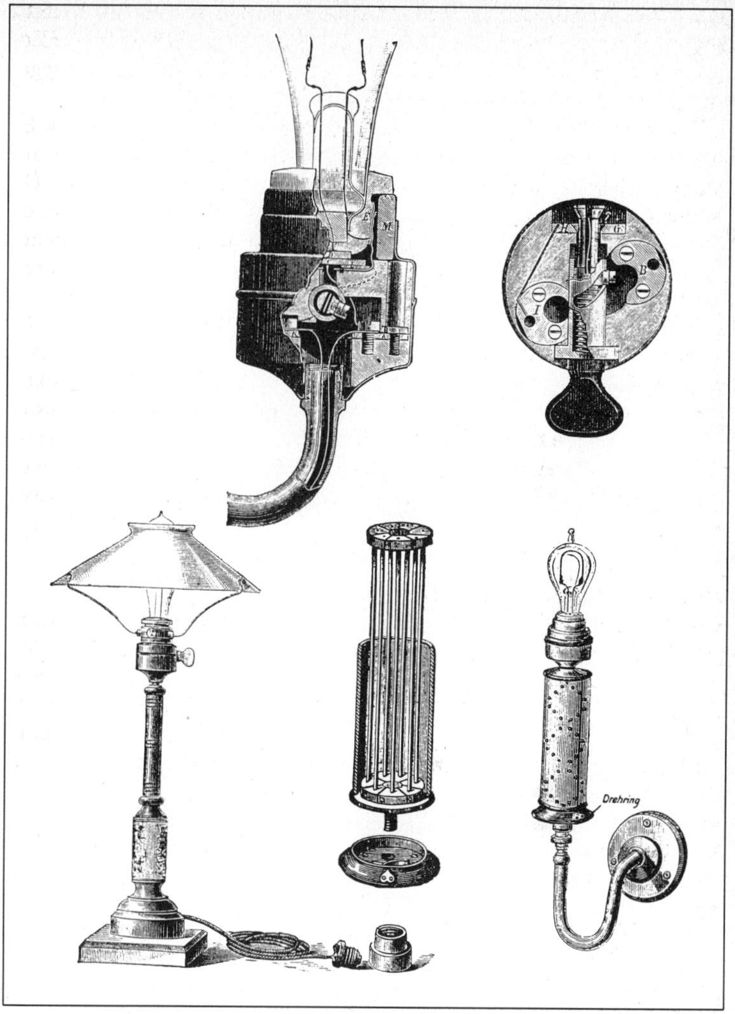

70: Edisonsche Ausführung der Lampenfassung, des Schalters, einer Tisch- und Wandlampe mit verstellbarer Helligkeit (1882/83). Der Erfolg des Edisonschen Beleuchtungssystems lag in der Abstimmung aller Teile aufeinander. Oben links: Glühlampe mit Schraubfassung und eingebautem Schalter. Oben rechts: Schalter in Draufsicht. Unten links: Transportable Tischlampe mit eingebautem Regulator; zum Anschluß der Lampe diente eine Art Stecker mit Gewinde für eine Wanddose. Unten Mitte: Regulator; durch Drehen der Scheibe konnten Kohlenstäbe mit unterschiedlichem Widerstand der Glühlampe vorgeschaltet und damit deren Helligkeit reguliert werden. Unten rechts: Wandlampe mit Drehring zur Helligkeitsregulierung. Oft konnte die Fassung direkt auf das Ende einer bereits vorhandenen Gasleitung aufgeschraubt werden.

71: Pearl Street Station von Edison (1882). In New York ließ Edison ein öffentliches Elektrizitätswerk errichten, um damit die Verbreitung des Glühlichts zu fördern. Die ‹Jumbo›-Dynamos sind direkt an die Dampfmaschinen (240 PS) gekoppelt. Diese Generatoren, deren Feldmagnete horizontal liegen, wiegen 27 t, wobei das Gewicht des Ankers allein 6 t beträgt, sie versorgen jeweils 1200 Glühlampen.

blendenden, sondern eines kleinen Lichts, das so sanft wie Gaslicht ist.› – ‹Edisons Ziel: Exakte Imitation alles dessen, was Gas geleistet hat, um Gaslicht durch elektrisches zu ersetzen.›

Die Kohlenfadenglühlampe, die Edison 1879 konstruierte und zwei Jahre später auf der Pariser Elektrizitätsausstellung einer breiteren Öffentlichkeit vorstellte, wurde sofort als gelungene Imitation des Gaslichts erkannt und akzeptiert. Damit war erstmals ein Fortschritt erzielt, nicht durch Lichtsteigerung, sondern durch Imitation der vorhandenen Lichtstärke durch eine neue Technik» (Schivelbusch, 1983, S. 63).

Im Schatten Edisons

Durch die Erfolge Edisons gerieten die anderen Erfinder und Konstrukteure von Glühlampen ganz in den Hintergrund. 1893 kam es zu Patentstreitigkeiten, bei denen das Patent Edisons aufgehoben werden mußte, denn die Gegenseite konnte einen deutschen Einwanderer präsentieren, der im Jahre 1854 alle Grundlagen für eine brauchbare Kohlefadenlampe gefunden hatte. Ein Jahr später stellte dieser Heinrich Göbel (1818 bis 1893), von Haus aus Feinmechaniker, einige batteriegespeiste Glühlampen zur Beleuchtung seines Schaufensters in New York auf – ohne Resonanz.

Noch vor Edison gelang einem anderen Erfinder, dem Engländer Joseph Wilson Swan (1828–1914), zu Beginn des Jahres 1879 die Herstellung einer Kohlefadenlampe. Er benutzte, wie später auch Edison, zur Befestigung des Kohlefadens Platindrähte, die in das Glasgefäß eingeschmolzen wurden und denselben Ausdehnungskoeffizienten wie Glas besaßen (Abb. 72). Ausgangsmaterial war bei früheren Versuchen Papier gewesen, ab 1880 nahm Swan verkohlte Baumwollfasern, die er vorher in Schwefelsäure getaucht hatte. Nach dem Swanschen Verfahren begann man bei Siemens & Halske im Dezember 1881 versuchsweise, ebenfalls Glühlampen herzustellen, um nicht in Abhängigkeit von Edison zu geraten.

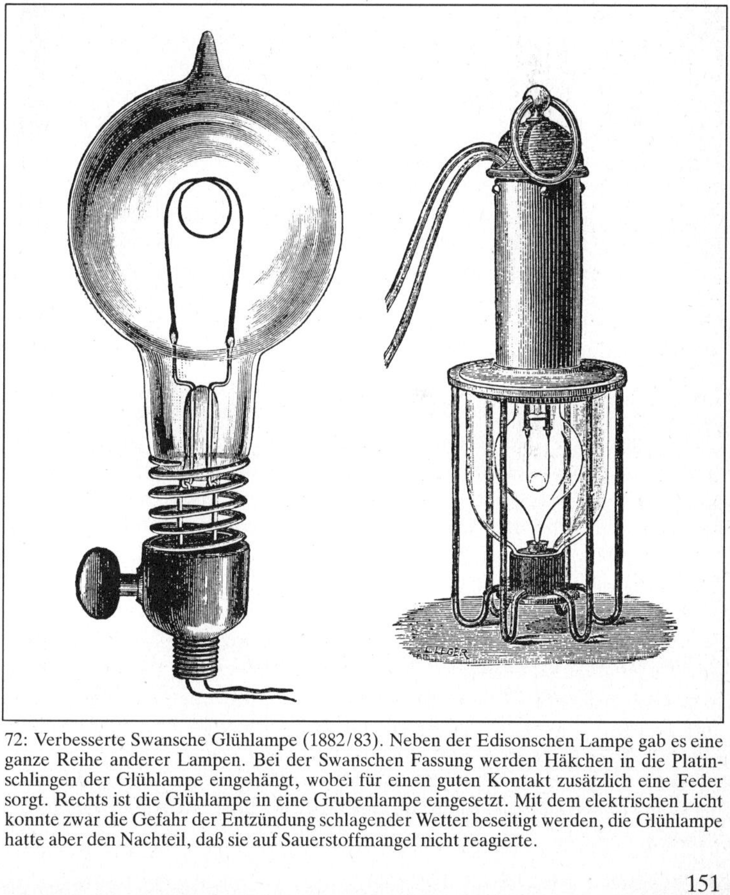

72: Verbesserte Swansche Glühlampe (1882/83). Neben der Edisonschen Lampe gab es eine ganze Reihe anderer Lampen. Bei der Swanschen Fassung werden Häkchen in die Platinschlingen der Glühlampe eingehängt, wobei für einen guten Kontakt zusätzlich eine Feder sorgt. Rechts ist die Glühlampe in eine Grubenlampe eingesetzt. Mit dem elektrischen Licht konnte zwar die Gefahr der Entzündung schlagender Wetter beseitigt werden, die Glühlampe hatte aber den Nachteil, daß sie auf Sauerstoffmangel nicht reagierte.

Von Mai bis September 1882 war in Berlin in der Kochstraße eine Versuchsanlage mit 20 Lampen in Betrieb. Dampf- und Dynamomaschine standen auf dem eigenen Fabrikgelände. Die Leitung wurde entlang der Häuserfronten von Laterne zu Laterne gespannt, zur Rückleitung benutzte man zunächst die Erde bzw. das Gasrohrnetz. Das Licht der Glühlampen wurde nur geringfügig heller als das der Gasflammen gewählt, um das elektrische Licht in Helligkeit und Farbe dem Gaslicht gleichzusetzen. Unzufriedene Passanten, an das helle Bogenlicht gewöhnt, bemerkten dazu: «Das soll elektrisches Licht sein, das brennt ja wie Gas» (ETZ, 1882, S. 445).

So griff man bei weiteren Anlagen lieber wieder auf die erprobten und helleren Bogenlampen zurück, wie man sie 1879 in Berlin bereits für die Beleuchtung der Kaisergalerie oder im August 1880 für den Pariser Platz aufgestellt hatte. Die Zukunftschancen der nicht sehr hellen Glühlampe lagen, wie der untaugliche Versuch bewiesen hatte, in der Beleuchtung kleinerer Räume.

Das Edison-System in Deutschland

Auf der im August 1881 eröffneten Internationalen Elektrizitätsausstellung in Paris war Edison mit seinem elektrischen Glühlicht, das großes Aufsehen erregte, vertreten. Die Ausstellung zog Hunderttausende von Besuchern an, darunter auch Emil Rathenau (1838–1915).

Emil Rathenau und seine Gesellschaften

Rathenau, 1838 in Berlin geboren und somit 22 Jahre jünger als Siemens, hatte in Hannover und Zürich Maschinenbau studiert, bei der Lokomotivenfabrik Borsig (Berlin) und in England als Konstrukteur gearbeitet und dann mit einem Jugendfreund zusammen eine kleine Maschinenfabrik in Berlin gekauft. Nach deren Umwandlung in eine Aktiengesellschaft hatte er sich zurückgezogen und privatisierte. Rathenau, der sich 1877 kurzzeitig mit der Einführung der Telefonie befaßt hatte, war auf der Suche nach neuen Möglichkeiten, sich industriell zu betätigen. In Paris, beim Anblick der Glühlampe, kam ihm der Gedanke, sich diesem Gebiet der Elektrotechnik zu widmen (Abb. 73). Voraussetzung war der Erwerb der Verwertungsrechte für Edisons Patente in Deutschland, die dieser bereits an eine Pariser Gesellschaft abgetreten hatte. Er hatte aber doch Erfolg, und nun galt es, finanzkräftige Interessenten zu finden, mit deren Hilfe Demonstrationsanlagen gebaut werden konnten.

Es begann am 12. April 1882 mit einer kleinen Maschinenstation von 3 kW für eine Berliner Druckerei. Druckereien waren schon früher bereit gewesen, eine Bogenlampe für ihren Setzsaal anzuschaffen.

73: Emil Rathenau (1838–1915). Begeistert von der Edisonschen Glühlampe, propagierte er die elektrische Beleuchtung in Deutschland und gründete die AEG, die sich gegen Ende des 19. Jahrhunderts zu einem mächtigen Konkurrenten von Siemens & Halske entwickelte.

Im Juli 1882 kam mit Hilfe verschiedener Bankhäuser eine Studiengesellschaft mit dem Namen Gelegenheits-Gesellschaft zustande, die gezielt Reklame für die elektrische Beleuchtung betrieb und die Bedürfnisse erst weckte. Man begann mit kleinen Anlagen, Einzelanlagen und sogenannten Blockstationen. Bei diesen wurden die elektrischen Leitungen nur innerhalb eines Hauses oder Häuserblockes verlegt. Eine weitergehende Verteilung der Elektrizität hätte das Wegerecht der Stadt berührt und wäre genehmigungspflichtig gewesen. Innerhalb von neun Monaten baute die Studiengesellschaft rund 40 Anlagen.

Darunter war auch eine Anlage für das Münchener Kgl. Residenztheater mit etwa 800 Edison-Lampen, davon 700 sechzehnkerzige und 100 achtkerzige. Durch die großen Theaterbrände in den vorangegangenen Jahren fand die Glühlampe beschleunigt Eingang in die Schauspielhäuser. Vom Savoy-Theater in London, das 1881 mit mehr als 1200 Glühlampen ausgestattet war, wird berichtet:

«Dieselben bewirken ... ein wahrhaft feenhaftes Aussehen dieses Theaters. Wollte man dieselbe Lichtfülle mit Gas erreichen, so würde sich zweifellos die Hitze im Theater bis zur Unerträglichkeit steigern» (ETZ, 1884, S. 57).

Die erfolgreiche Ausstattung des Residenztheaters bedeutete für die Studiengesellschaft eine große Reklame, durch die neue Interessenten gewonnen wurden:

«Die Entwicklung der elektrischen Beleuchtung stellte nicht nur schwierige technische Probleme, sie erforderte auch neue Formen des kaufmännisch-organisatorischen Verhaltens von den Unternehmern. Wenn Siemens 1878 die ‹gegenwärtigen› Chancen des elektrischen Lichts skeptisch einschätzte, so hatte er Recht. Die Leistung Emil Rathenaus bestand gerade darin, daß er nur latent vorhandene Bedürfnisse weckte, sie in gewisser Hinsicht erst schuf, um sie sich zunutze zu machen» (Kocka, 1972, S. 129).

Siemens mißbilligte diese Methoden. Er fühlte sich in erster Linie als Fabrikant, der die technische Entwicklung vorantreibt.

Die Erfolge der Gesellschaft veranlaßten Rathenau, an die Verwirklichung einer Fabrikations- und Betriebsgesellschaft zu denken. Rathenau sah aber auch ein, daß das Kapital für eine Aktiengesellschaft nur dann zu bekommen sei, wenn es nicht gegen Siemens & Halske gerichtet war. Er verhandelte mit Siemens, der inzwischen von den Vorteilen der Edison-Patente überzeugt war. Am 13. März 1883 einigte man sich:

«Die Gelegenheits-Gesellschaft wird in eine Aktiengesellschaft ‹Deutsche Edison Gesellschaft für angewandte Elektricität› (DEG) umgewandelt, die gegen eine Abgabe an die Pariser Edison Gesellschaft auf jede verkaufte Glühlampe und jede zur Glühlichtbeleuchtung nutzbar gemachte Pferdestärke (PS) über sämtliche Edison-Patente verfügt. Die Gesellschaft vertritt also die Edison-Gruppe in Deutschland. Das Haus Siemens & Halske verzichtet auf öffentliche Stromlieferungsgeschäfte, die DEG dagegen auf fabrikatorische Tätigkeit mit Ausnahme der Glühlampenfabrikation, bestimmter Installationsteile und des dampftechnischen Teiles beim Zentralenbau. Siemens & Halske erhalten das ausschließliche Bau- und Lieferungsrecht von Dynamomaschinen der Edisonbauart, Einzelteilen des Edison-Leitungssystems und von Bleikabeln, außerdem die Lizenz auf alle patentierten Edison-Erfindungen samt den Glühlampen-Patenten. Der Vertrag sollte zehn Jahre laufen» (Matschoß, Schulz, Groß, 1934, S. 10).

Am 19. April 1883 wurde die Aktiengesellschaft mit einem Kapital von 5 Millionen Mark gegründet. Der erste Direktor war Emil Rathenau, ab Januar 1884 kam Oskar von Miller aus München hinzu.

Kraftwerkbau in Berlin

Bevor die Deutsche Edison Gesellschaft den Bau einer großen Zentrale wagte, wollte sie zunächst Erfahrungen mit einer kleinen Anlage gewinnen. Begonnen wurde mit der Errichtung einer Blockstation zur Versorgung einiger Häuser an der Ecke Linden-/Friedrichstraße (Abb. 74 u. 77). Nach der Betriebseröffnung am 13. September 1884 speiste die Station, ausgerüstet mit vier Dampfmaschinen von je 65 PS und sieben Dynamomaschinen mit zusammen 100 kW Leistung, 1800 Glühlampen und sechs Bogenlampen. In der Anfangszeit kümmerten sich die Direktoren Rathenau und v. Miller selbst um den reibungslosen Ablauf.

Blockstationen boten sich überall dort an, wo die Verbraucher auf engstem Raum zusammenlebten. Eine allgemeine öffentliche Stromversorgung war jedoch nur mit Zustimmung der Stadtgemeinde zu verwirklichen, wenn nicht die Stadt selbst die Sache in die Hand nahm, wie sie es im Fall der Gasanstalten oft getan hatte. Es gab heftige Diskussionen. Die einen glaubten, daß eine Großstadt eigene Initiativen ergreifen solle, während die anderen mehr der Unternehmungslust und schnellen Entschlußkraft des Privatunternehmers, der ja dann auch die Risiken trug,

74: Blockstation und spätere Zentrale der Deutschen Edison Gesellschaft in der Friedrichstraße in Berlin (1884). Die im Keller eines Hauses untergebrachte Station bestand aus dem hier abgebildeten Maschinenraum und einem dahinterliegenden Kesselraum. Vier schnelllaufende Dampfmaschinen (rechts) treiben direkt über Riemen genauso viele Edison-Dynamomaschinen (Bildmitte) und dazwischen stehende Siemenssche Bogenlichtmaschinen an. Die elektrischen Leitungen werden nach oben an der Decke entlang zu einer Hauptschalttafel (rechts hinten) geführt. Der Maschinist kann dort die Meßinstrumente ablesen und über vier Handregulatoren (vorne links) die elektrischen Maschinen regeln. Werden je nach Bedarf Maschinen zugeschaltet, wird dieser Vorgang durch eine Lampenbatterie (links hinter dem Mann), die eine veränderliche künstliche Belastung darstellt, unterstützt. Beim Bau der Anlage in einem bewohnten Haus mußte besonders auf einen niedrigen Geräuschpegel, geringe Rauchbildung und hohe Sicherheit geachtet werden.

vertrauten. Im Januar 1884 wurde in Berlin mit großer Mehrheit entschieden, eine Konzession an die Deutsche Edison Gesellschaft zu vergeben. Sie wurde verpflichtet, an jeden Strom zu liefern. Der Versorgungsbereich war anfänglich beschränkt auf den innersten Stadtbereich. Noch im selben Jahr wurden die Rechte und Pflichten aus dem Konzessionsverhältnis an die Aktiengesellschaft Städtische Elektricitäts-Werke übertragen. Für die Stromversorgung war ein Kraftwerk in der Markgrafenstraße vorgesehen, das am 15. August 1885 den Betrieb aufnahm. Schon bald mußte es vergrößert und durch weitere Zentralen unterstützt werden, um eine ausreichende elektrische Versorgung sicherzustellen.

Die Beziehungen zwischen dem Hause Siemens und der Deutschen Edison Gesellschaft entwickelten sich nicht so, wie es sich beide Vertragspartner erhofft hatten. Der Vertrag war unter der Voraussetzung einer

Monopolstellung geschlossen worden, doch die Patente wurden angegriffen, und die Konkurrenz baute ebenfalls Glühlampen und Beleuchtungsanlagen. Langwierige Verhandlungen setzten ein, die dazu führten, daß die Firma Siemens die Edison-Patente erwarb und die Rechte auf Stromlieferungsgeschäfte zurückgewann. Im Mai 1887 nahm die Deutsche Edison Gesellschaft die Bezeichnung *Allgemeine Elektricitäts-Gesellschaft (AEG)* an. Gleichzeitig übernahm die AEG für zehn Jahre die Verwaltung der Städtischen Elektricitäts-Werke, die im selben Jahr ihren Namen in *Berliner Elektricitäts-Werke (BEW)* geändert hatten. In einem Vertrag mit Siemens & Halske erhielt die AEG das Recht, Maschinen und Anlagen bis zu 100 PS selbst zu bauen, mußte dafür aber sämtliche Kabel und Bogenlampen sowie Maschinen und Apparate über 100 PS und die Hälfte des Glühlampenbedarfs von Siemens & Halske beziehen. 1894 wurde auch dieser Vertrag vorzeitig gelöst.

In der AEG entstand für Siemens & Halske ein Konkurrent im Anlagengeschäft, der immer mächtiger wurde:

> «Die Starkstrom-Revolution, die in den 1880er Jahren die Elektroindustrie wesentlich veränderte und expandieren ließ, fand in Deutschland nicht unter der Führung des Pionierunternehmens S & H statt, das wie kein anderes in Deutschland die Entwicklung dieser Industrie gefördert und geprägt hatte» (Kocka, 1969, S. 127).

Das Innenleben einer Station

Das Versorgungsgebiet der Blockstation Friedrichstraße, das zunächst auf einen Häuserblock beschränkt war, wurde im Dezember 1884 mit Genehmigung des Berliner Magistrats erweitert. Damit ging die Blockstation in eine Zentralstation über. V. Miller definierte sie 1885 folgendermaßen:

> «Als Zentralstationen bezeichnen wir im Allgemeinen diejenigen elektrischen Anlagen, welche eine größere Menge Strom in ein weitverzweigtes Netz stets dem jeweiligen Konsum entsprechend liefern, wobei ohne vorherige Verständigung der Konsumenten mit der Maschinenstation immer nur die zum Erzeugen des jeweilig erforderlichen Stromes gerade nöthigen Maschinen im Betriebe sich befinden» (ETZ, 1883, S. 325).

Zu ergänzen wäre noch ‹unter Benutzung öffentlicher Straßen›. Während bei einer Blockstation der Standort von vornherein festliegt, muß dieser beim Bau einer Zentralstation genau überlegt werden. Er soll sich in der Nähe der größten Konsumenten befinden, um die Kosten der elektrischen Leitung, die nahezu im quadratischen Verhältnis der Entfernung zunimmt, gering zu halten. In größeren Städten fällt der Standort dann gewöhnlich mit den dicht besiedelten Gebieten zusammen. Bauplatz oder Gebäude sind sehr teuer, und die Anlage muß daher raumsparend eingerichtet werden. Außerdem dürfen die Anwohner nicht durch Rauch, Dampf oder Geräusch der Maschinen belästigt werden.

Wenden wir uns nun kurz den Einzelheiten der Zentrale in der Friedrichstraße zu. Die Anlage war im Keller des Hauses Friedrichstraße 85 untergebracht. Dampf- und Dynamomaschinen besaßen eine spezielle Fundamentierung, um die Übertragung der Vibrationen auf das Nachbargrundstück zu verhindern. Eine rauchverzehrende Feuerung und geeignetes Brennmaterial beseitigten die Rauchbildung. Der Dampfanlagenteil bestand aus Sicherheitsröhrenkesseln, Pumpen und Vorwärmern für das Speisewasser und vier schnellaufenden Dampfmaschinen. Eine direkte Kopplung von Dampfmaschine und Dynamo war zu dieser Zeit nicht möglich, da die Dynamomaschinen mit hohen Umdrehungszahlen liefen. So suchte man wenigstens mit möglichst schnellaufenden Dampf-

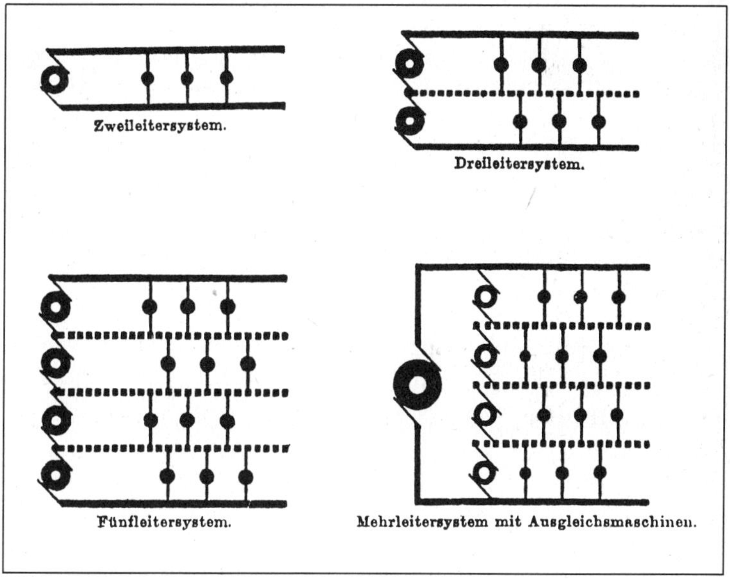

75: Mehrleitersysteme. Wegen der hohen Verluste war die Reichweite des Zweileitersystems auf etwa 500–600 m beschränkt. Höhere Spannungen konnte der Verbraucher für seine Geräte jedoch nicht verwenden. Beim Dreileitersystem schaltete man zwei Generatoren hintereinander und hatte dann zwischen den zwei äußeren Leitern eine doppelt so hohe Spannung (200–220 V). Damit stieg die Reichweite auf 800–1000 m, und bei gleichmäßiger Belastung der beiden Maschinen sparte man sogar die mittlere Ausgleichsleitung. Die Vorzüge eines Mehrleitersystems wurden beim Fünfleitersystem durch die kompliziertere Bedienung nahezu aufgehoben. Um die Vorteile einer großen Dynamomaschine mit hoher Gleichspannung zu nutzen, schaltete man auf der Verbraucherseite kleinere Dynamomaschinen als Ausgleichsmaschinen ein, die je nach Stromrichtung in den Ausgleichsleitungen als Motor oder Generator liefen.

maschinen ein Zwischenvorgelege, das viel Platz beansprucht hätte, zu vermeiden. Jede der vier Dampfmaschinen trieb eine Edisonsche Dynamomaschine für 450 sechzehnkerzige Lampen und eine Siemenssche Bogenlichtmaschine für sechs Bogenlampen an. Für die Blockstation, wo die Konsumenten im selben Block wohnten, hatte ein Zweileitersystem genügt, für die Zentrale benutzte man im weiteren Ausbau ein Dreileitersystem, das 1883 von Edison entwickelt und von dem physikalischen Berater der englischen Edison Gesellschaft, John Hopkinson (1849–1898), berechnet worden war. Mit diesem System, von Siemens & Halske gab es 1890 sogar ein Fünfleitersystem, konnte wegen der doppelten Spannung Kupfer für die Leitungen eingespart bzw. die Reichweite erhöht werden (Abb. 75).

Um nämlich eine bestimmte Leistung (als Produkt von Strom und Spannung) zu übertragen, kann man entweder eine hohe Spannung bei kleinem Strom oder umgekehrt wählen. Bei Stromdurchgang kommt es in den Leitungen zu unerwünschten Wärmeverlusten, die mit dem Widerstand der Leitung und dem Quadrat der Stromstärke zunehmen. Der Widerstand sinkt bei größerem Leitungsquerschnitt. Mehr Kupfer verteuert die Leitungen. Abhilfe bietet eine höhere Spannung, die aber bei Gleichstromdynamomaschinen von der Konstruktion her Schwierigkeiten bereitet. Somit begrenzen finanzielle und technische Faktoren die Reichweite der Übertragung.

Da der Verbraucher seine Lichtquellen ohne Absprache mit der Zentrale beliebig ein- und ausschalten konnte, mußten Strom und Spannung in der Zentrale ständig überwacht werden. Das Amperemeter zur Strommessung war einfach eine Magnetnadel über der Hauptleitung vor einem Magneten, der die Nadel zurückzustellen versuchte. Bei Abweichungen vom Sollwert der Spannung löste der Zeiger ein optisches und akustisches Signal aus. Der Maschinist mußte dann von Hand Widerstände in die Leitungen der Feldmagnete ein- oder ausschalten. An der Stellung der Magnetnadel des Amperemeters konnte er die Belastung der einzelnen Maschinen ablesen. Waren die im Betrieb befindlichen Maschinen voll belastet, so mußte der Maschinist eine neue Maschine in den Stromkreis einschalten. Ein plötzliches Zuschalten einer Dynamomaschine war nicht ratsam, denn die anderen Maschinen wären dadurch entlastet worden und hätten eine höhere Spannung geliefert. Deshalb belastete der Maschinist die neu einzuschaltende Maschine künstlich mit einer sogenannten Lampenbatterie, deren Lampen dann nach und nach ausgeschaltet wurden. Die Parallelschaltung der Dynamomaschinen erforderte viel Fingerspitzengefühl, um eine gleichmäßige Belastung der eingeschalteten Maschinen zu erreichen.

Um Erdschlüsse festzustellen, schaltete man zwei Lampen hintereinander zwischen die Hauptleitungen und erdete die Verbindung zwischen den beiden Lampen. Da jede Lampe nur die Hälfte der Spannung erhielt, leuchtete eine der beiden erst dann auf, wenn ein Erdschluß bei einer der Hauptleitungen vorlag. Lag der Fehler im Haus eines Kunden, so war er leicht zu beheben: Die entsprechende Hauptleitung wurde kurzzeitig geerdet, und der erhöhte Strom ließ die Haussicherung, einen Bleistöpsel, schmelzen. Vom Kunden erfuhr der Maschinist, in welchem Haus der Fehler zu suchen war.

Die Bezugsgröße für die Berechnung der gelieferten Elektrizität war die Lampenbrennstunde. Um sie zu ermitteln, hatte anfangs jeder Kunde einen Edisonschen Elektrolytzähler (Abb. 76). Der Zähler bestand aus Zinkplatten in einer Zinksulfatlösung. Nicht der gesamte Strom, sondern ein Teilstrom floß durch den Zähler, löste an der positiven Platte Zink auf und lagerte es an der negativen ab. Die Gewichtsdifferenz der Platten diente zur Messung der Amperestunden und der Lampenbrennstunden. Die Abnehmer standen diesen Zählern mißtrauisch gegenüber, da sie sie nicht direkt ablesen konnten. Die Platten wurden nämlich regelmäßig ausgewechselt und von einem vereidigten Physiker ausgewogen.

Zu den Kunden zählten das Café Bauer, Restaurants und Geschäfte, die sich die noch teure elektrische Beleuchtung leisten konnten. In Wohnungen war das Gaslicht und vor allem die Petroleumbeleuchtung, das ‹Licht des armen Mannes›, vorherrschend (Zum Vergleich: 1910 betrug der Anteil der an die Elektrizitätsversorgung angeschlossenen Berliner Wohnungen 3,5 Prozent [Matschoß u. a., 1934, S. 56]).

Kraftwerk Markgrafenstraße

Am 15. August 1885 eröffneten die Städtischen Elektricitäts-Werke ihr erstes Kraftwerk in der Markgrafenstraße (Abb. 77). Als öffentliches Kraftwerk, mit dem Recht, die Straßen zur Verlegung von Leitungen zu benützen, hatte es auch die Verpflichtung, jeden mit Strom zu beliefern, der sich auf mindestens drei Jahre zur tarifmäßigen Stromabnahme bereiterklärte. Der Konzessionsvertrag mit der Stadt schränkte das Versorgungsgebiet ein, das aber wegen des Zweileitersystems aus wirtschaftlichen Gründen sowieso begrenzt war.

Aus Platzmangel verwendete man stehende Dampfmaschinen, und im Stockwerk darüber waren die Dampfkessel aufgestellt. Die sechs langsam laufenden Dampfmaschinen mit etwa 900 PS trieben über Riemen zwölf schnellaufende Dynamomaschinen Edisonscher Bauart mit einer Gesamtleistung von 540 kW.

Den größten Abnehmer bildete das Kgl. Schauspielhaus, das durch die Umrüstung auf elektrische Beleuchtung maximal 150 kW beanspruchte. Während der Vorstellung mußten die anderen Verbraucher abgeschaltet werden. An zweiter Stelle kam die Reichsbank mit 20 kW. 1885 zählte man insgesamt 28 Abnehmer, 1886 waren es bereits 156.

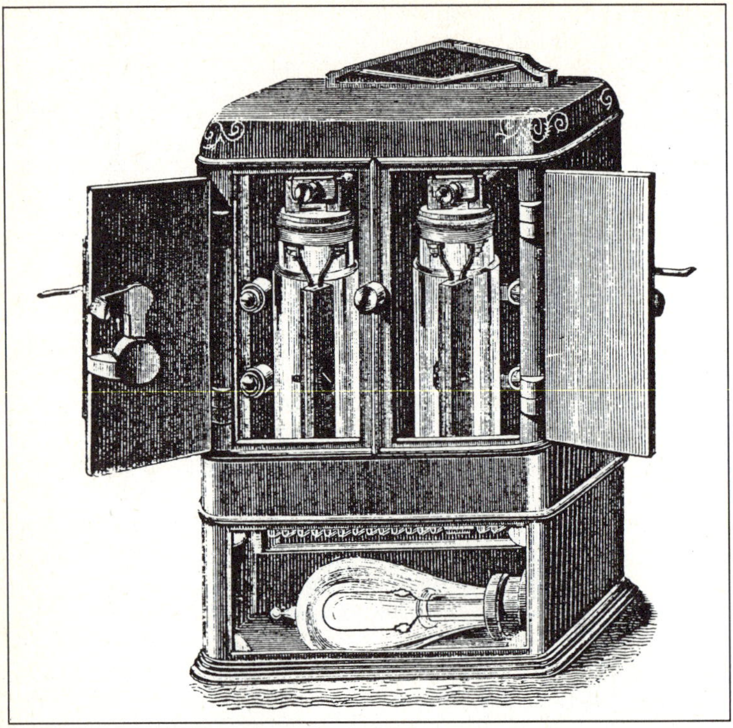

76: Edisonscher Elektrolytzähler (1881). Der Zähler befand sich beim Kunden und mußte regelmäßig zum ‹Ablesen› ins Labor gebracht werden. Der Gewichtsunterschied der beiden vom Strom durchflossenen Platten war ein Maß für die Anzahl der Lampenbrennstunden. Um starke Temperaturen oder gar ein Einfrieren des Zählers zu vermeiden, schaltete sich bei tiefen Temperaturen automatisch eine Glühlampe (unten im Kästchen) ein.

Die Abnehmer hatten eine jährliche Grundgebühr von sechs Mark für jede Glühlampe und vierzig Mark für jede Bogenlampe sowie für den Zähler, je nach Größe, fünfzehn bis vierzig Mark zu zahlen. Mit den Großabnehmern traf man Sonderabsprachen. Defekte Lampen wechselte das Werk anfänglich kostenlos aus. Als Einheit der Leistung wählte man eine 16kerzige Edisonlampe mit einer Leistungsaufnahme von damals rund 50 W (sie entspräche heute etwa einer Glühlampe von 25 W). Eine Brennstunde dieser Lampe kostete 4 Pfennige, die kWh also 80 Pfennige. 1904 betrug der Preis pro kWh immer noch 40 Pfennige, wenn auch die Grundgebühren und die Zählermiete weggefallen waren (Matschoß u. a., 1934, S. 24).

Die heutigen Preise zwischen 20 und 35 Pfennigen pro kWh je nach

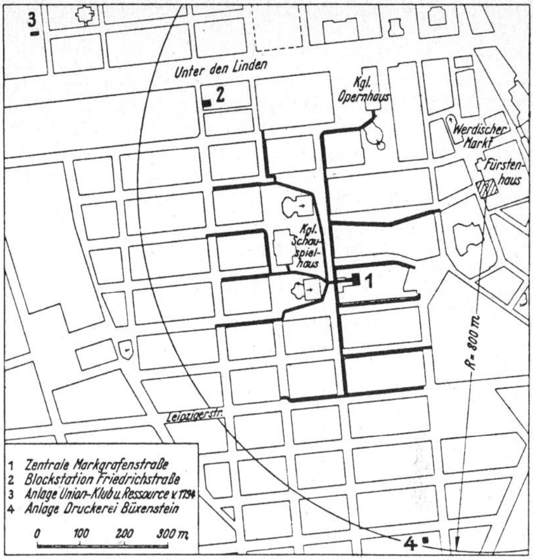

77: Lageplan verschiedener Blockstationen und Zentralen der Deutschen Edison Gesellschaft in Berlin (1885). Im Gegensatz zu den Blockstationen bedurften die Zentralstationen für die Benutzung öffentlicher Wege der Zustimmung der Stadt. So erhielt das Kraftwerk in der Markgrafenstraße eine Konzession für ein bestimmtes Gebiet (Kreislinie), in dem der Betreiber unter gewissen Bedingungen verpflichtet war, an jeden Strom zu liefern.

Abnahme lassen auf den ersten Blick kaum eine Verbilligung des Stroms vermuten. Nimmt man jedoch etwa das Jahreseinkommen eines Arbeiters von 1000 Mark im Jahre 1888 zum Vergleich mit heutigen Verdiensten, so wird die Kostspieligkeit des elektrischen Lichts vor fast 100 Jahren deutlich.

Glühlicht – ein Luxus?

Für Kunden mit kleinem Geldbeutel war eine elektrische Beleuchtung unerschwinglich:

«1890 gab das Freie Deutsche Hochstift eine Schrift heraus, die die Zusammenstellung von drei Frankfurter Arbeiterbudgets und deren Analyse enthielt, im einzelnen die Lebenskosten der Familie eines bei der Eisenbahn beschäftigten Arbeiters, eines Chemiearbeiters und eines ungelernten Arbeiters. Sie lassen einige Rückschlüsse zu über Aufwand und Kosten der technischen Ausstattung der Arbeiterwohnungen und sind somit geeignet, die gesellschaftlichen und kulturellen Bezüge des Elektrizitätswerkprojekts [für Frankfurt] vor einem allgemeineren Hintergrund zu verdeutlichen.

Der Petroleumverbrauch der Familie des Eisenbahnarbeiters betrug im Jahr 1888 etwa 100 Liter, was sich mit 20 Mark im Jahresbudget niederschlug oder 2 % der Gesamtausgaben. Der Haushalt verfügte über eine Petroleumlampe und eine kleine Küchenlampe, die vermutlich nur im Winter mit Spiritus betrieben wurde (Betriebskosten 30 Pfennige). Der Liter Petroleum kostete 1888 etwa 22 Pfennige. Auch der Haushalt des Chemiearbeiters verfügte über eine Petroleumlampe und

Tabelle 4: Übersicht über den Stand der Elektrifizierung von 1885.

Stadt	Zahl der Anlagen	Bogenlampen	Glühlampen
Berlin	80	zusammen 400–500	
Hamburg	35	125	2100
München	34	140	4045
Hannover	–	74	300
Bremen	2	8	400
Leipzig	7	–	–
Dresden	14	62	446
Breslau	Einige Restaurants und Geschäfte		
Chemnitz	17	117	470
Krefeld	17	69	1203
Barmen	14	81	659
Elberfeld	7	9	126
M.-Gladbach	15	15	230

eine Küchenlampe wie der des Eisenbahnarbeiters. ... Der Haushalt des ungelernten Arbeiters gab etwa 8 Mark im Jahr für Petroleum aus. Er wohnte in einer Zweizimmerwohnung im Nordend, die über eine Gaszuleitung verfügte. Die Familie benutzte sie nicht, weil das Petroleumlicht billiger kam als das Gaslicht. Der Chemiearbeiter und der Eisenbahnarbeiter wohnten am Stadtrand. Ihre Wohnviertel waren nicht an das Gasversorgungssystem angeschlossen. In allen drei Haushaltungen belasteten die Kosten für die Beleuchtung die jährlichen Budgets mit etwa 2%.

Eine Kohlenfadenlampe zu 16 Kerzen kostete um 1890 etwa 6 Mark. Sie hatte eine Brenndauer von ungefähr 300 Stunden. Legen wir den Preis pro kWh von 80 Pfennig zugrunde, mit dem das Frankfurter Kraftwerk 1894/95 eröffnete, kämen (ohne Berücksichtigung der Installationskosten, der Zählermiete und weiterer Kostenfaktoren) bei angenommenen 300 Stunden Brenndauer im Jahr 14,40 Mark hinzu. Das entspricht etwa den Jahresausgaben für Petroleum der Facharbeiterhaushaltungen. Nun kamen die Familien mit einer großen Petroleumlampe aus, weil die Lampe hochmobil war; sie konnte innerhalb der Wohnung ohne besonderen Aufwand dort hingestellt werden, wo Licht notwendig war. Bei einer Wohnung mit einer Küche und zwei Zimmern mußten sich folglich die Kosten des Glühlichts mindestens verdreifachen» (Die Zweite Industrielle Revolution, 1981, S. 76).

Die Einführung der Elektrizität entsprang nicht dem Bedürfnis weiter Bevölkerungskreise und hing nicht nur mit rationellen, sondern auch mit emotionellen Erwägungen zusammen. In einer Arbeit über die Anfänge kommunaler Stromversorgung in Hamburg werden folgende Motivationen genannt: «1. Reiz der Neuheit und Repräsentationsbedürfnisse, 2. Neue Form der wirtschaftlichen Werbung, 3. Verbesserung der Luftverhältnisse gegenüber Gas- und Petroleumlicht, 4. Reduzierung der

Brandgefahr bei der Beleuchtung, 5. Erzielung neuer künstlerischer Effekte (Theater, Fotografie, Ausstellungen), 6. Verbesserung der Straßenbeleuchtung, 7. Verringerung der Umschlagszeiten im Hafen, 8. Verbesserung des allgemeinen Signal- und Nachrichtenverkehrs» (Teuteberg, 1969, S. 377)

Der Stand von 1885

Berlin war nicht die einzige Stadt im Deutschen Reich, die Einzelanlagen, Blockstationen und Zentralen besaß, wie eine Übersicht aus dem Jahr 1885 zeigt (Tabelle 4).

6. Die Elektrotechnik – eine eigenständige Technikdisziplin

Die Beschäftigung mit der Elektrizität war bis zum Ende des ersten Drittels des 19. Jahrhunderts im wesentlichen auf wissenschaftliche Kreise beschränkt. Mit der Einführung des Telegrafen seit 1848 zeigte die Elektrizitätslehre ihre Nützlichkeit, und bald war der Telegraf aus dem öffentlichen Leben nicht mehr wegzudenken. Im Zusammenhang mit den praktischen Problemen löste sich die angewandte Elektrizitätslehre langsam von der Physik. Der Prozeß wurde mit dem Aufkommen der Starkstromtechnik seit den siebziger Jahren des 19. Jahrhunderts beschleunigt und fand seinen Ausdruck in der Ausgliederung der elektrotechnischen Disziplinen aus den herkömmlichen Wissenschafts- und Technikbereichen. Dieser Vorgang soll an Hand der Ausstellungen, der Fachgesellschaften und -zeitschriften, der Gründung von Lehrstühlen und der Elektroindustrie geschildert werden.

Ausstellungen

Nirgendwo manifestierte sich der Glaube des 19. Jahrhunderts an den technischen Fortschritt stärker als in den Weltausstellungen der zweiten Jahrhunderthälfte. Im Wettstreit der Nationen präsentierten sie die neuesten Entwicklungen in der Technik, Wirtschaft und in der Kunst. Die Reihe der Weltausstellungen wurde 1851 in London begonnen. 17000 Aussteller zeigten über 6 Millionen Besuchern ihre Erzeugnisse. An elektrischen Apparaten waren im Kristallpalast vornehmlich Telegrafen und Läutewerke für die Eisenbahnen zu sehen. Vier Jahre später, in Paris, kamen Vorrichtungen für die Galvanotechnik, Induktionsapparate und Minenzünder hinzu. Nach einer weiteren Weltausstellung in London 1862 übertraf die Ausstellung in Paris 1867 mit 33000 Ausstellern und 11 Millionen Besuchern alle vorherigen. In der Klasse Telegrafie faßte man nicht nur die verschiedenen Zeiger-, Nadel- und Morsetelegrafen sowie Blitzableiter und elektrische Meßinstrumente zusammen, sondern auch die Elektrizitätsquellen und Elektromotoren. Siemens stellte seinen dynamoelektrischen Apparat zu Minensprengungen aus.

Auf der nächsten Weltausstellung, die nach dem Deutsch-Französischen Krieg in Wien 1873 eröffnet wurde, war die Elektrizität in die Abteilung für wissenschaftliche Instrumente eingeordnet. Zu sehen gab es vor allem Telegrafenapparate und dazu eine historische Sammlung. Die Firma Siemens & Halske stellte ihren Trommelanker vor und Gramme seine Ringankermaschine.

1876 traf man sich in Philadelphia zur Feier der 100. Wiederkehr der Unabhängigkeitserklärung der Vereinigten Staaten von Nordamerika und bereits zwei Jahre später wieder in Paris, wo Deutschland allerdings nur mit einer Kunstausstellung vertreten war. Bei dieser Ausstellung wurde die elektrische Beleuchtung mit Jablotschkow-Kerzen vorgestellt, die man bereits zur Straßenbeleuchtung anwandte.

Die Weltausstellungen waren nicht nur Fachmessen, sondern bildeten, besucht von Königen und Kaisern, ein gesellschaftliches Ereignis. Darüber hinaus stellten sie jeweils auch ein großes Spektakel mit vielen Veranstaltungen dar, die alle Volksschichten anzogen, anders läßt sich etwa für Paris die Besucherzahl von 16 Millionen nicht erklären. Einem solchen Ansturm waren nur Großstädte gewachsen: London zählte um 1880 etwa 3,8 Millionen Einwohner, Paris 2,2, Berlin 1,1 und Wien 0,7 Millionen. Die Eignung einer Stadt für eine weniger als sechs Monate dauernde Weltausstellung hing auch von einem entsprechenden Ausstellungsplatz ab, ein Grund, weshalb in Berlin die Pläne für eine Ausstellung dieses Ausmaßes scheiterten.

Neben den großen Ausstellungen gab es überall kleinere, regionale oder fachlich eingegrenzte, so zum Beispiel die Berliner Gewerbeausstellung von 1879. Hier führte Siemens seine elektrische Lokomotive vor.

Elektrizitätsausstellungen

Die Erfolge der Elektrotechnik in den verschiedenen Anwendungsbereichen gaben den Anstoß, eine eigene, nur der Elektrizität gewidmete Ausstellung durchzuführen. Der Minister der französischen Post und Telegrafie veranlaßte seine Regierung, für das Jahr 1881 in Paris eine internationale Elektrizitätsausstellung abzuhalten. An ihr beteiligten sich 15 Staaten mit fast 1800 Ausstellern, darunter 87 deutsche (Dettmar, 1940, S. 272). Die Ausstellung wurde ein Erfolg, und 1882 veranstaltete man in München die zweite Internationale Elektrizitätsausstellung (Abb. 78). Wesentlichen Anteil hatte Oskar von Miller, der als sechsundzwanzigjähriger Praktikant im bayerischen Staatsdienst begeistert von der Pariser Ausstellung zurückgekehrt war. Beeindruckt von den Versuchen der elektrischen Kraftübertragung sah er darin eine Möglichkeit, die Wasserkräfte in Bayern zu nutzen. Es gelang ihm, Wissenschaftler und Vertreter von Behörden für den Plan einer Ausstellung zu gewinnen. Auch in Wien sollte im Herbst 1882 eine elektrotechnische Ausstellung stattfinden,

INTERNATIONALE ELEKTRICITÄTS-AUSSTELLUNG

IM

KGL. GLASPALASTE zu MÜNCHEN.

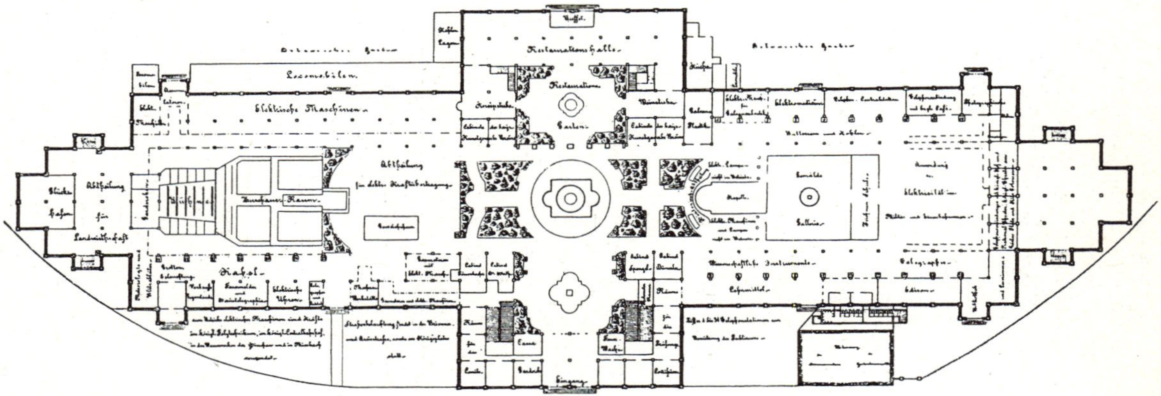

doch von Miller verschickte sofort Einladungen, so daß die Wiener ihre Ausstellung auf das Jahr 1883 verlegten.

War auf der Elektrizitätsausstellung in Paris 1881 die Edisonsche Glühlampe das große Ereignis, so erregte in München die elektrische Kraftübertragung von Miesbach nach München in den Glaspalast Aufsehen. Die wichtigste Neuerung gegenüber früheren elektrischen Ausstellungen bestand in einer wissenschaftlichen Prüfung der ausgestellten Maschinen. In seinen 1932 verfaßten Erinnerungen an die vierwöchige Ausstellung wies der Organisator Oskar von Miller auf die Breitenwirkung hin:

«Die Bedeutung der Ausstellung lag darin, daß von ihr eine außerordentliche Förderung der elektrotechnischen Industrie ausging, die Beleuchtung von Theatern, Läden und Wohnungen wurde ungeheuer gefördert, die Einrichtung von elektrischen Antriebsmaschinen, die Errichtung von Telefonzentralen nahm von dieser Ausstellung an einen außerordentlichen Aufschwung.

Als Folge der Ausstellung haben nicht nur die damals bestehenden Firmen, wie Siemens & Halske, die Schuckert-Betriebe und noch viele andere, eine große Förderung erfahren, sondern neue Firmen auf dem Gebiete der Elektrotechnik sind entstanden, und ich erinnere hier nur an die Gründung der damaligen Edison-Gesellschaft, der jetzigen Weltfirma AEG in Berlin, welche ihre Wiege in der Münchener Ausstellung stehen hat» (v. Miller, 1932, S. 174).

Ein Jahr später, 1883, eröffnete die nächste internationale Elektrizitätsausstellung in Wien ihre Pforten. Man zeigte noch größere Dynamomaschinen und zum Betrieb von Generatoren Dampfmaschinen mit höherer Drehzahl. Von den weiteren Elektrizitätsausstellungen seien nur noch die von Turin 1884 genannt, auf der Transformatoren vorgestellt wurden, und die Internationale Elektrizitätsausstellung in Frankfurt 1891. Die letztgenannte Ausstellung spielte eine ganz besondere Rolle in der Auseinandersetzung, welche Art von Strom, Gleichstrom oder Wechsel- bzw. Drehstrom, für die Elektrizitätsversorgung besser geeignet sei. Auf diesen ‹Streit der Systeme› soll später eingegangen werden.

Im Zusammenhang mit den Ausstellungen fanden zumeist wissenschaftliche Kongresse statt, auf denen Fragen der Normung, Sicherheit und der Festlegung der Maßsysteme besprochen wurden. Den Firmen boten die Elektrizitätsausstellungen anfangs eine willkommene Reklame

◀ 78: Plan der Internationalen Elektrizitätsausstellung in München (1882). Elektrizitätsausstellungen waren nicht nur für ein Fachpublikum gedacht, sondern dienten der Propagierung der Elektrizität, weshalb auf eine gefällige Präsentation geachtet wurde. Die vielfältigen Anwendungsgebiete der Elektrizität wurden im Glaspalast zu München den Besuchern in folgenden Gruppen vorgeführt: Historische und wissenschaftliche Apparate und Lehrmittel, Telegrafie und Signalwesen, Telefonie, medizinisch-elektrische Apparate, Batterien und Akkumulatoren, Elektrochemie, magneto- und dynamoelektrische Maschinen, elektrisches Licht, Motoren, verschiedene Apparate und Utensilien, Kabel und Drähte sowie Blitzableiter, elektrische Zeitmessung und Elektrizität für die Landwirtschaft.

für ihre Erzeugnisse, doch wurden sie im Lauf der Zeit zurückhaltender, da die Ausstellungen sich immer mehr häuften und die Vorbereitung und die Durchführung gewaltige Summen verschlangen.

Fachgesellschaften

Elektrotechnische Vereine

Auf Einladung des Generalpostmeisters, Dr. Heinrich von Stephan (1831–1897 ‹von› seit 1885), trafen sich am 20. Dezember 1879 zur konstituierenden Versammlung des Elektrotechnischen Vereins in Berlin 35 Herren. Zur Hälfte waren es Behördenvertreter, vorwiegend aus der Post- und Telegrafenverwaltung, die andere Hälfte setzte sich aus Fabrikbesitzern, Oberingenieuren und Physikern zusammen. Angeregt hatte die Gründung dieses Vereins Werner Siemens in einem Brief vom 5. Februar 1879 an den Generalpostmeister:

«Ew. Excellenz

erlaube ich mir beifolgend einen Statutenentwurf für Einen ‹Deutschen Verein für Elektrotechnik› zur geneigten Kenntnisnahme zu unterbreiten.

Es hat sich mir doch die Überzeugung aufgedrängt, daß ein «Telegraphen Verein» nicht genug Material und thätige Kräfte bei uns finden würde, um dem bestehenden englischen Vereine sich würdig zur Seite stellen zu können. Ich erlaube mir daher in Vorschlag zu bringen, Ew. Excellenz wolle das Protectorat über einen das ganze Gebiet der Electrotechnik umfassenden Deutschen Verein übernehmen. Ein solcher Verein ist ein unabweisbares Bedürfnis geworden und kann eine ungemein segensreiche Wirkung entfalten! Neben der Telegraphie, die schon in etwas ruhigere Fortschrittsbahnen eingelenkt ist und das aristocratisch conservative Element der Electrotechnik repräsentirt, sehen wir überall ein wildes Rennen auf diesem Gebiete, ein ernsthaftes Streben, der Electricität einen wichtigen Platz in den alten Industriezweigen zu erobern und neue auf sie zu begründen. Namentlich seit durch die dynamoelektrischen Maschinen die Möglichkeit gegeben ist, starke electrische Ströme durch Arbeitskraft zu erzeugen, ist das electrische Zukunftsgebiet fast unbegrenzt geworden. Ich brauche nur an electrisches Licht, an Kraftübertragung durch Electricität, an die electrische Kupferraffinerie im Großen zu erinnern, die sich neuerdings schon Bahn gebrochen haben. Wahrscheinlich wird das ganze Hüttenwesen einer Umgestaltung entgegengehen. Ferner erwähne ich das neue electrische Eisenbahn-Sicherungs-System welches bald den ganzen Eisenbahndienst umgestalten wird. Überall fast begegnet man schon den Lebenszeichen der eindringenden Electricität! Benutzt doch das Militär sie schon zum Kriegführen in 6 bis 7 verschiedenen Gestalten! Allen diesen Bestrebungen fehlt bisher ein ordnender, berichtigender, belehrender Mittelpunkt. Ich bin überzeugt, daß dem Vorgange Deutschlands bald alle anderen Kulturstaaten mit Bildung electrotechnischer Gesellschaften nachfolgen werden, es wird aber immer von großem Nutzen bleiben, zuerst auf dem Platze gewesen zu sein. Für die Entwicklung der Elektrotechnik hat kein Land einen fruchtbareren Boden wie Deutschland, weil in keinem andern die naturwissenschaftlichen Kenntnisse so verbreitet sind. Übernehmen Ew. Excellenz die Führung und helfen Sie der zu bildenden Gesellschaft durch Ihre bekannte Thatkraft und Macht über die Kinderkrankheiten fort – so wird dieselbe bald eine angesehene Stellung einnehmen und dem Vaterlande großen Nutzen bringen. Ich glaubte Ew. Excellenz weniger mit einem Briefe wie mit einem Besuche lästig zu fallen und bin natürlich **jeder Zeit** bereit, einem Winke Folge zu leisten, falls eine Rücksprache Ew. Excellenz erwünscht wäre.

Mit vollkommenster Hochachtung
Ew. Excellenz
ganz ergebenster
Dr. W. Siemens» (Dettmar, 1940, S. 287f)

Der Generalpostmeister, dem neben der Post seit 1875 die Telegrafie unterstand, zögerte zunächst und ließ erst gegen Ende des Jahres 1879 unter Mitwirkung von Siemens einen Entwurf der Statuten ausarbeiten, der auf der konstituierenden Versammlung vorgestellt wurde.

Auf der ersten Vereinssitzung im Januar 1880 wählte man Siemens zum ersten Vorsitzenden und Stephan zum Ehrenpräsidenten. Bis dahin hatten sich über 400 Interessierte um die Mitgliedschaft beworben, wobei fast drei Viertel von außerhalb Berlins kamen. Nach zwei Jahren zählte der Verein bereits mehr als 1500 Mitglieder. Es waren vertreten:

«die Gelehrtenwelt, die Kreise der Techniker, die Armee, die Marine, die verschiedenen Zweige der Zivilverwaltung, Handel und Gewerbe, die Schule und die Kunst, die Groß-Industrie wie die Landwirthschaft» (ETZ, 1, 1880, S. 37).

Der Zweck des Vereins war

«die Entwicklung und Förderung der technischen Anwendung der Elektrizität und die Fortbildung ihrer Kenntniß durch Nutzbarmachung der technischen Einrichtungen und Erfahrungen für Wissenschaft» (ETZ, 1, 1880, S. 8).

Als Mittel zur Erreichung dieses Zwecks sah man regelmäßige Sitzungen mit Vorträgen an, die in der Vereinszeitschrift veröffentlicht werden sollten. In Frankfurt kam die Anregung zur Gründung einer Elektrotechnischen Gesellschaft von seiten eines an der Elektrizität als Heilmittel interessierten Arztes. Auf Einladung des Frankfurter Oberpostdirektors fand die konstituierende Versammlung im Februar 1881 statt. Die Gesellschaft war nicht als berufsständische Organisation gedacht, sondern es sollten populärwissenschaftliche Vorträge und experimentelle Vorführungen «zur Pflege der gemeinsamen Unterhaltung, der wissenschaftlichen Förderung und der gegenseitigen Belehrung» über die Fortschritte der neuen Technik gehalten werden (ETZ, 52, 1931, S. 787).

Die österreichischen Elektrotechniker schlossen sich im März 1883 im Elektrotechnischen Verein in Wien zusammen, wenige Monate vor der Eröffnung der Elektrischen Ausstellung in Wien.

Verband Deutscher Elektrotechniker

Bei den genannten Vereinen standen technische und wissenschaftliche Fragen im Vordergrund, doch mit der wachsenden wirtschaftlichen Bedeutung der Elektrotechnik trat immer mehr das Bedürfnis nach Schaffung von Vorschriften, Normen und Regeln hervor. Zwar wurde in der Satzung des Elektrotechnischen Vereins in Berlin die Förderung gewerblicher Interessen eingeschlossen, doch glaubte man nicht, daß alle Mitglieder daran so großes Interesse hätten. Ende 1892 erschien ein Aufruf zur Gründung eines Deutschen Elektrotechniker-Verbandes, in dem es hieß:

«Zweck des Verbandes ist der freundschaftliche Zusammenschluß der Fachgenossen, Pflege der wirtschaftlichen und nationalen Interessen der Elektrotechnik, Schaffung einer Körperschaft, welche befähigt und in der Lage ist, die Gesamtansichten der Elektrotechniker wirksam auszusprechen und zu vertreten» (ETZ, 1893, S. 81).

An der Gründung des Verbandes Deutscher Elektrotechniker (VDE) beteiligten sich die Vertreter von elf elektrotechnischen Vereinen und Gesellschaften Deutschlands sowie der elektrotechnischen Firmen. Zwischen dem Elektrotechnischen Verein und dem Verband Deutscher Elektrotechniker bestanden von Anfang an enge Beziehungen. So waren die Mitglieder des Vereins auch Mitglieder des Verbandes, da dieser als ein Verband von Personen und nicht von Vereinen gedacht war. Der erste Vorsitzende des Verbandes, Professor Adolf Slaby (1849–1913), der seit dem Wintersemester 1882 an der Technischen Hochschule in Charlottenburg über elektrotechnische Themen las, wurde 1901/02 zum Vorsitzenden des Vereins gewählt. Als Publikationsorgan wählte man die Zeitschrift des Vereins, die *Elektrotechnische Zeitschrift*. Mit dem Verband Deutscher Elektrotechniker besaß die elektrotechnische Fachwelt eine Vertretung gegenüber den Behörden und dem Publikum.

Im Juli 1892 trafen sich zwölf Direktoren deutscher Elektrizitätswerke in Berlin, um über Fragen der Elektrizitätserzeugung und -verteilung zu sprechen. Daraus entstand die Vereinigung der Elektrizitätswerke (VdEW), deren Mitgliederzahl von 46 im Jahr 1895 entsprechend der Zunahme der Elektrizitätswerke auf 580 im Jahr 1916 stieg. Die Vereinigung gab ab 1894 eine Statistik zur Elektrizitätsversorgung heraus, befaßte sich mit der Tarifgestaltung und mit Sicherheitsfragen.

«Die Elektrizität . . .

. . . zentralisiert nicht, sie dezentralisiert», schrieb der kanadische Wissenschaftler Marshall McLuhan.

So verhalten sich auch die meisten Sparer – spätestens dann, wenn es nach dem Sparbuch gewinnbringender weitergehen soll. In jeder Weise vorteilhaft wie der elektrische Strom ist da ein festverzinsliches Wertpapier.

Fachzeitschriften

Im deutschsprachigen Bereich existierte bis 1879 keine Fachzeitschrift, die sich ausschließlich mit den Anwendungen der Elektrizität befaßte. Wer über solche Themen einen Artikel und kein Buch veröffentlichen wollte, wandte sich an naturwissenschaftliche Zeitschriften, wie etwa die *Annalen der Physik* (ab 1799 bzw. ab 1824ff mit dem Zusatz ‹und Chemie›), an das *Journal für Chemie und Physik* (1811 bis 1833) oder an die wichtigste deutsche technisch-technologische Zeitschrift, *Dingler's Polytechnisches Journal* (1820ff). Daneben gab es noch eine Reihe von Zeitschriften der verschiedenen Gewerbvereine und ökonomisch-technologische Journale. Mancher Zeitschrift, deren Herausgeber sich als fleißiger Abschreiber von Artikeln aus anderen, auch ausländischen Journalen betätigte, war nur eine kurze Lebensdauer beschieden.

Mit der fortschreitenden Industrialisierung entstanden Zeitschriften für einzelne Gewerbe oder Techniken. So erschien, der Bedeutung des Gases entsprechend, das *Journal für Gasbeleuchtung und verwandte Beleuchtungsarten* 1858 zum erstenmal. Aus dem Bereich der angewandten Elektrizitätslehre war nur die Telegrafentechnik von Bedeutung, die ab 1854 in der *Zeitschrift des deutsch-österreichischen Telegraphen-Vereins* ein eigenes Publikationsorgan besaß.

Mit der Zunahme der elektrischen Beleuchtung wuchs das Interesse an Fachinformationen. Anfang 1879 gründete der Verlag Oldenbourg die *Zeitschrift für angewandte Elektricitätslehre* und betraute den Professor für Physik an den Münchener Militärbildungsanstalten, Philipp Carl (1837–1891), mit der Redaktion. Die Absicht war, Erfindungen und Verbesserungen auf dem Gebiet der angewandten Elektrizitätslehre möglichst rasch zu veröffentlichen, wobei Carl folgende Teilgebiete vorsah:

> «Unter der angewandten Elektricitätslehre wollen wir alle jene Probleme zusammenfassen, bei denen man sich elektrischer Wirkungen als Mittel zu einem beliebigen Zwecke bedient, der unabhängig von der Erforschung der elektrischen Naturkräfte selbst ist. Je nach der Natur dieser Probleme läßt sich dann die angewandte Elektricitätslehre nach ihrem gegenwärtigen Stande in die folgenden Abschnitte eintheilen: 1. Die Telegraphie; 2. das elektrische Beleuchtungswesen; 3. die Galvanoplastik; 4. Zünden von Sprengladungen und Minenöfen mittelst elektrischer Wirkungen, Torpedos; 5. Blitzableiter; 6. elektrische Uhren und Zeitübertrager, Chronoskope; 7. astronomische und meteorologische Registrirapparate; 8. das Problem der elektromagnetischen Kraftmaschine; 9. der elektrotherapeutische Apparat» (Zeitschr. f. angew. Elektr.lehre, 1, 1879, S. 1).

Von 1883 bis 1889 trug die Zeitschrift den Namen *Centralblatt für Elektrotechnik*. Nach der Gründung des Elektrotechnischen Vereins in Berlin im Dezember 1879 hatte der Verleger diesem seine Zeitschrift als Vereinsorgan angeboten, doch der Verein entschied sich für das Angebot des ortsansässigen Verlagsbuchhändlers Springer, bei dem ab 1880 die *Elektrotechnische Zeitschrift* erschien. 1889 schloß man einen Kooperationsvertrag, die beiden Zeitschriften wurden vereinigt und erschienen ab 1890 unter dem Titel *Elektrotechnische Zeitschrift (Centralblatt für Elektrotechnik), Organ des Elektrotechnischen Vereins*. Der erste Redakteur war Karl Eduard Zetzsche (1830–1894), der nach dem Studium der Mathematik und Physik als Lehrer für Telegrafie in Chemnitz, Dresden und Berlin wirkte.

Die Bedeutung der Elektrotechnik drückte sich in der Zunahme der deutschsprachigen Zeitschriften aus. Von zwei Zeitschriften im Jahre 1880 stieg die Zahl 1883 auf acht und nach weiteren zehn Jahren auf mehr als zwölf elektrotechnischer Zeitschriften.

Verankerung an den Hochschulen

Die Erkenntnisse der Elektrizitätslehre als Teil der Physik bildeten bei der Einführung der Telegrafie eine tragfähige Grundlage. Viel unbefriedigender war die Situation beim Bau magnetelektrischer und elektromagnetischer Maschinen in der Mitte des 19. Jahrhunderts. Durch die Erfindung der dynamoelektrischen Maschine und ihrer Vervollkommnung war zwar das Problem einer billigen Erzeugung von Strom mehr oder weniger gelöst, doch entstanden beim Bau größerer Elektromaschinen neue Probleme, wie das der Erwärmung oder das Vorausberechnen einer Maschine mit bestimmten elektrischen Werten. Die mangelnde wissenschaftliche Fundierung ließ eine verwirrende Vielzahl von Dynamomaschinen in dieser Zeit entstehen (Abb. 79). Praktische Erfahrung in Verbindung mit physikalischen Grundkenntnissen reichten zu einer Optimierung der Maschinen und zur Lösung der Probleme nicht mehr aus:

«Nachdem die Dynamomaschine etwa 1880 die schlimmsten Kinderkrankheiten überwunden hatte und die Grundprinzipien der Konstruktion zum Teil auf empirischem Wege gefunden worden waren, wurde die wissenschaftliche Elektrotechnik als Mittler zwischen Physik und praktischer Erfahrung dringend erforderlich. Auf der Basis der von James Clark Maxwell (1831–1879) ausgearbeiteten Elektrodynamik und in Auswertung von Messungen an Dynamomaschinen wurden Mitte der 80er Jahre erste Theorien entwickelt, die es ermöglichten, Maschinen zu berechnen. Damit war man zum eigentlichen Kern einer wissenschaftlichen Elektrotechnik vorgestoßen. Mit dem Übergang von empirischen Formeln für Abhängigkeiten zwischen einzelnen Größen zu theoretischen Formulierungen allgemeiner Gesetze wurde gleichzeitig die Grundlage für eine systematische Verbesserung der Konstruktion und eine effektive Massenproduktion der elektrischen Maschinen gelegt. Das geschah bezeichnenderweise etwa gleichzeitig mit dem endgültigen Sieg der Maxwellschen Elektrodynamik in der Physik und verweist nicht nur auf die Not-

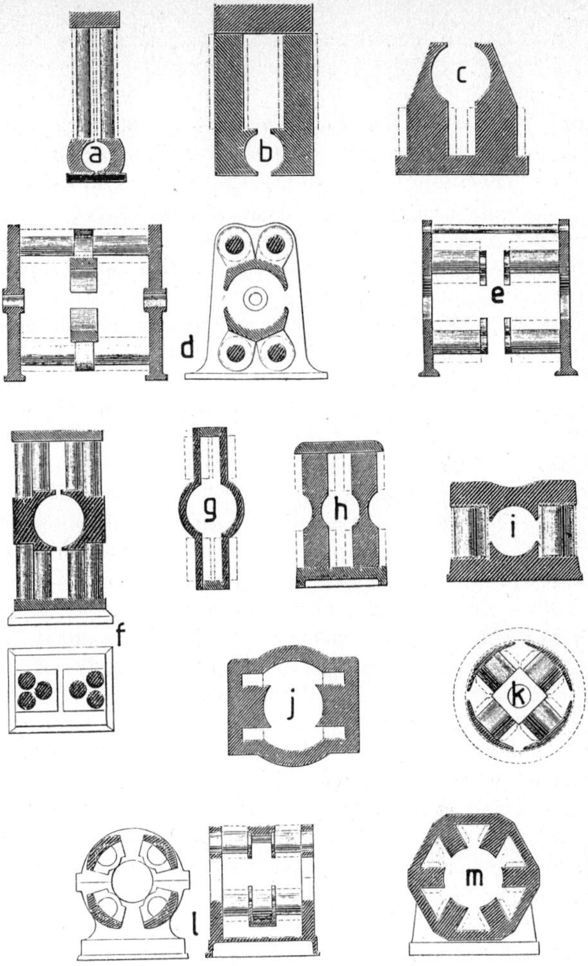

79: Verwirrende Vielfalt bei den Dynamomaschinen. Wie die kleine Auswahl von Dynamomaschinen (ohne Anker) aus einem Handbuch der Elektrotechnik von 1892 zeigt, hatte jede Firma ihre eigenen Konstruktionen, die einen Kompromiß zwischen theoretischen Erwägungen und fertigungstechnischen Gesichtspunkten darstellten. Bei den Abbildungen der Querschnitte sind die Wicklungen der Feldmagnete gestrichelt eingezeichnet. Hufeisentypus: a) Modell Z von Edison, b) Typ Edison-Hopkinson mit verstärktem Eisenquerschnitt von 1883, c) Modell H von S & H von 1885. Doppelte Ausführung des Hufeisentypus: d) Typ C von Gramme 1874, e) Schuckertsche Flachringmaschine, f) Grammemaschine, g) Modell D von S & H 1877, h) Modell F von S & H 1883 (diese Maschinen besitzen Folgepole). Manchestertyp: i) Brown 1887 (Maschinenfabrik Oerlikon); Eisenumschlossene Type: j) Maschine von Lahmeyer 1887; Innenpolmaschine: k) Modell J von S & H 1887 (mehrpolig); mehrpolige Außenpolmaschine: l) Gülchermaschine 1887 mit Folgepolen, m) sechspolige Maschine von Brown 1888 ohne Folgepole.

wendigkeit einer physikalischen Grundlage als Voraussetzung für elektrotechnische Theoriensysteme, sondern auch auf die engen Wechselbeziehungen zwischen der Entwicklung der Physik und der Elektrotechnik» (Buchheim, 1980, S. 64).

Für den Praktiker spielte in den achtziger Jahren des 19. Jahrhunderts die neue Theorie des schottischen Physikers Maxwell genau wie die anderer Physiker nur eine untergeordnete Rolle. Die Bildung einer tragfähigen Theorie, die zur Erklärung bekannter Phänomene beitrug, schuf aber eine wichtige Voraussetzung für die Verankerung der Disziplin an den theoretisch orientierten Hochschulen.

Maxwell gelang es, das, was Faraday in Worten ausgedrückt hatte, mathematisch in Formeln zu fassen. Aus seinen Experimenten leitete Faraday die Vorstellung ab, daß Anziehung, Abstoßung oder Drehung bei magnetischen oder elektrischen Vorgängen nicht auf einer direkt übertragenen Kraft beruht. Der Zustand des dazwischen liegenden Raumes, erfüllt von einem elektrischen oder magnetischen Feld, wird verändert. An Stelle einer Fernwirkungstheorie, die für die Anziehung von zwei Körpern maßgeblich ist, trat eine Feldtheorie. Der dazwischenliegende Raum wirkt mit, und die Übertragung erfolgt nicht instantan (augenblicklich), sondern mit Verzögerung. Der zeitlichen Änderung des elektrischen Feldes ordnete Maxwell einen sogenannten Verschiebungsstrom zu, der zum elektrischen Strom hinzukam. Genau wie dieser sollte auch der Verschiebungsstrom ein Magnetfeld hervorrufen. Maxwell veröffentlichte seine Vorstellungen seit 1855 und faßte sie 1873 in seinem Hauptwerk *A treatise on electricity and magnetism* (deutsch: Lehrbuch der Electricität und des Magnetismus, 1883) zusammen. In den Gleichungen, deren Zahl später auf sieben reduziert wurde, waren die grundlegenden elektrischen und magnetischen Größen erfaßt und miteinander verknüpft. Allerdings lagen sie in einer solch abstrakten Form vor, daß sie nur für mathematisch geschulte Leser verständlich waren.

Ein aus den Gleichungen abgeleiteter mathematischer Ausdruck führte zu einer sich mit Lichtgeschwindigkeit ausbreitenden Welle, so daß Maxwell einen Zusammenhang von elektromagnetischen Erscheinungen und dem Licht erkannte, das er folgerichtig als ein elektromagnetisches Phänomen ansah. Eine weitere wichtige Folgerung daraus war die Existenz elektromagnetischer Strahlen, die dann Heinrich Hertz (1857 bis 1894) in den Jahren nach 1886 nachwies.

Als bedeutender erwiesen sich jedoch zunächst für den elektrotechnischen Praktiker anfangs der achtziger Jahre des 19. Jahrhunderts die Untersuchungen über das Verhalten der verschiedenen Eisensorten im magnetischen Feld. Steigert man den Strom eines Elektromagneten, so nimmt der Magnetismus nicht beliebig zu. Er geht gegen einen Grenzwert, und man spricht von Sättigung. Schaltet man den Strom aus, so bleibt ein Restmagnetismus erhalten (Remanenz), und erst nach Umkehrung des Stroms auf einen bestimmten Wert (Koerzitivkraft) verliert der Elektromagnet seinen Magnetismus. Bei weiterer Stromzunahme erreicht der Magnetismus wieder den Sättigungswert, wobei die Magnetpole wegen der Stromumkehr vertauscht liegen. Das Verhältnis von Magnetisierung und Strom wird durch die Magnetisierungskurve in Abhängigkeit von der verwendeten Eisensorte beschrieben. So ist bei weichem Eisen die Koerzitivkraft klein, bei Stahl wesentlich größer. Das bedeutet, daß ein Elektromagnet mit einem Weicheisenkern sich leichter, also mit geringeren Verlusten, ummagnetisieren läßt als mit einem Stahlkern.

Mit diesen Erkenntnissen wurde der Elektromaschinenbau auf eine solide Grundlage gestellt. Langsam, aber stetig fanden die neuen Theorien Eingang in die Lehrbücher, deren wachsende Zahl das gestiegene Interesse an elektrotechnischer Fachliteratur widerspiegelt. Die Vermittlung des Wissens und damit die Verbindung von Elektrizitätslehre und einer eher handwerklich betriebenen Elektrotechnik wurden zu einer dringenden Notwendigkeit.

Mangelndes Lehrangebot

Sieht man von einigen, bereits früher gegründeten deutschen Bergakademien einmal ab, so entstanden, das Vorbild der 1794/95 gegründeten École Polytechnique in Paris vor Augen, die ersten polytechnischen Schulen im deutschen Sprachgebiet in Prag 1806, in Wien 1815 und in Karlsruhe 1825. Diese wie die folgenden Anstaltsgründungen trugen wegen des jugendlichen Alters der Schüler mit entsprechend geringer Vorbildung und der starken Praxisorientierung eher Fachschul- als Hochschulcharakter.

Erst in einer zweiten Phase im letzten Drittel des 19. Jahrhunderts wurden technische Hochschulen gegründet bzw. bereits bestehende Institute durch verstärkte Anforderungen auf diese Stufe gehoben. Bildeten sie in der ersten Hälfte des Jahrhunderts vorwiegend Bauingenieure und Maschinenbauer für den Staatsdienst aus, so stieg in der zweiten Hälfte durch die fortschreitende Industrialisierung Deutschlands der Bedarf an Ingenieuren für die Industrie.

Im Vergleich zum Aufschwung der Eisen- und Maschinenbauindustrie fielen die ersten Anwendungen der Elektrizität in der Telegrafie nicht ins Gewicht. Die Elektrizität war Sache der Physiker an den Universitäten und fand daher keinen Eingang in die Lehrpläne der polytechnischen Schulen. Mit der zunehmenden Ausbreitung der elektrischen Telegrafie entstanden die ersten Telegrafenschulen in staatlicher Regie. In ihnen wurden die Telegrafenbeamten in den Grundlagen der Elektrizitätslehre und in der Bedienung der Apparate unterwiesen. Die Herstellung dieser Apparate war Aufgabe von Feinmechanikern mit einer handwerklichen Ausbildung, deren praktische Erfahrung jedoch bald nicht mehr den gesteigerten Anforderungen genügte. Die Physiker, die das theoretische Rüstzeug besaßen, waren zumeist als Konstrukteure unerfahren. Der an einem Polytechnikum ausgebildete Maschinenbauingenieur kannte wiederum kaum die Gesetzmäßigkeiten der Elektrizitätslehre, falls er sie sich nicht autodidaktisch angeeignet hatte.

Der Ruf nach Lehrstühlen

Der Mangel an geeigneten Fachleuten, die Theorie und Praxis in sich vereinigten, wurde spürbar, und eine gründliche Ausbildung konnten auch die um 1880 entstandenen Fachzeitschriften und elektrotechnischen Vereine nicht ersetzen. Die ab und zu von Physikern angebotenen Veranstaltungen über elektrotechnische Themen reichten nicht aus, erforderlich war eine Verankerung der Elektrotechnik als Lehrfach an den technischen Hochschulen. Vor allem Werner von Siemens, in dessen Person wissenschaftliches Interesse und praktische Erfahrung zusammenkamen, setzte sich für die Errichtung von Lehrstühlen an technischen Hochschulen ein.

Unter dem Eindruck des schrecklichen Brandes im Wiener Ringtheater im Dezember 1881 – beim Anzünden der Gaslampen fing die Dekoration Feuer und über 400 Menschen starben – forderte Siemens die Einführung der elektrischen Beleuchtung im Theater und:

«Um diese Zeit [bis zur Einführung der elektrischen Theaterbeleuchtung] möglichst abzukürzen, wäre es sehr zu wünschen, daß die elektrotechnischen Kenntnisse bald eine größere Ausdehnung erhielten. Es sollten auf allen technischen Schulen, mindestens auf den technischen Hochschulen Lehrstühle der Elektrotechnik gegründet werden, um wenigstens unsere technische Jugend mehr vertraut mit der Elektrizitätslehre und ihrer technischen Anwendung zu machen. Mit der wachsenden Kenntnis wird sich dann auch die noch herrschende Scheu vor der Anwendung elektrischer Einrichtungen legen und werden eine Menge allgemein verbreiteter Vorurtheile gegen dieselben schwinden» (ETZ 3, 1882, S. 11f).

Im Januar 1884 wandte sich Siemens gegen das Mißverständnis, «als sollten diese Lehrstühle dazu dienen, eine besondere Kategorie von Technikern, *Elektrotechniker*, heranzubilden». Weiterhin schien ihm der große Zudrang von jungen Leuten zu diesem Fach recht bedenklich. Er argumentierte, daß die Elektrotechnik «kein eigentlich technisches Fach sondern eine Hülfswissenschaft für eine große Anzahl technischer Fächer» wäre. Siemens sah die Herstellung elektrischer Maschinen als einen

Zweig der praktischen Mechanik an, nicht aber als ein besonderes technisches Fach (ETZ, 5, 1884, S. 55).

Diese weitverbreitete Ansicht drückte sich auch in einem Antwortschreiben von Siemens auf die Anfrage eines Realschuldirektors in Straßburg aus, wie er am besten seinen Sohn im Fach Elektrotechnik ausbilden könne:

«Ähnliche Anfragen wie die Ihrige gelangen in großer Zahl an mich. Ich kann sie nur dahin beantworten, daß Elektrotechnik als solche kein eigentliches Fach ist, sondern nur eine Gesamtbezeichnung für die Anwendung der Elektrizität auf verschiedene Fächer. Es muß jemand also entweder Elektrizitätslehre studieren und sich zum theoretischen Elektriker ausbilden – vielleicht in der Absicht, einmal einen Lehrstuhl der Elektrotechnik einzunehmen –, oder er muß ein technisches Fach – Maschinenbau, Kleinmechanik, Chemie, Berg- und Hüttenkunde etc. – ergreifen und sich dabei gute elektrische Kenntnisse aneignen. In einem der letzteren Fächer halte ich für das Beste, erst einen praktischen Kursus bei einem tüchtigen Mechaniker oder kleineren Maschinenbauer durchzumachen und dann erst auf ein Polytechnikum zu gehen. Aus den mir mitgeteilten Gründen würde ich es für Ihren Sohn für das zweckmäßigste halten, er ginge dort in Straßburg bei einem tüchtigen Mechaniker in regelrechte Lehre und beschäftigte sich daneben mit wissenschaftlichen Studien. Dann wird er seiner Militärpflicht genügen müssen. Ist es Ihnen nachher nicht möglich, ihn ein regelrechtes technisches Studium durchmachen zu lassen, so muß er dann in eine Bauanstalt für elektrische Maschinen pp. eintreten – was ihm leicht werden wird, wenn er ein wirklich ausgebildeter Mechaniker ist und Konstruktionszeichnen gelernt hat. Sein weiteres Fortkommen hängt dann von seiner persönlichen Tüchtigkeit ab. Ohne die nötige Vorbildung in eine größere Fabrik, wie die unserige, einzutreten, würde ihm nichts nutzen, sogar schädlich sein. Ist er dagegen ein geschickter Mechaniker mit Kenntnissen geworden, so werde ich ihm gern tunlichst auf seinem weiteren Wege behülflich sein» (SAA, 2/Li 553 a).

In Stuttgart griff man den Vorschlag von Siemens sofort auf und erteilte für den Sommer 1882 einen Lehrauftrag für Elektrotechnik. Wie später in Charlottenburg, Aachen, Braunschweig, Karlsruhe und Dresden wurden die Lehrstühle oder Lehraufträge in die Abteilung der Maschineningenieure eingegliedert. In Stuttgart ernannte man am 13. Juni 1883 Dr. phil. Wilhelm Dietrich zum Hauptlehrer und Professor der Elektrotechnik. Nach seiner Diplomprüfung für Maschinenbau und einer einjährigen Assistentenzeit hatte er als Repetitor und später als Hilfslehrer physikalische Vorlesungen gehalten und im Jahre 1881 mit einem Thema aus der Physik promoviert. Im Studienjahr 1883/84 begann er mit einer Hauptvorlesung über Elektrotechnik, die in zwei Semestern Stromerzeuger, elektrische Beleuchtung, Kraftübertragung, Elektrolyse und Grundzüge des Meßwesens umfaßte. Für die Bauingenieure las er über Telegrafie und Eisenbahnsignalwesen. In den folgenden Jahren erweiterte Dietrich, der immer noch der einzige Professor der Elektrotechnik in Stuttgart war,

	Wöchentl. Stunden			
	Winter		Sommer	
	Vortrag	Uebung	Vortrag	Uebung
Erster Jahreskurs.				
Algebraische Analysis	2		.	.
Differential- u. Integral-Rechnung I.	4		5	
Analytische Geometrie I.	2	.	1	.
Synthetische u. darstell. Geometrie I.	4	6	4	6
Experimental-Physik	5	.	5	.
Anorganische Chemie	4	.	.	.
Freihandzeichnen	.	6	.	.
oder Zeichnen und Malen	.	6	.	.
Maschinenzeichnen	.	.	.	6
Trigonometrie	3		.	.
Organische Chemie	.	.	5	.
Bauzeichnen	.	.	.	4
Literaturgeschichte	2	.	2	.
Zeichnen und Malen	.	.	.	4
Mechanische Technologie I.	.	.	2	.
Italienisch	.	.	2	.
Französisch (technische Literatur)	2	.	.	.
Zweiter Jahreskurs.				
Integral-Rechnung II.	2		2	
Analytische Geometrie II.	2	.	2	1
Elemente der Baukonstruktion	2	.	2	.
x Wissenschaftliche Grundlagen der Elektrotechnik	2	.	2	.
Elektrodynamik	.	.	2	.
Mechanik I., einschl. graph. Statik	4	2	6	2
Physikalisches Praktikum	.	6	.	6
Maschinenzeichnen	.	6	.	.
Maschinenelemente	.	.	3	.
Beschreibende Maschinenlehre	2	.	2	.
Maschinenkonstruiren	.	.	.	6
Chemische Uebungen	.	½ Tag	.	½ Tag
Elemente d. Baukonstruktion, Uebung.	.	6	.	6
Zeichnen und Malen	.	4	.	4
Mechanische Technologie I.	2	.	.	.
Darstellende Geometrie II.	2	2	.	.
Italienisch	.	.	2	.
Französisch (technische Literatur)	2	.	.	.
Dritter Jahreskurs.				
x Wissensch. Grundl. d. Elektrotechnik	2	.	2	.
x Elektrische Beleuchtung	.	.	2	.
Mechanik II.	2	1	2	1
x Elektrotechnische Uebungen	6		6	
Maschinenelemente	2	.	.	.
Maschinenkonstruiren	.	6	.	6
Kraftmaschinen I.				
Arbeitsmaschinen I. (1885/86)	.	.	4	2
Kinematik	2	2	.	.
Elektr. Eisenbahnsignale (1885/86)	1-2	.	.	.
Volkswirthschaftslehre	2	.	2	.
Methode der kleinsten Quadrate	.	.	3	.
Bautechnologie	.	.	3	.
Theorie der Constructionen	3	3	3	3
Französisch	.	.	2	.
Englisch	2	.	.	.
Vierter Jahreskurs.				
x Elektr. Maschinen, Kraftübertragung	2	.	.	.
x Elektrotechnisches Colloquium	1	.	.	.
Prinzipien d. Telegraphie, Telephonie	.	.	2	.
Elektrochemie mit besond. Berücksichtigung der Galvanoplastik und Metallurgie	3		3	
Praktische Telegraphie	1	.	1	.
x Elektrotechnische Uebungen	6		6	
Kraftmaschinen II.	8	6	.	.
Kraftmaschinen I.				
Arbeitsmaschinen I. (1885/86)	.	.	4	2
Kinematik	2	2	.	.
Hochbahnen	.	.	1	.
Elektr. Eisenbahnsignale (1885/86)	1-2	.	.	.
Volkswirthschaftslehre	2	.	2	.
Arbeitsmaschinen II.	.	.	4	2
Eisenbahnbau I.	3	3	.	.
Französisch	.	.	2	.
Englisch	2	.	.	.

80: Studienplan für Elektrotechnik an der technischen Hochschule in Darmstadt für das Studienjahr 1884/85. Aus dem dichtgedrängten Programm wird deutlich, welch hoher Stellenwert dem Maschinenbau, der Mathematik und der Kenntnis fremder Sprachen für die Ausbildung eines künftigen Elektrotechnikers beigemessen wurde. Im Lehrangebot sind die als wünschenswert erachteten Veranstaltungen kursiv gedruckt. Der erste Hochschullehrer für Elektrotechnik, Erasmus Kittler, bot selbst nur die mit x gekennzeichneten Vorlesungen und Übungen an.

sein Programm, und 1886/87 bot er mehrere Vorlesungen an: Allgemeine Elektrotechnik mit Übungen, Theorie und Konstruktion der Dynamomaschinen, Leitungsbau, Elemente einschließlich Akkumulatoren und spezielle Elektrotechnik für Chemiker (Voigt, 1979, S. 330f).

Hatte Stuttgart zunächst nur einen Lehrauftrag erteilt, so richtete man an der TH Darmstadt den ersten elektrotechnischen Lehrstuhl ein. Berufen wurde ein Physiker, Erasmus Kittler (1852–1929), der bei der Münchener Internationalen Elektrizitätsausstellung das Amt des Vizepräsidenten beim Preisgericht versah. Die Stadt Darmstadt unterstützte mit einem Geldbetrag die Einrichtung eines elektrotechnischen Laboratoriums. Als selbständige sechste Abteilung wurde die Elektrotechnische

Schule der Hochschule angegliedert. Durch seine Lehrtätigkeit stieg die Studentenzahl an, und die befürchtete Auflösung der Hochschule, die im Wintersemester 1881/82 nur 137 Studenten zählte, konnte abgewendet werden.

Kittler trat sein Amt am 1.11.1882 an. Im Januar 1883 begannen die Vorlesungen im Rahmen eines vierjährigen Kursus, indem die erste Hälfte der allgemeinen mathematisch-naturwissenschaftlichen Vorbildung gewidmet war und erst im dritten und vierten Jahr eine umfassende theoretische und praktische Ausbildung auf dem gesamten Gebiet der Elektrizität vermittelte. Der Plan für das Studienjahr 1884/85 zeigt ein umfangreiches Angebot, bei dem auch das Sprachstudium nicht fehlte (Abb. 80). Die Kritik in den telegrafischen Fachzeitschriften blieb nicht aus, denn die Telegrafie spielte im Stundenplan nur eine untergeordnete Rolle.

Bildungsgang und Berufsaussichten

1893 (und 1902 in dritter vermehrter Auflage), veröffentlichte Arthur Wilke, Ingenieur für Elektrotechnik, eine Darstellung des Bildungsgangs und der Berufsaussichten des Elektrotechnikers, des Elektrochemikers und der elektrotechnischen Gewerbtreibenden mit dem Titel ‹*Der Elektrotechnische Beruf*›. Wilke versuchte darin, die einzelnen Teile der Elektrotechnik voneinander abzugrenzen und eine Einteilung der mit der Elektrotechnik befaßten Berufe vorzunehmen. Die Elektrotechnik gliederte Wilke in die elektrotechnische Wissenschaft, die sowohl Theorie als auch Anwendung einschloß, und in die elektrotechnische Praxis. Erstere umfaßt die Elektrizitätslehre als Teil der Physik, welche durch Behandlung der elektrischen Erscheinungen die Grundlage der elektrotechnischen Wissenschaft bildet, und die theoretische Elektrotechnik mit den allgemeinen Prinzipien für die einzelnen Gebiete der Elektrotechnik. Zu der Anwendung der elektrotechnischen Wissenschaft zählte Wilke die Lehre von der Erzeugung, Übertragung und Anwendung des elektrischen Stroms. Er bezeichnete sie als ‹Elektrotechnik im engeren Sinne›. Die elektrotechnische Praxis hingegen wendet die Elektrizität an und sorgt für die dazu nötigen Anlagen. Daneben gab es noch die praktische Einteilung in Telegrafen- oder Schwachstromtechnik und in die Starkstromtechnik mit weiteren Unterteilungen.

Anschließend wandte sich Wilke der Frage ‹Was ist ein Elektrotechniker?› zu. Da wohl niemand die ganze Elektrotechnik gründlich verstehen konnte, schränkte Wilke seine Definition des Elektrotechnikers daraufhin ein, ‹dass der Elektrotechniker ein Mann ist, der auf einem Gebiete der Elektrotechnik technisch schaffend thätig ist, wobei sein Schaffen mit geistigem Wissen und Können verbunden sein muß›.

Mit der von ihm vorgenommenen Unterteilung der Elektrotechnik kam Wilke zu den Bezeichnungen ‹Elektriker, Ingenieur für Elektrotechnik oder Elektro-Ingenieur und praktischer Elektrotechniker›. Der Elektriker arbeitet vorwiegend mathematisch und physikalisch und führt elektrische Messungen aus. Der Ingenieur für Elektrotechnik verbindet Theorie und Praxis und leitet die praktische Arbeit nach wissenschaftlichen Erkenntnissen. Der praktische Elektrotechniker fungiert als Zwischenglied zwischen dem Ingenieur und dem Handarbeiter.

Entsprechend sollte sich die Ausbildung gestalten. Für den Elektriker sah Wilke nach seinem Physik- und Mathematikstudium an der Universität ein einjähriges Voluntariat in einer elektrotechnischen Fabrik vor. Die Ausbildung für den Elektroingenieur sollte nach Wilke acht bis neun Jahre dauern: ein Jahr praktische Lehrzeit, vier Jahre Studium, drei bis vier Jahre für Vollendung der Ausbildung in der Praxis. Besondere Betonung legte Wilke auf den Erwerb praktischer Kenntnisse im Maschinenbau. Die Kosten der Ausbildung beliefen sich nach Wilke auf 8500 Mark und einem weiteren Zuschuß für die Anfangsjahre, so daß man mit etwa 10000 Mark rechnen mußte. Die Ausbildung des praktischen Elektrotechnikers sollte in der Praxis oder an einer niederen Lehranstalt geschehen. Neben den eigentlichen Fachkenntnissen forderte Wilke in seinem Idealkatalog noch Sprach- und Geschäftskenntnisse sowie Kenntnisse in der elektrotechnischen Gesetzgebung.

Was erwartete den Ingenieur für Elektrotechnik nach solch einer anstrengenden Ausbildung? Er konnte in die Privatindustrie gehen, zu städtischen Elektrizitätswerken, sich als Unternehmer selbständig machen, als Vertreter tätig werden, den Lehrberuf ergreifen oder als beratender Elektrotechniker für Behörden oder Gesellschaften arbeiten. Für die Tätigkeit in der Industrie gab Wilke das jährliche Einkommen eines vollkommen ausgebildeten Ingenieurs mit 6000 Mark und mehr an, für einen Ingenieur mit beschränkterem Können mit höchstens 4000 Mark. Als 1902 die dritte Auflage seiner Studie erschien – Wilke hatte die Zahlen von früher übernommen –, sah die Lage in der elektrotechnischen Industrie alles andere als rosig aus. Das Anlagengeschäft stagnierte, und viele Firmen wurden liquidiert. Auf eine freie Stelle kamen zwei bis drei Ingenieure.

Die elektrotechnische Industrie

Stürmischer Aufschwung

Nach den Gründerjahren zwischen dem Ende des Deutsch-Französischen Krieges 1871 und dem Jahre 1873, die den Abschluß eines allgemeinen wirtschaftlichen Aufschwungs in Deutschland bildeten, setzte für die Elektroindustrie dennoch eine stürmische Entwicklung ein. Lag zuvor der Schwerpunkt in der Telegrafentechnik, wobei die Aufträge zumeist von staatlichen Stellen stammten, so wurden jetzt mit neuen Produkten neue Abnehmerkreise erschlossen: Beleuchtung, elektrischer Antrieb und elektrochemische Verfahren für die private Industrie und Telefone, Lampen, Zähler und später Haushaltsgeräte für die Einzelhaushalte (Kocka, 1969, S. 201).

Die handwerkliche Fertigung, jeder Telegrafenapparat war anfangs mehr oder weniger ein Einzelstück, mußte durch eine fabrikmäßige Herstellung mit entsprechenden Maschinen abgelöst werden, um den hohen Stückzahlen zu genügen. Bei Siemens & Halske wurde erst 1863 eine Dampfmaschine in Betrieb genommen, und im Frühjahr 1871 stellte man nach amerikanischem Vorbild die ersten Spezialmaschinen wie Fräs-, Bohr- und Hobelmaschinen auf, nachdem der Krieg 1870 einen Mangel an Arbeitskräften verursacht hatte. Mit dem Ausscheiden Halskes aus der Firma, der eher zu einer qualitativ hochstehenden handwerklichen Fertigung neigte, wurde dieser Übergang erleichtert. Werner Siemens schrieb 1872 an seinen Bruder Karl in Rußland:

«Jetzt sind alle davon überzeugt, daß in der Anwendung der amerikanischen Arbeitsmethode unser künftiges Heil liegt und daß wir in diesem Sinne unsere ganze Geschäftsleitung ändern müssen. Nur Massenfabrikation darf künftig unsere Aufgabe sein, darin können wir künftig jedes Bedürfnis befriedigen und jede Konkurrenz überwinden! Um sie zu bekommen, müssen wir allerdings unseren Kunden einen gewissen Zwang auferlegen und ihnen unsere Konstruktionen vorschreiben. (...) Der Fehler ist nur, daß die Herren Ingenieure und Werkstattsvorstände nicht lassen können, selbst zu konstruieren und zu erfinden – geradeso wie die Telegrapheningenieure! Das geht eben nicht. Was man mit Maschinen machen will, muß für die Maschinen konstruiert sein, (...)» (Matschoß, 1916, II, S. 354f).

Neben der Firma Siemens & Halske mit einer alle Zweige der Elektrotechnik umfassenden Produktion gab es um 1875 nur wenige größere elektrotechnische Firmen wie z. B. Felten & Guilleaume in Mülheim/Ruhr (1826 als Seilerei gegründet, Kabel), Gebrüder Naglo in Berlin (1872, zunächst Telegrafie, Signal- und Meßwesen, dann Starkstromanlagen) und Schuckert in Nürnberg (1873, Dynamomaschinen und Scheinwerfer). Daneben waren Spezialfabriken entstanden, so daß 1875 im

Tabelle 5: Betriebe und Beschäftigte der deutschen und der Berliner Elektroindustrie, 1875–1907.

Betriebe/ Beschäftigte Jahr	*1875*	*1882*	*1895*	*1907*
Groß-Berlin (Wirtschaftsgebiet nach 1920)			143/9629	226/47714
Deutsches Reich	88/1296	169/1690	673/18704	1011/91249

Tabelle 6: Berliner Beschäftigte bei Siemens & Halske und der AEG 1880–1895. (Bei AEG einschließlich der Verkaufsbüros außerhalb Berlins).

	Beschäftigte	
	Siemens & Halske	AEG
1880	800	–
1885	1100	–
1890	3350	2000
1895	4070	5100

Tabelle 7: Umsätze der Berliner Werke von Siemens & Halske 1870–1895 und 1896/97. Die Trennung in Schwachstrom- und Starkstromtechnik ist in einigen Bereichen nicht eindeutig.

Zeitraum	Durchschnittlicher Elektroumsatz 1000 Mark	Schwachstrom in %, absolute Zahlen in (..) (Telegrafie, Telefonie*, Meßinstrumente*, Eisenbahnsicherung*)		Starkstrom in %, absolute Zahlen in (..) (Motoren etc., Kabel, Glühlampen*)	
1870/75	1745	95,5	(1666)	4,5	(79)
1875/80	3020	56,3	(1700)	43,6	(317)
1880/85	4540	36,8	(1670)	63,2	(2869)
1885/90	7510	30,3	(2275)	69,7	(5234)
1890/95	12710	18,8	(2389)	81,2	(10321)
1896/97	33490	11,9	(3985)	88,1	(29505)

* Zahlen erst ab 1880/85

Deutschen Reich 88 Betriebe (Schwach- und Starkstromtechnik) mit insgesamt fast 1300 Mitarbeitern existierten (Tabelle 5). 1895 war die Beschäftigtenzahl auf fast das Fünfzehnfache gestiegen.

Das Zentrum der Elektroindustrie bildete Berlin mit den beiden Hauptfirmen Siemens & Halske und später der AEG (Tabelle 6).

In einer Zeitschrift wurde 1884 die Zahl der Arbeiter in diesem Industriezweig auf 1200 für Berlin beziffert, an Bedeutung folgten die Städte Nürnberg, Köln, Magdeburg, Stuttgart, München, Hamburg und Kiel (Elektro-technischer Anzeiger, 1, 1884, S. 2f). Nach diesem Artikel wurden bis Mitte 1884 in deutschen Fabriken gefertigt: mehr als 6000 Dynamomaschinen (davon die Hälfte für den Export; im Vergleich dazu lag die Jahresproduktion bei S & H anfangs unter fünf Maschinen!) und 20000 Bogenlampen mit Zubehör im Gesamtwert von ungefähr 24 Millionen Mark, wobei ein Drittel auf das letzte Jahr entfiel. Die Produktion der ungefähr 600 Telegrafenbauanstalten (davon 50 größere) kann auf etwa 8 Millionen Mark beziffert werden (die Zahl von 600 zeigt im Vergleich mit Tabelle 5 die Schwierigkeiten einer Statistik auf: Je nachdem wie eine Betriebseinheit gefaßt wird, dementsprechend fallen die Zahlen aus). Der Verfasser des genannten Artikels schätzte die Jahresproduktion in der Schwach- und Starkstromtechnik auf etwa 20 bis 22 Millionen Mark.

Einen interessanten Einblick, wie sich die Schwerpunkte von der Schwachstrom- zur Starkstromtechnik hin verschieben, geben die Umsätze der Berliner Werke von Siemens & Halske (Tabelle 7). Zwischen 1870 und 1897 kam es zu einer Umkehrung der Verhältnisse. Absolut gesehen stieg für den Zeitraum der Umsatz in der Schwachstromtechnik auf das Zweieinhalbfache, in der Starkstromtechnik ab 1875 auf das 23fache.

Die Entwicklung der neuen Industrie wirkte sich positiv auf andere Gewerbezweige aus. Der Bau großer Anlagen führte zu einer Beschäftigung in Teilen der Maschinenbauindustrie. Waggons wurden für die elektrischen Straßenbahnen gebraucht, Dampfmaschinen für die Elektrizitätswerke und Werkzeugmaschinen für die elektrotechnischen Fabriken. Der Bedarf an Bergwerks- und Hüttenprodukten wie Kupfer, Blei, Eisen, Kohle und Rohstoffen wie Gummi, Hanf, Jute für Kabel stieg gewaltig (Loewe, 1903, S. 85). Sogar die Gaswerke profitierten von diesem Aufschwung. Das steigende Lichtbedürfnis erhöhte den Absatz, und aus dem bei der Gasherstellung anfallenden Retortenrückstand stellte man Kohle für die Bogenlampen her.

Im Jahr 1895 bestanden 32 Aktiengesellschaften für Elektrotechnik, Elektrizitätswerke usw. mit einem Gesamtkapital von rund 156 Millionen Mark. Fünf Jahre später vervierfachte sich die Zahl der Gesellschaften mit nunmehr fast sechsfachem Kapital. Auf Grund der günstigen Aussichten hatten die Firmen ihre Produktionskapazität gesteigert und sich dem sogenannten Unternehmergeschäft zugewandt. Sie gründeten eigene Finanzierungsgesellschaften, um einerseits ihren Kapitalbedarf zu sichern und andererseits eigene Elektrizitätswerke in gewinnversprechenden Gebieten aufbauen und unterhalten zu können. Damit schufen sie erst die Grundlage für den Absatz ihrer Erzeugnisse (Czada, 1969, S. 43).

In Meyers Großem Konversationslexikon wird unter dem Stichwort ‹Elektrizitätsindustrie› im Jahre 1903 sozusagen die Idealform beschrieben:

«... die Banken wurden [in den 1880er Jahren] Teilhaberinnen der Elektrizitätsindustrie und führten nunmehr in Deutschland ein ganz neues Geschäftsprinzip ein. Hatten vorher die Elektrizitätsfirmen sich für ihre Erzeugnisse Abnahme suchen müssen, so schufen sie jetzt selbst mit Hilfe der verbündeten Bank ihre Abnehmer, und zwar solche in großer Form. Die Elektrizitätsfirma beschaffte sich z. B. die Konzession für eine Straßenbahn und führte sie aus. Darauf gründet sie eine Aktiengesellschaft, an die sie das betriebsfertige Unternehmen verkauft. Die Aktien der Gesellschaft übernimmt die Bank und bringt sie später, wenn die Rentabilität des Unternehmens sichtbar geworden ist, an den Markt, wo sie willige Abnehmer finden. Die Elektrizitätsgesellschaft hat bei dieser Geschäftsform zunächst die Ausführung des großen Unternehmens übertragen erhalten und bleibt überdies dessen dauernder Lieferant. Die Bank hat ein großes geschäftliches Unternehmen mit ihrem Kapital ausgeführt und zieht aus dieser Schaffenstätigkeit entsprechenden Nutzen. Wird dieses Geschäftsprinzip in ehrenhafter Weise angewendet, was man wenigstens für Deutschland behaupten darf, so stellt es einen außerordentlichen wirtschaftlichen Fortschritt dar, und für die deutsche elektrotechnische Industrie hat es bereits die schönsten Erfolge gezeitigt.»

Die Krise um 1900

Anfangs funktionierte dieses System, doch es entstanden bald Elektrizitätswerke an Orten, «an denen es vor dem kaum zu ordentlichem Straßenpflaster gelangt hatte» (Loewe, 1903, S. 120). Kein Wunder, daß viele Elektrizitätswerke und elektrische Bahnen unrentabel waren, was sich aber erst nach ein paar Jahren herausstellte.

Unter den Elektrofirmen entspann sich ein heftiger Konkurrenzkampf. Man unterbot sich gegenseitig, um Aufträge zu sammeln, und täuschte damit eine Scheinblüte vor. Viele Firmen hielten dies nicht lange aus. Einzig Siemens & Halske und die AEG gingen gestärkt aus der Krise um 1900 hervor. Bis zum Ersten Weltkrieg gelang es ihnen, 75 Prozent der deutschen elektrotechnischen Gesamtproduktion auf sich zu vereinen (Czada, 1969, S. 50).

Die Krise der elektrotechnischen Industrie wirkte sich ebenfalls auf die Arbeiter aus. Neben Entlassungen veränderte sich auch die Qualität der Arbeiter. So heißt es in einem Jahresbericht der Königl.-Preußischen Regierungs- und Gewerberäte und Bergbehörden für 1901:

«Es ist eine Zunahme der Arbeiterinnen in den größten elektrotechnischen Anlagen beobachtet, wo sie wegen ihrer billigen Arbeitskraft und ihrer größeren Handfertigkeit für feinere Arbeiten mehr als bisher begehrt werden. So ist die Zahl der im Kabelwerk der Firma Siemens & Halske in Spandau beschäftigten Arbeiterinnen von 25 im Vorjahr auf 290 im Betriebsjahr gestiegen» (Loewe, 1903, S. 136).

In einigen Firmen setzte man gemäß der gesunkenen Nachfrage die Arbeitszeit von 10 auf 8 Stunden bei entsprechenden Lohneinbußen herab, vermied Nachtarbeit und stellte Doppelschichten ein, um Entlassungen möglichst niedrig zu halten.

Ein heftiger Kritiker der Zustände in der elektrotechnischen Industrie schloß 1903 seinen Bericht über die Krise mit folgenden Worten:

«Lassen wir noch einmal das Gesagte am Blicke des Geistes vorüberziehen, so ergibt sich folgendes für die elektrotechnische Industrie seit 1895: Zuerst ein schier uneindämmbares Zuströmen von Gold und in seinem Gefolge ein goldenes Zeitalter für diese Industrie. Dann folgt ein jäher Sturz, eine Krise mit allen Folgen einer unmäßigen Überproduktion, als Folgen Kapitalvernichtung, Hemmung der produktiven Kräfte, Folgen vor allem, die den Arbeiterstand auf das Empfindlichste trafen, denn auch die führenden Betriebe hatten sich dem nicht entziehen können – Aufschwung und Niedergang, notwendig zueinander gehörig. Und doch, wer möchte die Leistungen missen, die wir in so knapper Frist lediglich jenem Eiltempo zu danken haben! Weit in den Landen verschönt das elektrische Licht das Aussehen vieler Gegenden; große und dauernde Verbesserungen im Verkehrswesen kamen; gewaltige Umwälzungen, Gesundheit und Produktivität fördernder Art, in der Betriebsorganisation vieler Industrien wurden bewirkt; insgesamt mit der Bedeutung eines Fortschritts in der Kultur. (...) Auch die Zeit des Tiefstandes wird anregend wirken zur Erschließung neuer Anwendungsgebiete, zur Erweiterung der Erkenntnis und der Beherrschung der vorhandenen. Die ersten Anzeichen für neue Felder der Betätigung dieser Industrie sind schon deutlich zu erkennen. So bereitet sie sich vor zu einer glanzvollen Zukunft» (Loewe, 1903, S. 154f).

Patentwesen

Nach der Reichsgründung wurde erst 1877 ein Patentgesetz erlassen, zu einem Zeitpunkt, als Deutschland den industriellen Vorsprung Englands aufzuholen begann. Vorher war die Patenterteilung Sache der einzelnen Länder. Weil man in Preußen glaubte, daß der Schutz von Erfindungen der Gewerbefreiheit widerspreche und einen Hemmschuh für die im Vergleich zu England zurückgebliebene technische und wirtschaftliche Entwicklung bilde, prüfte man besonders scharf. Erfindungen im Bereich der Elektrotechnik hatten zudem eine geringe Chance, da sie oft nur als Kombination bekannter Bauteile angesehen wurden.

Viele Erfinder suchten daher nicht um eine Patenterteilung im Inland nach. Werner Siemens beklagte sich mehrfach über die preußische Patentgesetzgebung:

«Auch Patente wurden nur in wenigen Fällen genommen. Ein deutsches Patentrecht gab es noch nicht, und in Preußen wurden Patente ziemlich willkürlich auf drei bis fünf Jahre ertheilt, waren also ohne practischen Werth. Es fehlt daher in der Mehrzahl der Fälle den in jener Zeit von uns ausgegangenen Erfindungen und Verbesserungen der Ursprungsstempel durch Publication oder Patentirung» (Siemens, 1892, S. 80f).

«Eine Frage, der ich schon früher besonderes Interesse gewidmet hatte, war die des Patentwesens. Es war mir längst klar geworden, daß eines der größten Hindernisse der freien und selbständigen Entwicklung der deutschen Industrie in der Schutzlosigkeit der Erfindungen lag. Zwar wurden in Preußen sowohl wie auch in den übrigen größeren Staaten Deutschlands Patente auf Erfindungen ertheilt, aber ihre Ertheilung hing ganz von dem Ermessen der Behörde ab und erstreckte sich auf höchstens drei Jahre. Selbst für diese kurze Zeit boten sie nur einen sehr ungenügenden Schutz gegen Nachahmungen, denn es lohnte sich nur selten, in allen Zollvereinsstaaten Patente zu nehmen, und dies war auch schon aus dem Grunde gar nicht angängig, weil jeder Staat seine eigene Prüfung der Erfindung vornahm und manche der kleineren Staaten überhaupt keine Patente ertheilten. Die Folge hiervon war, daß es als ganz selbstverständlich galt, daß Erfinder zunächst in anderen Ländern, namentlich in England, Frankreich und Nordamerika, ihre Erfindungen zu verwerthen suchten. Die junge deutsche Industrie blieb daher ganz auf die Nachahmung der fremden angewiesen und bestärkte dadurch indirect noch die Vorliebe des deutschen Publicums für fremdes Fabrikat, in dem sie nur Nachahmungen und auch diese großentheils unter fremder Flagge auf den Markt brachte.

Ueber die Werthlosigkeit der alten preußischen Patente bestand kein Zweifel; sie wurden in der Regel auch nur nachgesucht, um ein Zeugniß für die gemachte Erfindung zu erhalten» (Siemens, 1892, S. 258f).

Die letzten Äußerungen von Siemens bezogen sich auf die sechziger Jahre des 19. Jahrhunderts in denen die deutsche Industrie in manchen Bereichen den technischen Rückstand aufgeholt hatte. Das neue Patentgesetz, an dem Siemens maßgeblich beteiligt war, sah eine Dauer von höchstens fünfzehn Jahre vor, wobei die Gebühren von Jahr zu Jahr stiegen.

Wie spiegelt sich die Entwicklung der Elektrotechnik in der Patentstatistik wider? Wenn auch Patentanmeldungen sich nur bedingt zur Messung des technischen Fortschritts eignen, so gibt doch ein 1902 erschienener Bericht über die Geschäftstätigkeit des Kaiserlichen Patentamts in Berlin interessante Aufschlüsse.

Die Zahl der Anmeldungen in der Klasse 21 (Elektrotechnik) betrug in den

Jahren:	1877–80,	1881,	1882,	1888,	1889,	1890,	1891,	1895,	1900
Patentanmeldungen:	405	195	335	383	488	510	567	666	1565.

In dem Bericht wurde die Zunahme nach 1881 auf die Ausstellungen in Paris 1881, München 1882 und Wien 1883 zurückgeführt, denen die Erfindungen des Fernsprechers, der Glühlampe und der Differentialbogenlampe vorausgegangen waren. Der plötzliche Aufschwung nach 1889 hing mit der Ablösung des Gleichstroms durch den Drehstrom auf dem Gebiet der elektrischen Kraftübertragung zusammen, die auf der Frankfurter Elektrotechnischen Ausstellung 1891 zum erstenmal erfolgreich ausgeführt wurde. In den folgenden Jahren nach 1891 gab es viele Anmeldungen für elektrische Maschinen, während um 1900 Anmeldungen für Telegrafie und Telefonie sowie für Installationsmittel, bedingt durch die Ausbreitung der Elektrizitätswerke und die Schaffung von Sicherheitsvorschriften, überwogen.

Vergleicht man nun die Zahl der erteilten Patente mit denen der Anmeldungen, so kann man feststellen, daß zwischen 1881 und 1890 im Schnitt auf 100 Anmeldungen 47 Patente kamen, für den Zeitraum von 1891 bis 1900 betrug der Satz nur 33 Prozent. Der Grund lag, so der Bericht, darin, daß mit der günstigen Entwicklung der Industrie eine steigende Zahl von Unberufenen auftauchte, die etwas anmeldete, was die Bezeichnung Erfindung nicht verdiente. Besonders hoch war der Anteil der abgelehnten Patenterteilungen in Bereichen, wie dem Bau von galvanischen Elementen, die Laien leicht zugänglich waren. In Gebieten, wie der elektrischen Meßtechnik, in denen mehr Fachwissen erforderlich war, führten Anmeldungen durch Fachleute viel eher zum Erfolg.

Die Effizienz eines Patents drückt sich in dessen Laufzeit aus, die maximal fünfzehn Jahre betrug. Aus den Jahren 1877 bis 1886 erreichten nur 27 Patente diese Zeit, wobei 15 aus den Jahren 1880, 1881 und 1882 stammten.

Die Bedeutung eines Patents zeigt sich manchmal an den Prozessen, die darum geführt werden. Sehr oft ging es dabei um Sein oder Nichtsein von Firmen wie im Beispiel der Akkumulatorenfabriken. Da das Faure-Patent, das für Akkumulatoren das Auftragen wirksamen Materials auf einen Träger schützte, jahrelang in Deutschland nicht zur Geltung gebracht wurde, hatten zahlreiche Firmen nach diesem Verfahren produziert. Als nun die Accumulatorenfabrik Aktiengesellschaft die Generallizenz erworben hatte, führte sie zahlreiche Prozesse mit den anderen Akkumulatorenfabriken und gewann sie schließlich. Die Folge war, daß die anderen Fabriken lizenzpflichtig wurden oder die Produktion einstellten.

Gewöhnlich verknüpft man bestimmte Erfindungen mit den Namen ihrer Erfinder, doch gelegentlich und in heutiger Zeit immer häufiger mit Firmennamen. Der einzelne Erfinder tritt zurück und wird durch den Ingenieur im Konstruktionsbüro oder durch den Forscher im Labor einer Firma ersetzt. Die Problematik der Diensterfindung ist nicht neu. So kam es 1873 zu Auseinandersetzungen zwischen Siemens und v. Hefner-Alteneck, der sich in seinem Erfinderstolz gekränkt fühlte. Siemens schrieb:

«Sie konnten mit Recht verlangen, nicht in unserer Anstalt wie das Veilchen im Verborgenen zu blühen, sondern auch Ihren Namen in der Welt zur Geltung und Anerkennung zu bringen. Sie werden mir zugeben, daß ich diesem berechtigtem Streben nach Möglichkeit Rechnung getragen habe. Die Schwierigkeit liegt aber auch hier, wie gewöhnlich, in der Grenzfrage. Meine Stellung als Leiter unseres hiesigen Geschäftes gebietet mir, diese Grenze so zu ziehen, daß das Geschäftsinteresse nicht dabei leidet. Bisher habe ich im geschäftlichen Interesse meinen eigenen Namen bei allen Leistungen des Geschäftes stets ganz zurücktreten lassen. Alle Konstruktionen sind als Konstruktionen des Geschäftes in die Welt gegangen, wenn sie auch, bis Herr Frischen [Carl Frischen (1830–1890), Oberingenieur] und Sie in dem selben tätig waren, so ziemlich ohne Ausnahme von mir ausgingen. Und so muß es sein und bleiben, denn wenn in einem Geschäfte, wie dem unsrigen, jeder Mitarbeiter in erster Linie darauf sehen wollte, sich persönlich zu Ehren und Anerkennung, auch den Geschäftskunden gegenüber, zu bringen, so würde der Geist des Sonderinteresses und selbst der Intrigue so wachsen, daß das allgemeine Interesse dabei nicht gedeihen könnte ! (...) Und Sie werden selbst zugeben müssen, daß das Geschäft eigentlich dabei zu kurz kommt, Ihnen ganz die Ehre dieser Erfindungen zu geben. Sie stehen mit Ihrem ganzen Wissen und Können auf der Basis unserer 26jährigen Arbeiten, Kenntnisse und Erfahrungen. Ihnen stehen unser Beirat, unsere experimentativen Einrichtungen, unser Kapital und unsere Werkstätten zur Disposition. Sie haben die Anregung, auf die es hauptsächlich ankommt, durch die verschiedenartigen Anforderungen, die an uns gemacht werden, und sind als Chef unseres Konstruktionsbüros in der Lage und speziell dazu berufen, diesen konstruktiven Anforderungen gerecht zu werden.

Ihre Erfindungen sind daher nur zum Teil Ihr persönliches Verdienst, den größten Anteil daran hat Ihre Stellung» (Heintzenberg, 1951, S. 20).

Siemens bot ihm im selben Brief eine Gewinnbeteiligung von 3 Prozent an, die v. Hefner-Alteneck annahm.

Zum Zeitpunkt des Inkrafttretens der deutschen Patentgesetzgebung im Jahre 1877 verpflichtete Siemens seine technischen Mitarbeiter dazu, nur dann eine auf Grund der dienstlichen Stellung gewonnene Erfindung auf den eigenen Namen anzumelden, wenn dem kein Geschäftsinteresse entgegenstand.

Die Geschichte der Patentgesetzgebung spiegelt die allgemeine industrielle Entwicklung Deutschlands wider. Um die Erfindungen der aufstrebenden, vor allem später der elektrotechnischen und chemischen Industrie zu schützen, wurde die Zurückhaltung zur Patentfrage von staatlicher Seite rasch aufgegeben.

7. Das elektrische System

Die Erzeugung, Verteilung und Anwendung der Elektrizität nahm Ende der achtziger Jahre des 19. Jahrhunderts immer größere Ausmaße an. Das bedeutete zugleich höhere Investitionen, die leicht die wirtschaftlichen Möglichkeiten des einzelnen überstiegen. Als Abhilfe bot sich dafür die Stromerzeugung in einem Elektrizitätswerk an. Waren technische Fehlentscheidungen früher leichter zu verkraften, so wirkten sie sich jetzt beim Bau von Elektrizitätswerken verstärkt aus. In der Kette Erzeugung – Verteilung – Anwendung mußten die Glieder aufeinander abgestimmt werden und untereinander verträglich sein. Die Wahl einer bestimmten Spannung konnte die Verwendung von Geräten beim Verbraucher einschränken, und umgekehrt waren die Wünsche der Verbraucher von Einfluß. Noch stärker erwies sich die Wahl der Stromart auf den Ausbau des elektrischen Systems.

Gleichstrom oder Wechselstrom

Ende der achtziger Jahre des 19. Jahrhunderts sahen die Stadtverwaltungen die Elektrizitätswerke nicht mehr als einen Luxus an, sondern als ein ‹Hilfsmittel zur Förderung der öffentlichen Wohlfahrt›. Einer weiteren Verbreitung der Elektrizität standen, wie bereits ausgeführt, wirtschaftliche und technische Probleme entgegen, die das Versorgungsgebiet einer Zentrale stark beschränkten. Um 1890 entspann sich eine heftige Diskussion darüber, welche Stromart, Gleich- oder Wechselstrom, sich besser für die Verteilung und Anwendung elektrischer Energie eigne. Die Auseinandersetzung spitzte sich immer mehr zu, wobei Befürworter und Gegner der jeweiligen Systeme sich in Fachzeitschriften und in der Öffentlichkeit mit allen Mitteln bekämpften (Abb. 81). Da die ‹eingesessenen› Firmen zumeist die Patente auf dem Gleichstromsektor besaßen, setzten sie sich eher für den Gleichstrom ein, während zahlreiche neugegründete Firmen ihre Hoffnungen auf den Wechselstrom setzten. Die Entscheidung dieser Frage hatte große wirtschaftliche Auswirkungen auf die noch junge Elektroindustrie und für die Städte selbst. Um keine Risiken einzugehen, zögerten viele Kommunen mit dem Bau von Elektrizitätswerken.

Die Hinrichtung vermittelst Elektricität hat nicht stattgefunden.

Nachdem selbst das oberste Appellationsgericht des Staates New York die Rechtmässigkeit des Gesetzes bestätigt, war die erste elektrische Hinrichtung, die des Mörders Kemmler (nebenbei gesagt eines halbblödsinnigen Burschen) im Gefängnisse zu Auburn auf die mit dem 28. April beginnende Woche endgültig festgesetzt worden, und bereits erwartete jeder, vom Vollzuge der Hinrichtung zu hören.

Da, am Dienstag den 29 traf ein gerichtlicher Einhaltsbefehl gegen die Vollstreckung des Urtheils in Auburn ein, mit dem Befehle, den Mörder am 17. Juni dem Richter vorzuführen.

Am Donnerstag d. 1. Mai wurde — zu aller Ueberraschung — von der Assembly ein Gesetzentwurf mit 74 gegen 30 Stimmen angenommen, der die Abschaffung der Todesstrafe erklärte. Dieser Gesetzentwurf ist nun vor dem Senate, und findet er dort Billigung, so ist die Frage nach der elektrischen Hinrichtung endgültig entschieden. — — —

Zum Verständniss dieser Vorgänge muss ich etwas weiter zurückgehen:

Vor längerer Zeit hatte ein Gesetzentwurf die Legislatur des Staates New York passirt, der als Vollzugsart der Todesstrafe die „Hinrichtung mittels Elektricität" festsetzte, ohne etwas näheres darüber zu bestimmen. Es war dies eine Pandoragabe.

Einige sentimale „Menschenfreunde" mochten vielleicht in der That geglaubt haben, durch ein derartiges Gesetz der Humanität einen Dienst zu leisten. Im wesentlichen aber waren es Geschäftsinteressen rivalisirender Elektricitätsgesellschaften, die mit ihren Millionen hinter dem Gesetzentwurfe standen, um dann durch Adoptirung einer speciellen Dynamomaschinentype als Hinrichtungsmaschine ihren unbequemen Konkurrenten unschädlich zu machen, durch Diskreditirung seiner Maschinen als lebensgefährlich. In der That besteht denn auch die elektrische Hinrichtungsanlage in Auburn aus einer — aus dritter Hand angekauften 1000-voltigen Westinghouse-Dynamo, die mit übernormaler Geschwindigkeit betrieben werden sollte, um eine hinreichend hohe Spannung zu geben. Der Delinquent sollte auf einen hölzernen Stuhl festgeschnallt werden, und der Wechselstrom dann durch mit Salzwasser getränkte Schwämme, die auf den Kopf und das Rückgrat applicirt werden, durch den Körper gesandt werden.

Natürlich machten alle anständigeren Elektriker, voran die Westinghouse Co., deren Maschinen diskreditirt werden sollten, alle Anstrengungen, einen derartigen Missbrauch der Elektricität zu Hinrichtungszwecken zu verhindern, und bei der Unbekanntheit der Einwirkungen solcher elektrischer Ströme auf den menschlichen Körper wurde es schliesslich selbst den meisten Befürwortern des Gesetzes unbehaglich zu Muthe.

Dazu kam noch ein anderer Umstand: die Geister, die sie gerufen, wurden sie nicht mehr los: einmal auf die Elektricität als ein tödtliches und sicher tödtendes Agens aufmerksam gemacht, bedurfte es nur des Zusammentreffens einiger weniger Unfälle durch die Lichtleitungen New Yorks, um die öffentliche Meinung — geschürt von gewissen Zeitungen — in einem derartigen Grade aufzuregen, dass sie sich nicht mehr gegen eine einzelne Kompagnie — gegen die man sie gern gerichtet hätte — sondern gegen die gesammte elektrotechnische Industrie richtete und sie aufs schwerste zu schädigen drohte. Die Westinghouse Co. zog sich geschickt aus der Schlinge, indem sie die Bogenlichtbeleuchtung mit niederer Spannung und Serientransformatoren einrichtete, die mit Hochspannungsgleichstrom konkurrirenden Kompagnien aber blieben stecken. — —

Es war somit begreiflich, dass niemand mehr ein Interesse an der Durchführung des elektrischen Hinrichtungsgesetzes hatte. Doch alle Versuche, es zu beseitigen, waren vergebens; der Tag der Exekution bereits angesetzt, die Apparate in Ordnung gebracht.

Noch im letzten Augenblicke gelang es dem Anwalt des Verurtheilten, ihm einen Einhaltsbefehl bis zum Juni zu erwirken, um die Sache vor das Oberbundesgericht der Vereinigten Staaten zu bringen, den Gerichtshof, der die oberste Macht in den Vereinigten Staaten repräsentirt, denn er hat — ähnlich dem Areopag Athens — über die Verfassung zu wachen, darüber zu entscheiden, welche Gesetze ungiltig sind, als der Konstitution der Vereinigten Staaten widersprechend. Dieselbe verbietet nun „grausame und ungewöhnliche Vollstreckungsarten der Todesstrafe", und auf Grund des letzteren scheint der Anwalt eine Ungiltigkeitserklärung des elektrischen Hinrichtungsgesetzes zu erlangen zu hoffen. Wer freilich die Kosten dieser immer wieder erneuten Rettungsversuche und Appellationen zahlt, ist — durchsichtiges — Geheimniss: der selbst von seiner Familie verleugnete Verbrecher hat keinen Cent, und dass sentimentale Menschenfreundlichkeit im Lande des „allmigthy dollar" für derartige Dinge Hunderttausende spendet, glaubt niemand. —

Schon vor Monaten war ein Gesetzentwurf, betreffend Abschaffung der Todesstrafe, in der Assembly des Staates New York eingebracht worden, von General Curtis, einem principiellen Gegner der Todesstrafe (die übrigens hier in den Vereinigten Staaten ziemlich unwirksam ist, denn laut Statistik wurden während der 6 Jahre 1884 bis 1889 von 14 770 Mördern „nur" 558 gesetzlich hingerichtet, 975 aber gelyncht.) Findet dieser Gesetzentwurf auch im Senat Annahme, dann würde die elektrische Hinrichtung eo ipso fortfallen. — — —

Die öffentliche Meinung bezeichnet natürlich vielfach die Millionen der Westinghouse Co. als hinter dem Gesetze stehend; Westinghouse selber dementirt es; wie dies nun auch sein möge: vom Standpunkte des Elektrikers kann es nur mit Freuden begrüsst werden, wenn es der Elektricität erspart bliebe, zum Hinrichtungsmittel degradirt zu werden, vom kommerciellen Standpunkte aber könnte niemand die Westinghouse Co. tadeln, wenn sie ein Gesetz, das Konkurrenzneid geschaffen, um sie zu schädigen, durch ein anderes unwirksam zu machen suchte: vom Standpunkte der Humanität aber könnte man es nur mit Freuden begrüssen, wenn so Geschäftskonkurrenz — Pessimisten würden sagen ausnahmsweise — einmal im Dienste der Humanität wirkte. — — — *Ch. St.*

81: Makabre Hintergründe bei einer Hinrichtung durch elektrischen Strom (1890). Die Auseinandersetzungen zwischen Vertretern von Gleich- und Wechselstrom wurden mit allen Mitteln geführt. Die Elektrizität, um 1800 als Lebenskraft angesehen, war zum Hinrichtungsmittel degradiert worden.

Aufgaben eines Elektrizitätswerks

1888 hielt Richard Rühlmann im Elektrotechnischen Verein in Berlin einen Vortrag über ‹Einige Gesichtspunkte, welche bei der Errichtung von Elektrizitätswerken in Betracht zu ziehen sind› (ETZ, 1888, S. 309 ff). Ausgehend von seiner Definition, nach der ein Elektrizitätswerk ein der öffentlichen Wohlfahrt dienendes Unternehmen sei, welches unter Benutzung öffentlichen Bodens elektrische Energie gegen Entschädigung an jedermann lieferte, formulierte er Bedingungen, denen ein Elektrizitätswerk genügen mußte.

An erster Stelle nannte er die Zuverlässigkeit der Stromversorgung, vergleichbar mit der Wasser- oder Gasversorgung. An zweiter Stelle kam für ihn die Sicherheit für Leben und Eigentum, d. h. eine sichere Handhabung auch für den Nichtfachmann. Eine wichtige Rolle spielte die vielseitige Verwendbarkeit des Stroms, der zudem stets verfügbar sein sollte. Der Stromverbrauch, und damit die Belastung eines Kraftwerks, fiel sehr unterschiedlich aus, je nach Jahres- und Tageszeit sowie nach Zusammensetzung der Abnehmer im jeweiligen Absatzgebiet. Die vom Elektrizitätswerk gelieferte Elektrizität müsse ferner meßbar sein, um die Kosten ermitteln zu können. Trotz des gemeinsamen Anschlusses solle jeder Abnehmer unabhängig von den anderen sein. Als letzten Punkt führte Rühlmann für die gedeihliche Entwicklung eines Elektrizitätswerks an, daß der Preis der elektrischen Energie im Vergleich zu anderen Beleuchtungsarten nicht höher ausfallen dürfe. Vor diesem Hintergrund betrachtete nun Rühlmann die verschiedenen Verteilungssysteme:

Zweileitersystem mit 110 V Gleichstrom;
Dreileitersystem mit 220 bis 250 V Gleichstrom;
hochgespannten Wechselstrom;
hochgespannten Gleichstrom.

Das Zweileitersystem schied wegen der Kosten des Leitungsnetzes und der hohen Verluste für größere Elektrizitätswerke, bei denen die Abnehmer weiter entfernt waren, aus. Mit dem Gleichstrom von niedriger Spannung ließen sich Elektromotoren, Glühlampen, zwei hintereinandergeschaltete Bogenlampen oder eine Reihe von Akkumulatoren versorgen. Günstiger stellte sich das technisch noch leicht zu realisierende Dreileitersystem (Abb. 75).

Die hochgespannten Ströme brachten eine größere Gefahr mit sich, erweiterten aber das Absatzgebiet erheblich. Die Zentralen konnten aus den dichtbebauten Stadtkernen heraus verlegt werden. Der hochgespannte Strom mußte dann allerdings in Unterstationen auf eine geringere Spannung transformiert werden. Bei Wechselströmen geschah dies mit Transformatoren in den Unterstationen oder sogar in den Häusern. Bei Gleichstrom war die Umformung schwieriger. Die ‹Gleichstromtransformatoren› waren Rotationstransformatoren, d. h., der hochgespannte Gleichstrom trieb einen Motor an und dieser wiederum einen Generator, der dann die entsprechende Spannung lieferte. Ausgeführt wurden solche Umformer jedoch nur in Unterstationen und – wegen der erhöhten Wartung – nicht in den Häusern der Abnehmer.

Diesem Nachteil des Gleichstroms standen viel größere des Wechselstroms gegenüber. Es gab keinen geeigneten Wechselstrommotor und keine brauchbaren Wechselstrommeßinstrumente. Ein Aufladen der Akkumulatoren war nur über einen Umformer (Wechselstrommotor – Gleichstromgenerator) möglich.

Bogenlampen für Wechselstrom lieferten weniger Licht als entsprechende Gleichstromlampen (bei Glühlampen gab es keinen Unterschied). Dies lag daran, daß sich durch den ständigen Wechsel der Stromrichtung die beiden Kohlespitzen nicht so stark erhitzten, das Licht aber mit der Temperatur überproportional zunimmt. Ein weiterer gewichtiger Nachteil war bei wenigen Richtungswechseln des Stroms in der Sekunde das Mehrfachsehen. Ein vor einer solchen Lampe bewegter Gegenstand erschien für den Beobachter so, als würde er sich ruckartig bewegen. Deshalb ging man möglichst nicht unter 50 Perioden pro Sekunde (modern 50 Hertz). Wir nutzen heute diesen Effekt bei der Justierung eines Plattenspielers durch eine Stroboskopscheibe aus. Bei richtiger Geschwindigkeit bleiben die von einer Glühlampe beleuchteten Striche der sich drehenden Scheibe stehen.

Der Wirkungsgrad der Transformatoren lag bei Vollbelastung, die naturgemäß nur selten eintrat, bei rund 95 Prozent, sank jedoch bei geringer Belastung auf 80 Prozent.

Nach seinen Ausführungen zog Rühlmann, der im Grunde ein Anhänger des Gleichstroms war, den Schluß, daß je nach räumlicher Verteilung der Abnehmer dem einen oder anderen System der Vorzug zu geben ist.

In der Beurteilung der Systeme nehmen die bereits mehrfach angeführten Transformatoren und Akkumulatoren eine zentrale Rolle ein.

Transformator für Wechselstrom

Mit einem Transformator können niedrige Spannungen von Wechselströmen in hohe Spannungen und umgekehrt umgeformt werden. Das Prinzip findet sich bereits bei dem von Faraday benutzten Eisenring mit zwei Wicklungen. Henry bemerkte 1832, daß beim Unterbrechen des Stroms in der ersten Wicklung eine Spannung in der zweiten induziert wurde, die höher als die Batteriespannung sein konnte. Diese Erscheinung, Selbstinduktion genannt, führte zur Entwicklung von Induktionsapparaten oder Funkeninduktoren. Auf einem Eisenkern war eine Primärwicklung aus dickem Draht und wenigen Windungen und eine Sekundärwicklung aus dünnem Draht und vielen Windungen aufgebracht. Der erfolgreichste Konstrukteur solcher Funkeninduktoren war der in Paris lebende Heinrich Daniel Rühmkorff (1803–1877). Er baute 1851 einen solchen Apparat, der mit sechs Bunsenelementen Funken von über 40 cm Länge erzeugte (Schüler, 1928, S. 5). Je größer die im Eisenkern gespeicherte magnetische Energie ist und je höher die Windungszahl der Sekundärwicklung, desto größer ist der Funken. Bei Wechselstrom entfällt das Ein- und Ausschalten des Stroms, da die Spannung vom Wert 0 zunächst auf den positiven Höchstwert ansteigt, dann wieder auf 0 zurückgeht, den negativen Höchstwert annimmt und schließlich wieder gegen 0 geht.

1877 benutzte Jablotschkow solche Induktionsspulen für seine Kerzen, um damit das Problem der Teilung des Lichts zu lösen. In seiner Patentschrift zeigte er, wie mit nur einem Stromkreis mehrere seiner Kerzen unabhängig voneinander betrieben werden konnten. Die Primärwicklungen der einzelnen Induktionsspulen sind hintereinandergeschaltet, und die Kerzen liegen in der Sekundärwicklung.

Die ersten Versuche, Induktionsspulen für die Kraftübertragung zu nutzen, unternahmen der Franzose Lucien Gaulard und der Engländer John Dixon Gibbs im Jahre 1883 in London und 1884 auf der Turiner Ausstellung. Die Fernleitung hatte eine Länge von 40 km und der Wechselstrom eine Spannung von 2000 Volt. Die Induktionsspulen oder Transformatoren besaßen ein Übersetzungsverhältnis von 1:1, d. h., Primärspannung und Sekundärspannung waren gleich groß. Genau wie bei Jablotschkow waren sie hintereinandergeschaltet. Gaulard und Gibbs verbanden so die Vorteile einer hohen Spannung für die Fernübertragung mit der Möglichkeit, mehrere Bogenlampen durch einen Primärkreis zu speisen. Der Transformator diente also nicht auf Grund verschiedener Wicklungszahlen zur Umwandlung von Spannungen, sondern durch die Hintereinanderschaltung wurde die hohe Spannung passend für die Bogenlampen unterteilt.

Der stabförmige Kern der Transformatoren erforderte wegen der Streuung des Magnetfelds einen hohen Magnetisierungsstrom, der einerseits im Leerlauf die Verluste erhöhte, aber andererseits zur Konstanz des Stroms beitrug. Wurden nämlich bei dieser Art der Schaltung die Bogenlampen an einem Transformator ausgeschaltet, so verringerte sich der Strom in der Primärwicklung und damit im ganzen Stromkreis. Das wiederum beeinflußte alle anderen Transformatoren und damit deren Sekundärspannung. Bei schwankender Belastung mußte ständig der Strom von Hand geregelt werden.

Diese Nachteile überwanden drei junge ungarische Ingenieure der

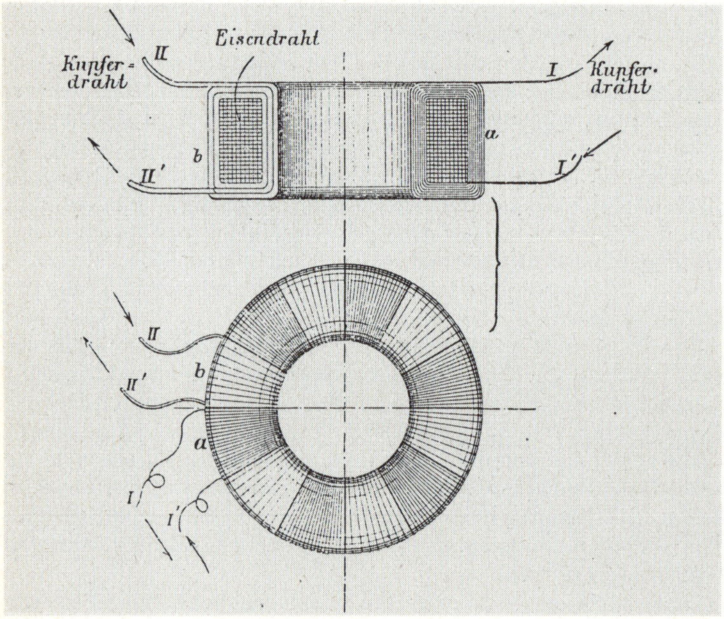
Eisendraht
Kupfer-
draht
II
I
Kupfer-
draht
b
a
II'
I'
II
b
II'
a
I
I'

Firma Ganz & Co. in Budapest, Károly Zipernowsky (1853–1942), Miksa Déri (1854-1938) und Otto Titus Bláthy (1860–1939). 1885 erhielten sie drei deutsche Patente, in denen sie ein Stromverteilungssystem mit parallel geschalteten Transformatoren in neuer Bauweise vorstellten (Abb. 82) und den Ausdruck ‹Transformator› prägten. Durch einen fugenlos geschlossenen Eisenring aus Eisendrähten oder Eisenblechen vermied man die Streuung des Magnetfelds, wodurch die Leerlaufverluste gering waren. Bei konstanter Primärspannung war der Spannungsabfall auf der Sekundärseite unter Belastung vernachlässigbar klein.

Nach einer bereits im Februar 1885 ausgeführten Versuchsanlage in Wien wurde auf der Landesausstellung in Budapest im folgenden Sommer eine Anlage mit über 1000 Glühlampen erfolgreich gezeigt (Schüler, 1928, S. 20). Bis Ende 1887 wurden 24 Anlagen, darunter ein Kraftwerk in Rom, errichtet. 1890 baute die Firma Helios für die Stadt Köln das erste große deutsche Elektrizitätswerk nach diesem System.

Gegen das Wechselstrom-Transformator-System wurde von den Anhängern des Gleichstroms der Akkumulator ins Feld geführt.

Akkumulator für Gleichstrom

Mit den Generatoren, gleichgültig ob magnetelektrische oder Dynamomaschinen, besaß man eine im Vergleich zu den galvanischen oder Primärelementen billige Stromquelle. Ihre Bedeutung wäre noch größer gewesen, wenn man die so gewonnene Elektrizität hätte speichern können, um sie unabhängig vom Zeitpunkt und vom Ort der Erzeugung zur Verfügung zu haben.

Als erstem gelang es Ritter 1803, mit Hilfe seiner Ladungssäule (Kochsalzlösung zwischen Kupferplatten) nach Abschalten der Ladespannung (1,3 V pro Zelle) eine Spannung (0,3 V) zwischen den Kupferplatten zu erzielen. Diese Art von Speicher (Akkumulator oder auch Sekundärelement genannt) war nicht besonders effektiv.

Weitere Metalle, darunter Blei, wurden von anderen Forschern untersucht. Aber erst der Militärarzt Wilhelm Joseph Sinsteden (1803–1891)

◀ 82: Transformatoren der Budapester Frima Ganz & Co. (1885). Ein großer Vorteil des Wechselstroms liegt in der Transformierbarkeit zu höheren oder niederen Spannungen. Bei der oberen Ausführung sind die Primär- und Sekundärwicklungen nach Art eines Grammeschen Rings um einen Kern aus Eisendrähten gewickelt. Im Transformator unten umgeben die Eisendrähte die Kupferwicklungen (Manteltrafo). Bei beiden Ausführungen ist die Eisenarmierung rechtwinklig zu den Kupferdrähten angebracht. Das Verhältnis der Windungszahlen gibt auch das Verhältnis der beiden Spannungen wieder, während sich die Ströme umgekehrt verhalten. Sieht man von den Verlusten ab, so entspricht die Leistung als Produkt von Spannung und Strom auf der Primärseite genau der Leistung auf der Sekundärseite.

bemerkte bei der Messung einer von ihm konstruierten magnetelektrischen Maschine im Jahre 1854 die besondere Eigenschaft des Bleis. Er benutzte das von Faraday erfundene Voltameter. Bei diesem Meßinstrument wird ein Elektrolyt zwischen zwei Elektroden zersetzt, die aufgefangene Gasmenge innerhalb einer bestimmten Zeit dient als Maß für die Stromstärke. Unter anderem verwandte er Bleielektroden in verdünnter Schwefelsäure, und er bemerkte, daß die negative Elektrode bei Stromdurchgang schwammig wurde, während sich die positive mit Bleidioxid überzog. Danach verhielt sich diese Vorrichtung wie ein galvanisches Element, und Sinsteden konnte damit dieselben Effekte erzielen.

Diesen Prototyp des Akkumulators verbesserte seit 1859 der als Chemiker ausgebildete und für die Galvanisieranstalt Christofle in Paris tätige Gaston Planté (1834–1889). Um die Speicherfähigkeit zu vergrößern, rollte er eine dünne Bleiplatte mit einer Zwischenschicht aus Tuch spiralförmig auf. Wiederholtes Auf- und Entladen über Wochen und Monate vergrößerte die wirksame Schicht auf den Bleiplatten.

Dieses langwierige Verfahren (Formierung) verkürzte der in Frankreich und England tätige Chemiker Camille Alphonse Faure (1840–1898) im Jahre 1881, indem er auf einen leitenden Träger, wie Blei, Kupfer oder Kohle, die aktiven Bleiverbindungen aufbrachte. Der Nachteil war, daß die Masse leicht abfiel.

Die Vorteile der Platten von Planté (lange Lebensdauer) und Faure (leichte Formierung) vereinigte kurz darauf der aus einer walisischen Familie stammende, in Luxemburg geborene Henri Owen Tudor (1859 bis 1928). Er studierte in Brüssel eigentlich Bauingenieurwesen, interessierte sich aber für elektrotechnische Fragen. In den Semesterferien 1881 oder 1882 baute er die ersten Akkumulatoren aus zwei sich gegenüberstehenden Bleiplatten mit rillenförmigen Vertiefungen. Nach einer kurzen Formierung füllte er diese mit einer Paste aus Mennige (rotes Bleioxid). Dadurch konnte er die endgültige Formierung erheblich abkürzen.

Kam die Nachfrage nach Akkumulatoren bis 1880 vorwiegend von seiten der Telegrafentechnik, so benötigte man für das kommende Jahrzehnt Akkumulatoren für die elektrischen Beleuchtungsanlagen und für die Elektrizitätswerke. Als Belastungsausgleich nahmen sie die überschüssige elektrische Energie auf, um sie in Zeiten höherer Belastung wieder abzugeben. Solange die Elektrizitätswerke Gleichstrom erzeugten, waren die Akkumulatoren leicht zu laden. Zu einem Zeitpunkt, zu dem der Akkumulator technisch noch nicht ausgereift war, erhielt er einen starken Gegner im Wechselstromsystem.

Im Frühjahr 1888 begannen zuerst vor der englischen Gesellschaft der Telegrafeningenieure und Elektriker die Streitigkeiten, auch ‹Transformatorschlacht› genannt.

Die Situation in Frankfurt um 1890

Die Auseinandersetzungen um die Frage, ob Gleich- oder Wechselstromsystem, strebten um 1890 einem Höhepunkt zu. Die Stadt Frankfurt am Main schrieb 1887 einen Wettbewerb für ein Elektrizitätswerk aus, und wenig später lagen die Offerten der führenden Firmen vor. Von dem ursprünglichen Plan einer konzessionierten Privatgesellschaft wich man zugunsten der Stadt als Träger wieder ab. Bei einer erneuten Ausschreibung 1889 reichten Siemens & Halske, Schuckert und die 1884 in Köln-Ehrenfeld gegründete Helios A. G., die ein Wechselstromsystem vorlegte, ihre Angebote ein. Das Kraftwerk mit einer Leistung von rund 2400 kW sollte in der ersten Ausbaustufe mit 40000 Glühlampen die Neustadt und das Westend (Geschäfts- und exklusives Wohnviertel) versorgen (Die Zweite Industrielle Revolution, 1981, S. 99). Mit der Prüfung wurden der sachkundige und für das Tiefbauamt zuständige Stadtrat William H. Lindley und Professor Kittler, Inhaber des ersten elektrotechnischen Lehrstuhls in Darmstadt, beauftragt. Sie votierten für ein Wechselstromsystem mit dem Vorteil, die Zentrale dabei aus dem Stadtgebiet auslagern zu können. Doch die Mehrheit der Stadtverordneten stimmte, sicher beeinflußt von den den Gleichstrom befürwortenden Firmen, nach heftig geführten Kontroversen nicht zu. Eine neue Kommission wurde eingesetzt, die Versuche durchführte und im November 1889 Bericht erstattete. Auf die entscheidende Frage, welches der Systeme für Frankfurt zu empfehlen wäre, konnte eine bestimmte und vollständig gemeinsame Antwort nicht gegeben werden (ETZ, 1890, S. 132).

In dieser Pattsituation hatte der Politiker und Besitzer der Frankfurter Zeitung Leopold Sonnemann (1831–1909) die Idee einer elektrotechnischen Ausstellung, die bei der Elektrotechnischen Gesellschaft in Frankfurt auf breite Zustimmung stieß. Neben Sonnemann als Präsident wählte man als technischen Leiter der Ausstellung Oskar von Miller, der nach seinem Ausscheiden als Direktor der AEG 1890 ein technisches Büro in München gegründet hatte.

Elektrische Kraftübertragung

Gleichstromübertragung

Oskar von Miller hatte als junger Mann in kurzer Zeit die Internationale Elektrizitätsausstellung 1882 im Glaspalast in München organisiert. Während dieser Ausstellung gelang der erste größere Versuch der Fernübertragung elektrischer Energie in Deutschland. Auf Einladung von Millers richtete Marcel Deprez (1843–1918), Professor und Mitglied der Akademie der Wissenschaften in Paris, eine Gleichstrom-Kraftübertragung von

Miesbach nach München ein. Von den Oberbayerischen Kohlebergwerken wurde eine Dampfmaschine zum Antrieb einer 1,5 PS erfordernden Dynamomaschine, System Gramme, bereitgestellt. Der über eine 57 km lange Telegrafenleitung geführte Gleichstrom mit einer Spannung bis zu 2200 V setzte im Ausstellungsgebäude eine als Motor arbeitende Dynamomaschine gleichen Typs in Bewegung. Die 0,4 PS des Motors waren für die Zentrifugalpumpe eines 2,5 m hohen Wasserfalls gedacht (Offizieller Bericht ... 1. Teil, 1883, S. 101). Der Wirkungsgrad von 22 Prozent war zu gering für eine wirtschaftliche Kraftübertragung, jedoch:

«Für München und Bayern aber war dieser Versuch besonders wichtig, weil er geeignet schien, die unbenützten Wasserkräfte in Bayern nun im Interesse des Landes und der Bevölkerung überall dahin zu übertragen, wo man disponible Arbeitskräfte benötigte» (Miller, 1932, S. 16).

Mit größeren Maschinen und Spannungen von 5000–6000 V erzielte Deprez später auf der Strecke von Paris nach Creil (112 km) einen Wirkungsgrad von 45 Prozent. Die größten Schwierigkeiten bei der Gleichstrom-Kraftübertragung bereiteten wegen der Funkenbildung die Herstellung von Gleichstrommaschinen für höhere Spannungen, weshalb man zur Hintereinanderschaltung von Maschinen mit geringerer Spannung überging.

Auf der am 16. Mai 1891 eröffneten Internationalen Elektrotechnischen Ausstellung in Frankfurt am Main gab es ebenfalls mehrere Versuche der elektrischen Energieübertragung (Abb. 83). Das ‹Glanzstück› bildete die Übertragung von Lauffen am Neckar nach Frankfurt über eine Strecke von etwa 175 km (Allgemeiner Bericht ..., 1893, S. 375 ff).

Das Drehstromsystem

Die Anregung für eine Kraftübertragung mit Wechselstrom im großen Stil ging von v. Miller aus, der die AEG in Berlin und die Maschinenfabrik Oerlikon in der Schweiz dafür gewinnen konnte. Die Planungen und die ersten Vorversuche begannen noch im Jahr 1890. Maßgeblichen Anteil hatten dabei der Chefelektriker der AEG, der aus Rußland stammende Michael von Dolivo-Dobrowolsky (1862–1919) und der Direktor der Maschinenfabrik und Ingenieur Charles Eugène Lancelot Brown (1863 bis 1924), der noch vor Beendigung der Ausstellung im Oktober 1891 zusammen mit seinem Freund Walter Boveri (1865–1924) aus Bamberg die Firma BBC gründen sollte. Für die hohen Spannungen, bis zu 30 000 V, erfand Brown den Öltransformator mit guten Isoliereigenschaften. Von größter Bedeutung erwiesen sich die Arbeiten von v. Dolivo-Dobrowolski, der einer neuen Art von Wechselstrom, dem Drehstrom, zum Durchbruch verhalf.

Im Rückblick schrieb v. Dolivo-Dobrowolsky über die Geschichte der Erfindung des Drehstroms:

83: Verwirrender Traum eines Besuchers der Frankfurter Elektrotechnischen Ausstellung (1891). Auffallend in dieser Karikatur sind die vielen kleinen Teufelchen, die die elektrischen Geräte herbeischleppen. Auf der Brust des Schlafenden, dessen Hände in die Hochspannungsleitung Lauffen–Frankfurt geraten sind, tanzt Pandora. Von Zeus ausgesandt, brachte sie einst den Menschen alles Übel, da Prometheus das Feuer vom Himmel geraubt hatte. Wird sich das mit der Elektrizität wiederholen?

«Die Erfindung des Drehstromes ist nicht die eines Gegenstandes, es handelt sich hier nicht nur um mehrere Arten von Motoren, sondern auch um Konstruktions- und Berechnungsprinzipien; es handelt sich ferner um Schaltungsarten, um Transformatoren und Primärmaschinenanordnungen, also um elektrische ‹Systeme›. Das sind keine einzelnen, unabhängigen Punkte mehr, sondern zusammenhängende Gebiete. Die Einzelerfindungen bei den verschiedenen Erfindern liegen hier zeitlich überlappt in wilder Kreuz- und Querüberlagerung. Und diese Überlagerungen sind nicht einmal jede für sich unverfälscht sichtbar, weil das geschäftliche Interesse verschiedener Firmen sowohl in den Patenten wie in den Zeitschriften naturgemäß stark tendenziöse Färbungen verursacht. Die Prioritätsansprüche können in solchen Fällen nur schwer auseinandergehalten werden. Die Publikationen haben eine chronologische Reihenfolge, die Patente (soweit solche erteilt!) eine andere, während die Vorarbeiten und Versuche wiederum einer ganz anderen Numerierung folgen. Der Historiker kann da nicht klar werden, besonders wenn er nicht nur bestimmte enge, z. B. juristische, Gesichtspunkte im Auge hat. Ferner ist es sehr schwer, die Bewertung einer technischen ‹Priorität›, welche auf dem Grade der Fertigkeit zur sofortigen Anwendung beruht, von derjenigen der moralischen ‹Priorität›, welche den Grad des technischen Bewußtseins oder Verständnisses seitens des Erfinders berücksichtigt, zu trennen. Ich wäre bei diesen angedeuteten Punkten nicht stehengeblieben, wenn nicht gerade in Verbindung mit der Entstehung des Mehrphasensystems so viele Namen, jeder mit gewisser Berechtigung, verknüpft wären. Die kleinste Liste wäre in alphabetischer Reihenfolge: Bradley, Dolivo-Dobrowolsky, Ferraris, Haselwander, Tesla, Wenström. Doch ließe sich dieselbe mit nur mäßigen Anspannungen noch etwa verdoppeln» (ETZ, 1917, S. 343).

Die komplizierte Vorgeschichte, die hier nicht im einzelnen verfolgt werden soll, setzte um 1880 ein (Hillebrand, 1959). Ausgangspunkt für Dolivo-Dobrowolsky waren die Arbeiten zweier Physiker und Elektrotechniker, des Italieners Galileo Ferraris (1847–1897) und des aus Kroatien stammenden und in Amerika lebenden Nikola Tesla (1856–1943). Die Überlegung war, ob man nicht den im Generator erzeugten Wechselstrom, der durch den Kommutator oder Kollektor erst zu einem Gleichstrom umgeformt wird, direkt für einen Motor benutzen könne. An Stelle des einphasigen Wechselstroms, dessen Spannung zwischen einem positiven und einem negativen Höchstwert schwankt, arbeiteten Ferraris und Tesla mit zwei Wechselströmen, deren jeweilige Höchstwerte zeitlich versetzt waren. Erreichte der eine Wechselstrom seinen positiven Höchstwert, so hatte der andere den Wert Null und umgekehrt. Solche um 90° phasenverschobene Ströme lassen sich leicht durch zwei um 90° versetzte Spulen erzeugen, die in einem Magnetfeld gedreht werden und deren Spannungen man über Schleifringe abnimmt oder, wie in Abbildung 84, durch einen sich drehenden Magneten vor 2×2 Spulen.

Wie bekommt man nun wieder eine Drehung? Teslas Motor bestand aus einem Ring mit vier Spulen, von denen die jeweils gegenüberliegenden hintereinandergeschaltet waren. Ist nur das erste Paar stromdurchflossen, so bildet sich das Magnetfeld in einer bestimmten Richtung aus. Fließt der Strom nur durch das zweite Spulenpaar, so ist das neue Magnetfeld zum alten um 90° versetzt. Da die Ströme in den Spulen sich nicht schlagartig ändern, sondern allmählich, überlagern sich die Magnetfelder, und es entsteht ein Drehfeld. Die Wirkung der zwei phasenverschobenen Wechselströme entspricht einem konstanten Magnetfeld, das mechanisch gedreht wird. Ein Eisenstück wird durch das Drehfeld in Rotation versetzt. An Stelle des Eisenankers kann eine Spule treten. Schließt man sie kurz, indem man ihre Enden verbindet, so wird durch das Drehfeld in der Spule ein Strom und damit ein Magnetfeld erzeugt. Ohne Belastung rotiert der Anker immer schneller, bis er nahezu dieselbe Umdrehungszahl des Drehfelds erreicht. Bei gleicher Geschwindigkeit werden aber keine Ströme mehr induziert, da keine relative Bewegung zwischen Anker und Drehfeld besteht. Bei Belastung wird die Geschwindigkeit des Ankers geringer, der Strom wird größer, und das Drehfeld wirkt stärker auf den Anker. Die Geschwindigkeitsunterschiede im Leerlauf und bei

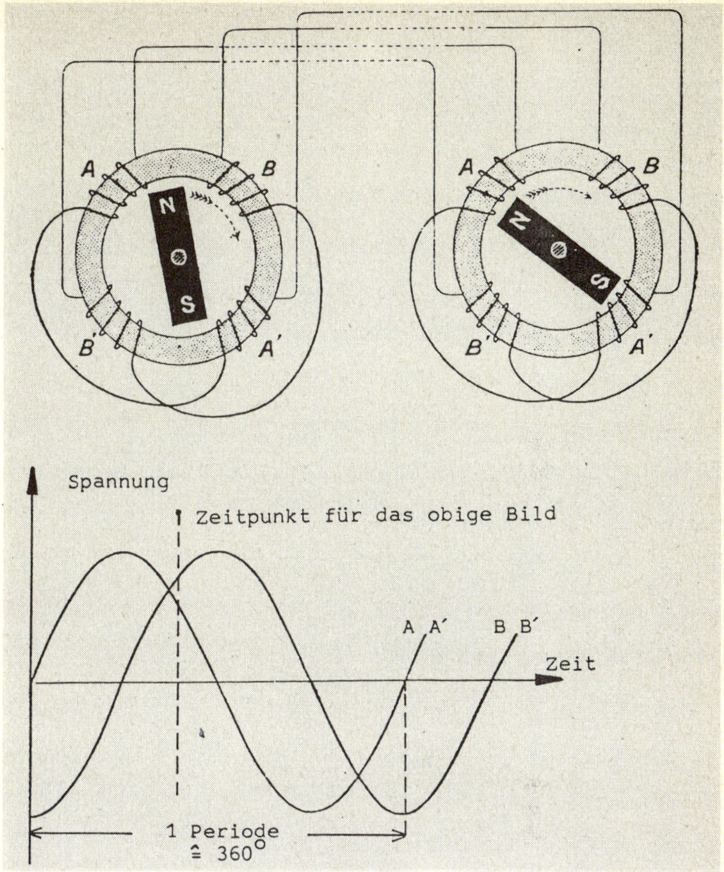

84: Erzeugung eines Drehfelds. Auf dem linken Eisenring sind vier Spulen aufgebracht. Die jeweils gegenüberliegenden Spulen sind so geschaltet, daß sich die durch einen rotierenden Magnetstab hervorgerufenen Spannungen addieren. Da die Spulen B B' zu den Spulen A A' räumlich versetzt sind, sind auch die Spannungen zeitlich voneinander versetzt. Die Spulen des ersten Eisenkerns sind mit denen eines genauso geschalteten zweiten Eisenkerns verbunden. Die Magnetisierung des rechten Eisenkerns folgt dem Spannungsverlauf in den Spulen. Der rechte Magnetstab wird sich ebenfalls drehen.

Belastung sind sehr gering, wobei die Geschwindigkeit des Ankers stets hinter der des Drehfelds zurückbleibt. Dieser sogenannte Schlupf ist wesentlich bei den asynchronen Motoren.

Der wegen seines Funktionsprinzips sogenannte Induktionsmotor von Tesla lief mit Last schwer an, und bei voller Geschwindigkeit nahmen bei

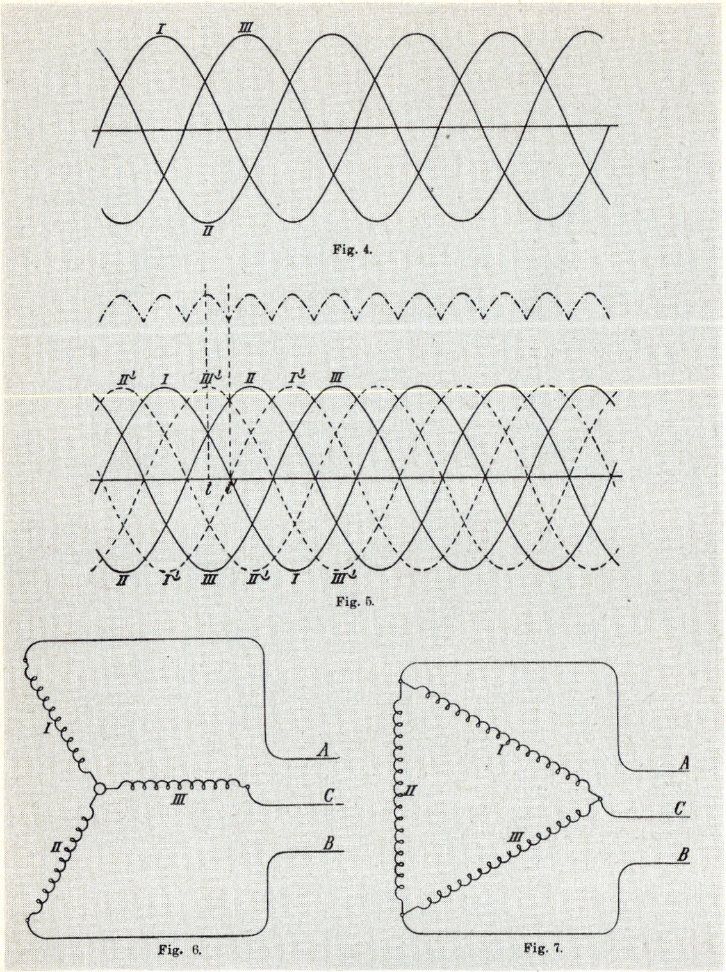

85: Drehstromsystem (1891). V. Dolivo-Dobrowolsky prägte diese Bezeichnung für ein sich drehendes Kraftfeld, das durch drei, in der Phase um 120° versetzte Ströme erzeugt wird. Die Verkettung der Ströme, durch die Leitungen eingespart werden, wurde gleichzeitig und unabhängig auch von anderen erkannt. Links unten: In der Sternschaltung setzt sich die Spannung zwischen den Leitern aus den Spannungen von 2 Wicklungen zusammen. Rechts unten: In der Dreieckschaltung wird der Strom in einer Leitung aus den Strömen von 2 Wicklungen gebildet. Da Spannung bzw. Strom in den einzelnen Wicklungen phasenverschoben sind, beträgt die Summe jeweils nur das $\sqrt{3}$fache.

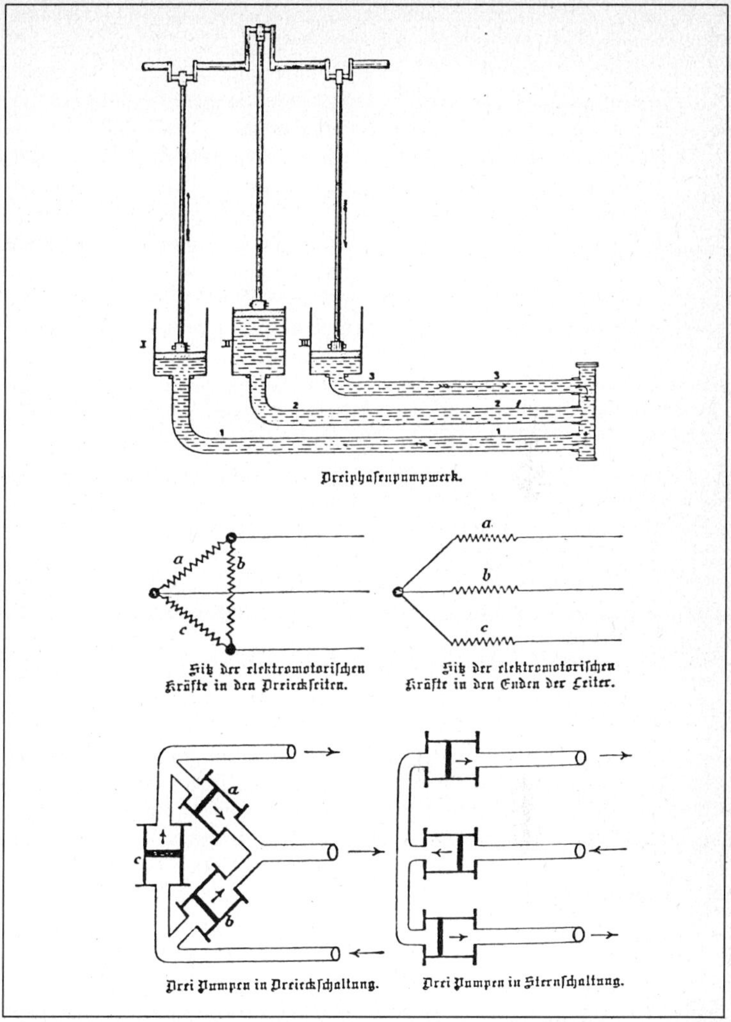

86: Mechanisches Modell für mehrphasige Wechselströme. Für einphasigen Wechselstrom genügt eine Pumpe (Generator), die die Flüssigkeit (Elektrizität) in den Röhren (Leitungen) hin- und herschiebt. Die Bewegung der Flüssigkeit kann dann, etwa durch einen weiteren Kolben (Elektromotor) ausgenutzt werden. Im obigen Modell, das einen dreiphasigen Wechselstrom verkörpert, werden die Kolben von drei gleichen Pumpen auf einer Welle, aber durch drei je um 120 Grad gegeneinander verstellte Krummzapfen angetrieben. Je nach Stellung der Welle wechseln sich die drei Leitungen in ihrer Funktion als Zu- und Rückleitung ab. In der unteren Hälfte sind die Modelle für den Drehstrom in Dreieck- und Sternschaltung, wobei von den Pumpen nur die Zylinder und Kolben gezeichnet sind.

zu großer Last die Drehzahl und die Zugkraft schnell ab. Ein wirtschaftlicher Erfolg des Motors stellte sich nicht ein.

Ein weiterer Nachteil war das stark pulsierende Drehfeld, das durch Überlagerung von nur zwei Strömen entstand. Um diese Pulsation zu vermindern, hätte man die Zahl der Wechselströme, aber damit auch die Zahl der Zuleitungen erhöhen müssen. Tesla benötigte anfangs 2 × 2 Leitungen und bei gemeinsamer Rückleitung nur drei. Von Dolivo-Dobrowolsky zeigte, daß drei, jeweils um 60° versetzte Ströme eine Pulsation von nur rund 15 Prozent im Gegensatz zu 40% bei Tesla ergeben (Abb. 85). Ein solches System beanspruchte für die drei Ströme vier Leitungen und war damit sehr kostspielig. Von Dolivo-Dobrowolsky vergrößerte den Phasenabstand der drei Ströme auf 120°, wobei die Wirkungsweise im Vergleich zur vorherigen Anordnung gleichblieb. Die Summe der Ströme oder Spannungen ist zu jedem Zeitpunkt gleich Null; v. Dolivo-Dobrowolsky leitete bei symmetrischer Belastung daraus zwei Schaltungsarten ab, wobei er die eine Schaltung als die ‹offene› (Sternschaltung) und die andere als ‹geschlossene› (Dreieckschaltung) Verkettung der Ströme bezeichnete. Diese Verkettung, die zu gleicher Zeit und unabhängig voneinander auch von anderen erfunden wurde, reduzierte die Zahl der Leitungen für drei Ströme auf drei, da der in der einen Leitung fließende Strom über die zwei anderen Leitungen zurückfließt (Abb. 86). Diesen Mehrphasenstrom nannte v. Dolivo-Dobrowolsky 1891 ‹Drehstrom› (ETZ, 1891, S. 150).

Ebenso wie der einphasige Wechselstrom ließ sich der Drehstrom transformieren. In der ersten Ausführung v. Dolivo-Dobrowolskys von 1889 hatte der Transformator die Form eines Mercedessterns, dessen Verbindungsstege die Wicklungen trugen. Einfacher in der Herstellung war eine Anordnung aus zwei übereinanderliegenden Eisenringen, die durch drei, die Wicklung tragende Eisenstäbe verbunden waren. Eine weitere Vereinfachung brachte 1891 der Drehstromtransformator mit drei senkrecht nebeneinander stehenden Kernen, deren Enden oben und unten durch ein Eisenjoch überbrückt waren.

Der größte Mangel aller bisherigen Wechselstromsysteme war das Fehlen eines brauchbaren Motors, der mit den Gleichstrommotoren konkurrieren konnte. Von Dolivo-Dobrowolsky gelang die Konstruktion eines an Einfachheit kaum zu übertreffenden Motors. Der Anker bestand aus einem massiven Eisenzylinder mit zahlreichen Bohrungen am Umfang parallel zur Achse, durch die Kupferdrähte gesteckt und jeweils auf beiden Seiten miteinander verbunden wurden (Kurzschlußläufer). Den 24 Kupferstäben gegenüber befanden sich im Ständer nach Art eines Grammeschen Rings 24 Wicklungen, die von phasenverschobenen Strömen durchflossen wurden (Abb. 87). Dabei waren die 1., 4., 7., ... Wicklung, die 2., 5., 8., ... und die 3., 6., 9., ... Wicklung jeweils derselben Phase

87: Drehstrommotor von v. Dolivo-Dobrowolsky (1889). Dieser Motor besticht durch seine Einfachheit: Das Drehfeld in den Feldwicklungen (Mitte) nimmt den Kurzschlußläufer (rechts) mit, der bei der ersten Ausführung nur einen Durchmesser von 7,5 cm hatte. Für größere Motoren wurden, um das Anlassen zu erleichtern, Schleifringläufer benutzt.

zugeordnet und so gewickelt, daß sich die Nord- und Südpole abwechselten (1. Wicklung Nordpol, 4. Wicklung Südpol, 7. Wicklung Nordpol usw., wenig später 2. Wicklung Nordpol, 5. Wicklung Südpol, 8. Wicklung Nordpol usw.) Nord- und Südpole ‹wanderten› durch die Phasenverschiebung über den Kreisumfang und erzeugten ein Drehfeld. Zur Richtungsumkehr wurden zwei Phasen vertauscht.

Der kleine Versuchsmotor besaß einen Anker mit einem Durchmesser von etwa 75 mm bei gleicher Länge. Bei Vollast von etwa $\frac{1}{10}$ bis $\frac{1}{8}$ PS (73 bis 92 W) ergab sich ein Wirkungsgrad von ungefähr 80 Prozent. Ein größerer Motor von 5 PS enttäuschte zunächst beim Anlauf. Der Kurzschlußanker war, wie v. Dolivo-Dobrowolsky sich ausdrückte, ‹zu sehr kurzgeschlossen›, und die hohen induzierten Ankerströme erzeugten ein Feld, das zu stark das ursprüngliche Feld beeinflußte, ja dessen Wirkung sogar beseitigte. Von Dolivo-Dobrowolsky ersetzte daher die kurzgeschlossenen Kupferstäbe durch Wicklungen, deren Enden über Schleifringe zu veränderlichen Widerständen führten. Bei zunächst großen Widerständen lief der Motor kraftvoll an, aber mit großem Schlupf, d. h., der Anker blieb gegenüber dem Drehfeld zurück. Durch Verringern der Anlaßwiderstände erreichte der Motor die volle Drehzahl, die stets geringfügig unterhalb der des Drehfelds liegt. Diese sogenannte synchrone Drehzahl nimmt mit der Frequenz der Spannung zu, aber mit der Anzahl der Pole ab, die von der Bauform und der Schaltung der Wicklung bestimmt ist.

Mit diesen beiden Ausführungen (Käfiganker, Schleifringanker) waren für den Drehstrom brauchbare Motoren vorhanden, die in den Bereichen, in denen keine kontinuierliche Drehzahlveränderung gefordert wurde, durchaus mit den Gleichstrommotoren konkurrieren konnten.

Die Entscheidung: Drehstromübertragung Lauffen–Frankfurt

Von Miller war 1889 zur Versorgung der Stadt Heilbronn der Bau eines Elektrizitätswerks in Lauffen am Neckar übertragen worden. Die dortige Zementfabrik, die über mehr Wasserkraft verfügte, als für den eigenen Verbrauch nötig war, stellte für die beabsichtigte Kraftübertragung eine Turbine von 300 PS bereit (Abb. 88). Die Maschinenfabrik Oerlikon in Zürich unter der Leitung von Brown hatte den Bau des direkt über ein Kegelräderpaar angetriebenen, 9 t schweren Generators übernommen, der drei phasenverschobene Wechselströme mit 50 V Spannung und 1400 A Stromstärke lieferte (Abb. 89). Um Schleifringe für solch hohe Stromstärken zu vermeiden, rotierte statt dessen der durch Gleichstrom erregte Feldmagnet, dessen Nord- und Südpole abwechselnd von beiden Seiten klauenförmig die Magnetisierungsspule aus 300 kg Kupfer umgriffen. Entsprechend den 32 Polen waren im feststehenden Teil als Wicklung 3×32 Stäbe angeordnet, die bei $150\ \text{min}^{-1}$ eine Spannung von 40 Perioden in der Sekunde ergaben.

Über eine Schalttafel mit Strom- und Spannungsmesser sowie Bleisicherungen führten Kupferstangen von je 27 mm Durchmesser zum Öltransformator. Auf der Lauffener Seite wurde die Spannung von 50 V (pro Phase) im Verhältnis 1 : 160 transformiert, mit 8000 V nach Frankfurt übertragen und dort im Verhältnis 123 : 1 in eine Phasenspannung von 65 V umgewandelt, die bei Sternschaltung für den Betrieb von Glühlampen (112 V) ausreichte.

Bereits im Januar 1891 hatten Hochspannungsversuche in einer kleinen Anlage stattgefunden, um die Reichspostverwaltung, die Landes- und Eisenbahnbehörden von Preußen, Hessen, Baden und Württemberg vom Gelingen zu überzeugen und so die Baugenehmigung zu erhalten. Die Leitung führte von Lauffen in Richtung Norden über Heilbronn nach Hanau und dann westlich nach Frankfurt. Für die drei 4 mm starken Kupferdrähte stellte ein Kupferwerk leihweise 60 t Kupferdraht zur Verfügung, hinzu kamen 3200 Stangen und 10000 Isolatoren. Ein gewaltiger Aufwand, der ohne Spenden nicht möglich gewesen wäre. Selbst Kaiser Wilhelm II. bewilligte 10000 Mark aus Reichsmitteln «in Würdigung der an die beabsichtigten Versuche sich knüpfenden national-wirthschaftlichen Interessen» (Allgemeiner Bericht ..., 1893, S. 376).

Zum Nachweis der übertragenen Energie von etwa 200 PS standen in der Ausstellung ein mit 1000 Glühlampen erleuchtetes Hinweisschild und ein Drehstrommotor mit 100 PS zum Antrieb einer Zentrifugalpumpe für einen Wasserfall (Abb. 90). Am 25. August 1891, einen Tag nach Abnahme der Leitung, leuchteten zum erstenmal die Lampen, am 12. Sep-

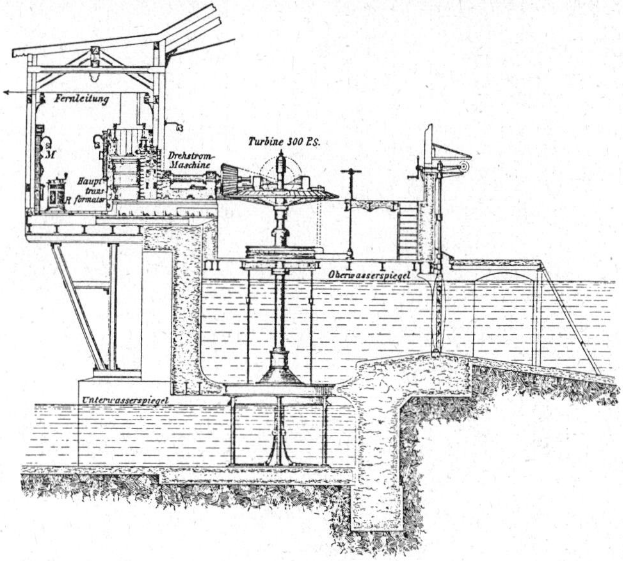

Primärstation Lauffen a. N.

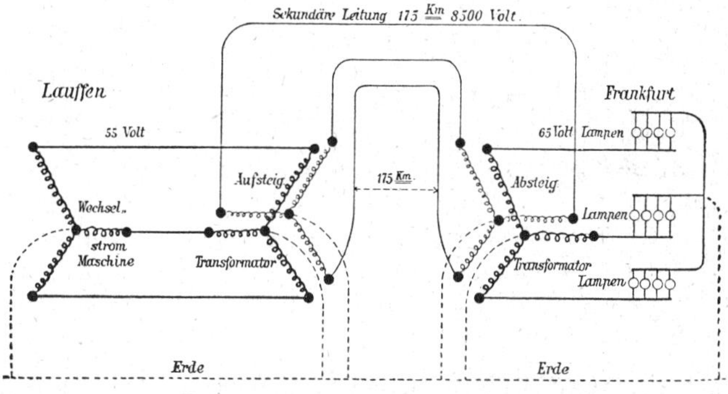

Schaltungsschema der Versuchsanlage Lauffen-Frankfurt a. M.

88: Kraftübertragung Lauffen–Frankfurt (1891). Die Übertragung von Drehstrom über eine Strecke von rund 175 km war das Ereignis der Frankfurter Elektrizitätsausstellung und leitete den Beginn der Drehstromära ein. Oben: Primärstation in Lauffen mit Turbine, Drehstromgenerator, Transformator und Beginn der Fernleitung. Unten: Schaltungsschema der Drehstromübertragung. Die eingetragenen Spannungen gelten für Leitung gegen Erde.

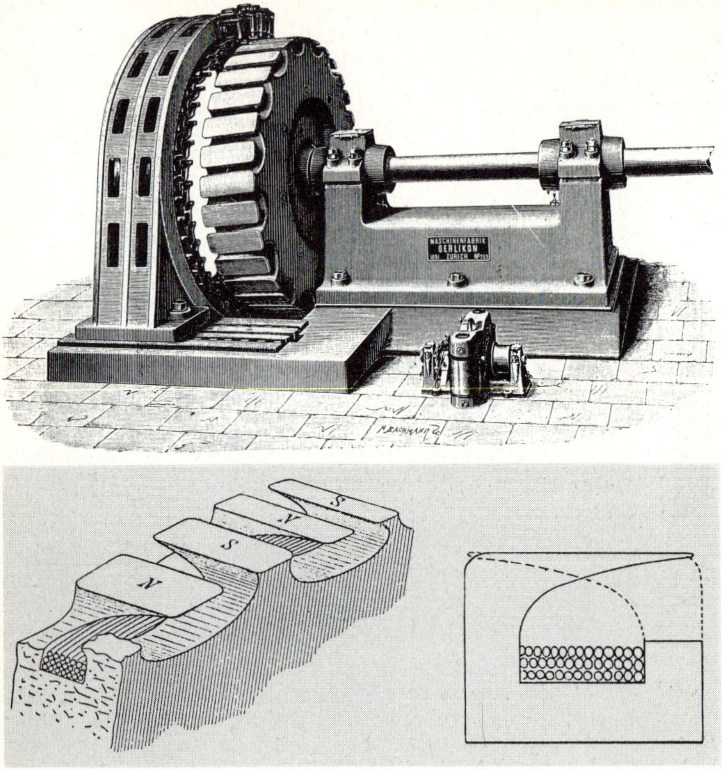

89: Drehstromgenerator der Kraftübertragung Lauffen–Frankfurt (1891). Vor dem Drehstromgenerator (oben), dessen Polrad herausgezogen wurde, steht für die Fremderregung ein kleiner Gleichstromgenerator. Er liefert den Strom für die Spule im Hohlrad (unten).

tember waren Lampen und Wasserfall in Betrieb. In der populären Zeitschrift *Gartenlaube* schrieb ein Berichterstatter:

«Die erste Verwendung des übergeleiteten Stromes bestand darin, daß man Hunderte von Lampen der Ausstellung an die Kraftleitung anschloß. Und siehe da, sie strahlten im hellsten Glanze, ein leuchtendes Sinnbild des Fortschritts, den der menschliche Geist damit zum Licht der Erkenntniß hin gemacht hat.

Eine der hübschesten Zierden der Frankfurter Ausstellung bildet der Wasserfall. Von einer künstlich angelegten, thurmgekrönten Anhöhe stürzt ein malerischer Wasserfall herunter, der allabendlich spielt und, vom Innern her elektrisch beleuchtet, in glänzender Farbenpracht seine Fluthen herniederschickt. Bisher wurde derselbe von einer mächtigen, durch Dampf getriebenen Schleuderpumpe in Bewegung gesetzt, welche das erforderliche Wasser dem Main entnimmt und

90: Stand der Kraftübertragung Lauffen–Frankfurt auf der Frankfurter Elektrizitätsausstellung (1891). Glühlampen und ein Wasserfall (rechts), dessen Wasser durch eine von einem Drehstrommotor angetriebene Pumpe gefördert wurde, zeigen die geglückte Übertragung des Drehstroms an und werben für die zwei beteiligten Firmen.

etwa 10 Meter emporhebt. Diese Arbeit hat man nun auch dem von weither übertragenen elektrischen Strome aufgebürdet. Kräftige Dynamomaschinen sind an die Stelle der Dampfmaschine getreten. So entsteht in der That ein wunderbarer Kreislauf! Der Wasserfall des Neckars, der auf die Lauffener Turbine geleitet wird, hebt auf eine Entfernung von mehreren Tagereisen, in einem Augenblick den weiten Raum überwindend das Mainwasser in die Höhe und zwingt dasselbe, den Lauffener Wasserfall in Frankfurt gleichsam zu wiederholen und aufs Neue hervorzubringen. Das Mittel dazu, die Kraftleitung, besteht aus einigen Kupferdrähten, die so ruhig auf den Telegraphenstangen liegen, als wenn sie die ganze Geschichte überhaupt gar nichts anging» (Die Gartenlaube, 1891, S. 682).

Allen zuvor in der Fachpresse geäußerten pessimistischen Prognosen zum Trotz wurde die Kraftübertragung ein Erfolg. Im offiziellen Bericht der Prüfungskommission heißt es u. a.:

«1. In der Lauffen–Frankfurter Anlage wurden bei einer Übertragungsspannung von 8500 bis 7500 V [rund 15000 bis 13000 V Leiterspannung] bei der kleinsten Leistung 68,5 %, bei der größten Leistung 75,2 % der von der Lauffener Turbine an die Dynamo abgegebenen Energie in den tertiären Leitungen in Frankfurt nutzbar gemacht.
2. Die mit einer Hochspannung von 25000 V (14000 bis 15000 V Spannungsdifferenz gegen Erde) und einer Periodenzahl von 24 in der Sekunde betriebene Ener-

gieübertragung Lauffen–Frankfurt hat bei einer Nutzlast von 180 PS einen Wirkungsgrad von ungefähr 75 % ergeben» (Hillebrand, 1959, S. 456).

Der Zeitpunkt für die Kraftübertragung war gut gewählt. Ende August 1891 trafen sich in Frankfurt Vertreter von fast 150 deutschen Städten, um Fragen aus dem Gebiet der Elektrotechnik zu erörtern. Von Miller stellte auf diesem Städtetag die verschiedenen Systeme vor und kam zu dem Schluß:

«Diese Kraftübertragung liefert den Beweis, dass es nach dem zuletzt beschriebenen Systeme [Wechselstromsystem] möglich ist, nicht nur ganze Städte von einer Centrale aus mit elektrischem Strom zu versorgen, sondern über ganze Provinzen und Länder die Elektricität zu vertheilen und dadurch nicht nur grossen Städten, sondern auch den kleinsten Orten die Vortheile einer grossen Centralanlage zukommen zu lassen (...)

Wenn Sie mich nun, nachdem ich Ihnen alle die verschiedenen Systeme beschrieben habe, fragen, welches ist jetzt das Beste der genannten Systeme, so kann ich Ihnen diese Frage leider nicht allgemein beantworten, denn es giebt kein einzig richtiges System. Es ist bei elektrischen Centralen genau so, wie bei Wasserwerksanlagen, man kann nicht alle Städte am besten mit Quellwasser versorgen und nicht in allen Städten am besten Pumpen einrichten. Es ändert sich das System nach den lokalen Verhältnissen, und diese müssen deshalb in jedem einzelnen Fall genau geprüft werden, bevor man sich über die Wahl des Systems entscheidet» (ETZ, 1891, S. 617).

Dann führte er im Beisein von Vertretern der führenden Elektrofirmen in Versuchen mit Gleich- und Wechselstromanlagen die Vorteile beider Systeme vor:

«Diese Versuche sollen Ihnen beweisen, dass die Elektricität, in welcher Form sie auch den Konsumenten geliefert wird, sich immer dazu eignet, Licht und Kraft in den Städten zu vertheilen. Aber nicht nur diese kleinen Versuche, sondern die ganze Ausstellung hat ja nur den Zweck, allen Schichten der Bevölkerung zu zeigen, in wie mannigfachen Formen die Elektrotechnik zum Wohle der Bürger und zur segensreichen Fortentwickelung der Städte benutzt werden kann. Sie soll vor allem aber auch zeigen, dass die Elektricität jetzt nicht mehr ein Privilegium der grossen, volkreichen Städte ist, sondern dass es möglich ist, dem kleinen Dorf ebenso gut Elektricität zuzuführen, wie der großen Stadt, die Industriebezirke ebenso vortheilhaft mit Elektricität zu versehen, wie die Luxusstrassen (ETZ, 1891, S. 617).

Wer jetzt nach der Frankfurter Elektrizitätsausstellung glaubte, der Siegeszug des Drehstromsystems würde sofort einsetzen, sollte sich irren. Der Frankfurter Magistrat entschied sich im Oktober 1893 für das einphasige Wechselstrom-Transformator-System der neugegründeten Firma Brown, Boveri & Comp. Durch das Wechselstromsystem an Stelle des Gleichstroms konnte die Zentrale außerhalb der städtischen Geschäfts- und Wohnbereiche in die Nähe des Westhafens verlegt werden. Das vereinfachte die Versorgung mit Speisewasser und Kohle und schützte die Innenstadt vor Lärm und Schadstoffen (Die Zweite Industrielle Revolution, 1981, S. 241). Die Kostenverhältnisse des städtischen Elektrizitätswerks, das im Januar 1895 den Betrieb aufgenommen hatte, waren typisch. Die Ausgaben (gerundete Werte in Millionen Mark in Klammern gesetzt) für das Grundstück (0,25), für die baulichen Anlagen (0,48) und für die maschinellen und elektrischen Einrichtungen (0,86) standen im April 1897 zu den Ausgaben für das Kabelnetz einschließlich der Transformatoren (1,62) und für die Elektrizitätszähler (0,14) im Verhältnis 1 : 1. Der Betrag für eine angeschlossene Lampe (entsprechend einer Helligkeit von 16 Normalkerzen) lag 1897 bei rund 50 Mark (Die Elektrotechnik in Frankfurt a. M., 1898, S. 71).

Fortschritt durch Konkurrenz

Gasglühlicht und Metallfadenlampe

Während die Auseinandersetzungen über die Frage, ob Gleich- oder Wechselstrom die Elektrotechniker beschäftigte, waren die Gasfachleute nicht untätig. Mitten hinein in das scheinbar unaufhaltsame Vordringen der Elektrizität platzte die Nachricht von der Erfindung des Gasglühlichts durch den österreichischen Chemiker Carl Auer von Welsbach (1858 bis 1929). Erste Anregungen dazu erhielt dieser bereits während seines Studiums in Heidelberg von seinem Doktorvater Bunsen, der den nach ihm benannten Bunsenbrenner mit einer sehr heißen, aber kaum leuchtenden Flamme konstruierte. Durch seine Beschäftigung mit seltenen Erden (Metalloxide) wußte Auer von Welsbach, daß diese Stoffe, im Bunsenbrenner erhitzt, ein sehr helles, fast weißes Licht abgeben. Im Jahr 1885 nahm er ein Patent auf die Herstellung eines Glühstrumpfes aus einem mit seltenen Erden in feinster Verteilung imprägnierten Baumwollgewebe. Die Fertigung von Glühstrümpfen nahm zunächst einen gewaltigen Aufschwung, konnte doch der Gasverbrauch etwa bei Straßenlampen auf ein Drittel gesenkt werden. Doch zwei Nachteile verhinderten die weitere Ausbreitung: die leichte Zerbrechlichkeit der Leuchtkörper und das kaltgrünliche Licht, das die Gesichtsfarbe unvorteilhaft veränderte. Auer von Welsbach experimentierte daraufhin mit anderen seltenen Erden: Eine Imprägnierflüssigkeit aus 99 Prozent Thoroxid mit 1 Prozent Ceroxid ergab 1891 einen Glühkörper, der bei gleicher Helligkeit den Gasverbrauch auf ein Fünftel reduzierte. Die Folgen für die elektrische Beleuchtung blieben nicht aus:

«In den 44 Städten über 50000 Einwohner, die 1890 über eine öffentliche Beleuchtung verfügten, erhöhte sich der Anteil der elektrischen Bogenlampen von 1895 bis 1905 um nur 240% und stagnierte in einigen Jahren sogar. Der Anteil der Auer-Gasglühlampen erhöhte sich während dieses Zeitraums um etwa 1300%» (Braun, 1980, S.5).

Hinzu kam eine entsprechende Preispolitik der Gasanstalten, die je nach Verwendungsart des Gases, nach Standort und auf Grund der Konkurrenz untereinander die Tarife festsetzten und in manchen Fällen mit Dumpingpreisen den Bau von Elektrizitätswerken verhinderten.

Nun geschah etwas Seltsames. Auer von Welsbach, der seit seiner Jugend eine Vorliebe für das elektrische Licht hatte, wandte sich der Verbesserung des Konkurrenten, dem elektrischen Glühlicht zu. Das Naheliegendste wäre gewesen, Stäbchen aus seltenen Erden durch den elektrischen Strom zum Glühen zu bringen. Darauf beruhte 1897 die Lampe des Physikers Walter Nernst (1864–1941). Zwar sank der Verbrauch an elektrischer Energie auf etwas mehr als die Hälfte im Vergleich zu einer Kohlenfadenlampe, und das Licht war rein weiß, doch benötigte die Lampe eine Vorwärmzeit von ein bis zehn Minuten. Auer von Welsbachs Ziel war, ein schwer schmelzbares Metall zu finden, das in Gestalt eines dünnen Fadens die Hitze ohne Formveränderung aushielt. Solche Metalle aber ließen sich schlecht dünn ausziehen. Auf dem Umweg über eine zähe Paste mit feinem Osmiumpulver gelang ihm die Herstellung eines Fadens, der nach dem Ausglühen aus zusammengesinterten Teilchen des reinen Osmiums bestand. Die ersten sehr zerbrechlichen und nur in senkrechter Stellung zu verwendenden Osmiumlampen kamen 1902 auf den Markt. Da Metall ein besserer Leiter als Kohle ist, es aber nicht gelang, sehr lange Fäden in der Lampe unterzubringen, vertrugen die Osmiumlampen höchstens eine Spannung von 55V. Mit der Osmiumlampe war der Weg vorgezeichnet, und in rascher Folge tauchten weitere Metallfadenlampen auf.

Die Entwicklung der Tantallampe vollzog sich im Glühlampenwerk von Siemens & Halske in Berlin. Nach zwei Jahren Vorbereitungszeit wurden die ersten Tantallampen 1905 geliefert, die, für eine Spannung von 110 bzw. 220V ausgelegt, schnell die Kohlenfadenlampen und die Osmiumlampen verdrängten. Der erst ausgewalzte und dann gezogene Draht hatte bei einem Durchmesser von fünf Hundertstel Millimeter und für eine Spannung von 110V immer noch die Länge von fast 70cm. Um diese Länge im Glaskolben unterzubringen, mußte er zickzackförmig aufgehängt werden (Abb. 91). Die Auer-Gesellschaft, die die Osmiumlampe vertrieb, konterte mit einer Wolframlampe, bei der Wolframfäden nach dem Pasteverfahren Verwendung fanden. Zur Erinnerung an das zuerst verwendete Metall zog man beide Metallnamen zusammen und nannte die Fabrikate Osramlampen. Nach dem Ersten Weltkrieg ging 1919 die

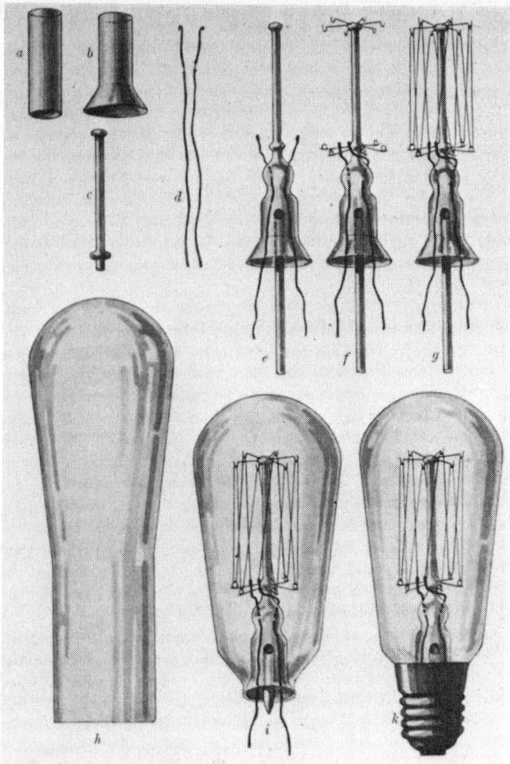

91: Werdegang einer Wolframlampe. Die Metallfadenlampen, wie hier die Wolframlampe von 1905, verdrängten die Kohlefadenlampen, da sie bei gleicher Helligkeit weniger Strom verbrauchten. Oben: Aufbau des Gestells mit Drahthaltern und Bespannung. Unten: Rohkolben, gepumpte Lampe mit Pumpröhrchenspitze im Fuß, gesockelte Lampe.

Bezeichnung Osram auf eine GmbH über, in die Siemens, AEG und die Auer-Gesellschaft ihre Glühlampenfabriken einbrachten.

Hinsichtlich des sparsamen Verbrauchs stand die Wolframlampe an der Spitze aller bis dahin bekannten Glühlampen. Für eine Kerze als Maß für die Helligkeit standen der Verbrauch in Watt bei der Wolfram-, Tantal-, Osmium- und Kohlenfadenlampe im Verhältnis 1:1,7:2:3,5. Die Wolframlampe konnte für alle gangbaren Betriebsspannungen bis zu 250 V gebaut werden, und selbst nach 2000 Brennstunden ließ die Lichtstärke meist noch nicht einmal um 25 Prozent nach.

Elektromotor und andere Antriebe

Hatte die elektrische Beleuchtung ihre Gegner im Gaslicht und Petroleumlicht, so mußte sich der elektrische Antrieb gegen Dampfmaschine, Heißluft- und Gasmotor durchsetzen. Hinzu gesellten sich um 1890 zwei weitere ernst zu nehmende Gegner: Druckluft- und Druckwassermotor. Letzterer ließ sich wirtschaftlich nur dort einsetzen, wo die Wasserversorgung mit hohen Drücken arbeitete, was selten vorkam. Gefährlicher wurde das Druckluftsystem, für das sich angesehene Hochschullehrer einsetzten. Für Paris und verschiedene deutsche Städte schlug man Druckluftzentralen vor. Wer unbedingt elektrisches Licht wünschte, konnte ja Generatoren mit Druckluftmotoren betreiben. Kein Wunder, daß sich die Elektrotechniker geschlossen gegen solche Vorschläge wandten.

Denn aus der kleinen Versuchsmaschine von Werner v. Siemens aus dem Jahre 1866 hatten sich infolge der Anwendung des dynamoelektrischen Prinzips auf den Ringanker durch Gramme und der Erfindung des Trommelankers von v. Hefner-Alteneck brauchbare Generatoren und Motoren entwickelt. Die Vielfalt der Formen beim Bau der Dynamos (s. Abb. 79) zeigte die Unsicherheiten bei der Konstruktion: Erfahrung und ständiges Probieren ersetzten die noch fehlenden Theorien über die Vorgänge in den Maschinen. Solange es sich um kleine Ausführungen unter 15 PS handelte, waren die Beanspruchungen und die Auswirkungen von Konstruktionsfehlern gering. Das Bürstenfeuer bei der Kommutierung wurde als ein gutes Zeichen angesehen, ‹Maschine funkt gut› hieß es dann. Denn bei Last veränderte sich durch den steigenden Ankerstrom das Magnetfeld, und die Stromwendung erfolgte nicht mehr in der neutralen Zone. Ein Verstellen der Bürsten entsprechend der Größe des Ankerstroms erwies sich im Betrieb als umständlich. Eine elegante Lösung, die sich nach 1900 erst durchsetzte, schlugen Menges 1884 mit einer Kompensationswicklung in den Polschuhen und Rotten 1885 mit Wendepolen zwischen den eigentlichen Polen vor. Beide Wicklungen waren vom Ankerstrom durchflossen, und die entstehenden, lastabhängigen Magnetfelder sollten bei richtiger Dimensionierung die sogenannte Ankerrückwirkung aufheben. In dieser Zeit wurden auch die Kohlebürsten an Stelle der kupfernen Bürsten für die Kommutierung eingeführt.

Mitte der achtziger Jahre des 19. Jahrhunderts wandten sich Physiker und Elektrotechniker verstärkt den theoretischen Grundlagen der Dynamomaschinen zu. Die Maxwellsche Theorie wurde in die Sprache des Ingenieurs übersetzt, und mit ihrer Hilfe stellten in England Gisbert Kapp (1852–1928) und John Hopkinson (1849–1898) die Beziehungen für den magnetischen Kreis in einer Maschine auf – ähnlich wie Ohm dies für den Stromkreis getan hatte. Gleichzeitig lernte man die Eigenschaften der

92: Die Spannweite im Elektromaschinenbau: Gleichstromgenerator mit Dreizylinderdampfmaschine von 500 PS und Gleichstrommotor von 1/10 PS (1891). Während in den Elektrizitätswerken die Generatoren immer größer wurden, mußten für die Kleinabnehmer Motoren mit geringer Leistung geschaffen werden. Bei dem Innenpolgenerator für 330 kW bei 150 V liegen die Pole innen, und die Spannung wird auf dem äußeren Durchmesser von 3 m abgegriffen. Die Geschwindigkeit liegt bei 63 min^{-1}. Der kleine zweipolige Motor (rechts oben) mit einem Gewicht von 8 kg läuft mit 2500 min^{-1} um.

Materialien, vor allem der Eisenbleche, besser kennen und auszunutzen. Die Maschinen wurden leichter, man sparte Kupfer ein, und damit sanken Preis und Gewicht der Maschinen.

Durch die größeren Stückzahlen setzte eine Typisierung der Maschinen ein, je nachdem für welchen Zweck oder welche Leistung sie vorgesehen waren. So gab es in den Elektrizitätswerken die großen Generatoren, deren Leistungen zum Beispiel in den Berliner Werken vom Edison-Generator mit 41 kW im Jahr 1885 über eine Innenpolmaschine von Siemens & Halske 1889 mit 364 kW bis zu einem Gleichstromgenerator von der AEG auf 1100 kW im Jahre 1900 kontinuierlich anstieg (Abb. 92). Dafür reichten in Berlin die stehenden Kolbendampfmaschinen nicht mehr aus. Sie wurden um 1900 von liegenden Kolbendampfmaschinen abgelöst, bis kurz nach 1900 Dampfturbinen mit größeren Leistungen Eingang fanden. Im Gegensatz zu den riesigen Generatoren gab es Motoren bis hinunter zu 0,1 PS, also unter 0,1 kW.

Mit dem Angebot der elektrotechnischen Industrie an Generatoren und des Maschinenbaus an dazu passenden Dampfmaschinen und Turbinen waren die Betreiber von Elektrizitätswerken in der Lage, Strom in ausreichendem Maß zur Verfügung zu stellen. Um den Absatz des Stroms bemühten sich ebenfalls die elektrotechnischen Firmen. Zum Teil kamen sie dem Bedürfnis der potentiellen Stromabnehmer entgegen, wie bei der Beleuchtung, zum Teil aber propagierten sie den Verbrauch von Elektrizität, wie im Fall des elektromotorischen Antriebs. In beiden Fällen, sieht man einmal von den Einzelanlagen für größere Selbstversorger ab, war der Bau von Elektrizitätswerken die Voraussetzung.

Die Grundlage der Elektrifizierung: Elektrizitätswerke

Seit 1895 erschien zunächst jährlich, dann alle zwei Jahre eine Statistik der Elektrizitätswerke in Deutschland. Darin spiegelt sich die zunehmende Elektrifizierung wider, die hier bis zum Ersten Weltkrieg verfolgt werden soll. Mit unermüdlichem Eifer sammelte der Generalsekretär des Verbandes Deutscher Elektrotechniker, Georg Dettmar, die Daten von 180 Elektrizitätswerken im Jahre 1895 bis hin zu rund 4100 Werken 1913. Erfaßt wurden

«nur solche Stromerzeugungs-Anlagen ..., welche unter Benutzung öffentlicher Straßen und Wege zur Verlegung der Leitungen entweder ganze Ortschaften oder größere Teile solcher mit elektrischem Strom für Licht- und Kraftzwecke versorgen oder anderen öffentlichen Zwecken dienen» (ETZ, 1907, S. 355).

Werke einer Gesellschaft, die in einem Ort lagen oder ein und denselben Ort versorgten, wurden als ein Werk gezählt, wie zum Beispiel die Berliner Elektrizitätswerke. Nicht alle Werke füllten die zugesandten Fragebogen vollständig aus. Manche hatten kein technisch soweit geschultes Personal, daß es die Berechnungen hätte durchführen können. Da es zumeist kleinere Werke waren, verändern deren fehlende Werte die Statistik nicht wesentlich (Tabelle 8). Eine ‹Historische Energiestatistik›, die über die Arbeit von Dettmar hinausgeht, steht noch aus, auch wenn neuerdings Ansätze für Teile des früheren Reichsgebietes vorliegen (Ott u. a., 1981).

In der Spalte 1 steht das Jahr, wobei zumeist der 1. April der Stichtag ist. Die Zahl der erfaßten Elektrizitätswerke in Spalte 2 liegt anfangs etwa 10 bis 20 Prozent, später etwa 5 Prozent unter dem tatsächlichen Wert. Die geringere Zunahme zwischen 1902 und 1904 ist auf die Krise in der elektrotechnischen Industrie um 1900 zurückzuführen. Die Elektrizitäts-

Tabelle 8: Elektrizitätswerke in Deutschland 1888–1913: System, Leistung, Anschlußwert. (Es sind nicht alle Werke erfaßt).

	Elektrizitätswerke und verwendete Systeme					Bereitgestellte Leistung nach Stromarten getrennt				Anschlußwerte für Beleuchtung und Antrieb					
Jahr	Anzahl der Elektrizitätswerke	Gleichstromwerke	Wechselstromwerke	Drehstromwerke	Kombination von Gleich- und Wechsel-/Drehstrom	installierte Leistung (MW) (Maschinen und Akkumulatoren)	Gleichstromleistung (MW)	Wechsel-/Drehstromleistung bzw. Summe (MW)	Gleich- und Wechsel-/Drehstromleistung (MW)	Anschlußleistung (MW)	angeschlossene Glühlampen in Tausend (50-Watt-Lampen)	Leistung d. angeschlossenen Glühlampen (MW)	angeschlossene Bogenlampen in Tausend (10-Ampere-Lampen)	Leistung der angeschlossenen Bogenlampen (MW)	Leistung der angeschlossenen stationären Elektro-/Bahnmotoren (MW)
1	2	3	4	5	6	7	8	9	10	11	12	13	14	15	16
1888 :	16														
1891 :	50														
1894 :	139														
1895 :	*180*	120	15	8	5	*39*	31	7	1	*35*	493	24	12	6	5
1897 :	*265*					*78*	54	19	5						
1898 :	*375*	303	29	23	20	*111*	*70*	*15/14*	12	*120*	1 429	71	33	16	32
1899 :	*489*					*168*	93	48	27						
1901 :	*768*	624	44	47	53	*352*	173	69	110	*330*	3 403	170	64	32	127
1902 :	*870*					*439*	215	108	116						
1903 :	*939*	766	45	61	67	*482*	257	114	111	*496*	5 050	252	93	46	197
1904 :	*1028*	843	41	65	15/64	*531*	*247*	*38/72*	*9/164*	*576*	5 687	284	110	55	237
1905 :	*1175*	973	43	77	16/66	*625*	316	39/89	181	*655*	6 301	315	121	61	279
1906 :	*1338*	1080	37	96	20/101	*723*	253	24/132	313						
1907 :	*1530*	1217	41	129	19/116	*859*	243	180	436	*1100*	9 736	487	178	89	524
1909 :	*1978*	1543	47	183	205	*1162*	363	207	592	*1873*	12 808	640	234	129	807/258
1911 :	*2526*	1771	57	345	104	*1466*	353	461	652	*2478*	16 209	810	245	135	$1083^{+}/376$
1913 :	*4040**	1880	37	808	278	*2096*#	287	30/833	946	*3725*	24 554	1 227	232	116	$1643^{+}/417$

* Angaben über verwendete Systeme nur von 3003 Werken bekannt.
# Angaben über Leistung von rund 2700 Werken nicht bekannt. Zum Vergleich: In Berlin (West) waren bei der BEWAG im Geschäftsjahr 1982/83 2251 Megawatt an Leistung installiert.
+ 1911: 285 Tausend stationäre Elektromotoren, 1913: 504 Tsd.

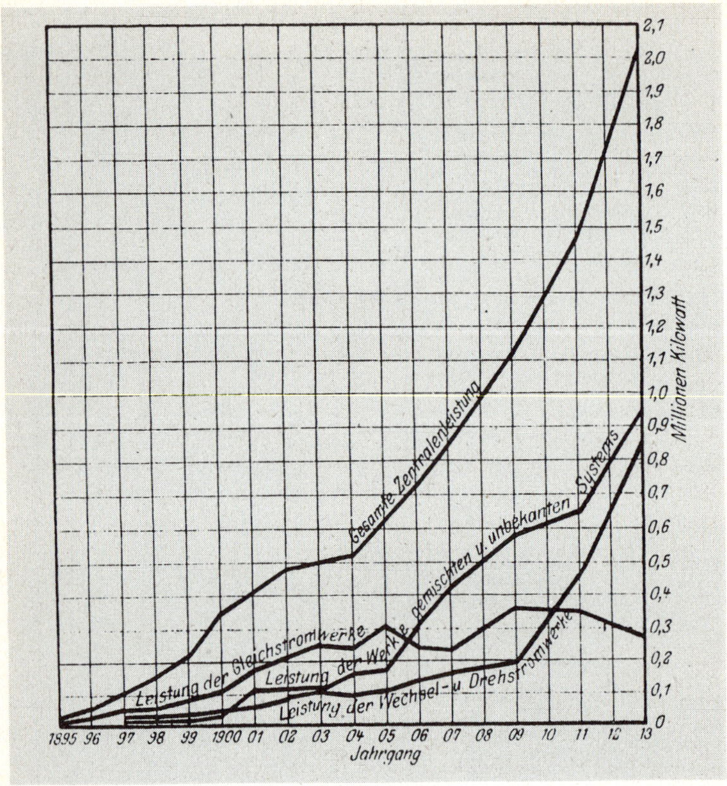

93: Gesamte installierte Leistung der Elektrizitätswerke (Zentralen) in Deutschland und Aufteilung nach Stromart (1895–1913). Da nicht alle Zentralen erfaßt sind, geben diese Kurven nur die Tendenz an. Am Beispiel der Drehstromwerke wird deutlich, welch großer Zeitraum zwischen der ersten erfolgreichen technischen Lösung eines Problems (Drehstromübertragung 1891) und seiner größeren Verbreitung (um 1909) liegen kann.

werke versorgten innerhalb der letzten Jahre der Tabelle etwa doppelt so viele Orte mit Strom, als ihrer Zahl entspricht (‹Überlandwerke›). In den Spalten 3 bis 6 werden die verwendeten Systeme angegeben, soweit sie bekannt sind. Rein zahlenmäßig überwiegen die reinen Gleichstromwerke. Spalte 4 zeigt, daß die ein- und zweiphasigen Wechselstromsysteme stagnieren. Die Vergrößerung der Versorgungsgebiete führte zu einer starken Verbreitung des Drehstroms. In Spalte 6 sind die Kombinationen angeführt, wobei die Verbindung mit dem Wechselstrom weniger häufig ist als die mit Drehstrom.

Die genannten Zahlen geben nur bedingt Auskunft über die Verbreitung einer bestimmten Stromart. Aufschlußreicher erweist sich hier ein Vergleich der bereitgestellten Leistung in den Kraftwerken (Abb. 93). In Spalte 7 der Tabelle 8 ist die installierte Leistung in MW aufgelistet. Unberücksichtigt bleibt dabei die Größenordnung der einzelnen Werke. Der Prozentsatz der Werke mit einer Gesamtleistung von 0,1 MW liegt zwischen 1895 und 1913 bei etwa 50 Prozent. Andererseits stellen für das Jahr 1913 103 Elektrizitätswerke, die eine größere Leistung als 5 MW besitzen (50 sogar mehr als 10 MW), rund 40 Prozent der Gesamtleistung. Das Spektrum reicht also hier sehr weit, von der Versorgung einer kleinen Ortschaft bis hin zur Großstadt. Zwar liegen die Gleichstromwerke zahlenmäßig an der Spitze, doch was ihre Position bei der installierten Leistung anbelangt, so werden sie doch allmählich von den Drehstromwerken überflügelt.

Die große Sorge der Elektrizitätswerke in den Anfangsjahren war das unausgewogene Verhältnis von installierter Leistung zur Anschlußleistung oder mit anderen Worten: Die Werke waren nicht genügend ausgelastet (Abb. 94). In Spalte 11 der Tabelle 8 ist die gesamte Anschlußleistung aufgeführt, die sich aus der Leistung der Glühlampen, Bogenlampen und

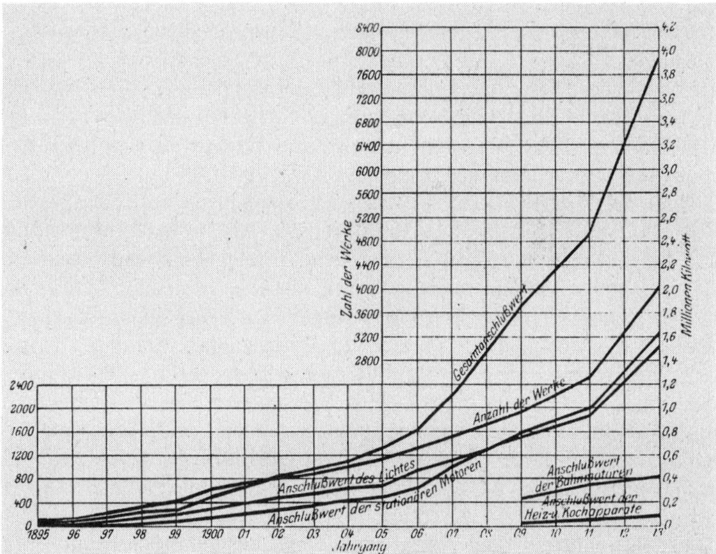

94: Anschlußwerte der Elektrizitätswerke in Deutschland und Aufteilung nach Verbrauchern (1895–1913). Der Anteil der angeschlossenen Lichtleistung, der zu Beginn mit dem Gesamtanschlußwert nahezu identisch war, geht immer mehr zugunsten der Elektromotoren zurück.

Elektromotoren einschließlich der Bahnmotoren zusammensetzt. Elektrische Hausgeräte (Kochen und Heizen) fallen für diese Zeit nicht ins Gewicht. Von 1895 bis 1913, in noch nicht einmal 20 Jahren, verhundertfacht sich die Anschlußleistung, während die Zahl der Elektrizitätswerke sich nur verzwanzigfacht. Die Zahlen in der Spalte 12 multipliziert mit 1000 ergeben nicht die Gesamtzahl der angeschlossenen Glühlampen. Die wirklichen Glühlampen wurden auf eine genormte Glühlampe von 50 W umgerechnet. In der Anfangszeit der Statistik entsprach dies ungefähr einer normalen Kohlefadenlampe, doch später genügten für die gleiche Helligkeit Metallfadenlampen mit einer geringeren Wattzahl. Ähnliches gilt in Spalte 14 für die angeschlossenen Bogenlampen, die auf eine 10-A-Lampe bezogen wurden. Dadurch ergeben sich auch gleiche Verhältnisse für die Leistungen in den Spalten 13 und 15 (20 Glühlampen = 1 kW, eine Bogenlampe bei einer Spannung von 50 V = 0,5 kW). Die Zahl der Glühlampen geht schon fast ins Astronomische, während die Zahl der Bogenlampen 1911 ihren Höhepunkt überschreitet. Die Leistung der angeschlossenen Motoren in Spalte 16 nimmt sich anfangs sehr bescheiden aus, übertrifft jedoch nach 1907 die Werte für die Beleuchtung.

Die grobe Übersicht verschleiert zu leicht die Vielfalt der Ausführungen und das Individuelle eines jeden Elektrizitätswerks. In den Statistiken, die anfangs in der *Elektrotechnischen Zeitschrift* abgedruckt wurden, wird jedes Elektrizitätswerk einzeln aufgeführt. So kann man etwas über die Größe der Spannung erfahren. Für Licht waren die häufigsten Spannungen 220, 110 und 120 V, für Kraft 220, 440, 110 und 380 V. Für die Übertragung von Elektrizität in Form von Drehstrom waren am gebräuchlichsten Spannungen von 5000, 3000, 10000 und 15000 V.

Noch zahlreicher als die verwendeten Spannungen waren die Tarife, weshalb es auch hieß: so viele Direktoren, so viele Tarife und Rabattskalen. Beim einfachsten Tarif, dem Pauschaltarif, legte man die installierte Leistung zugrunde und sparte so den Zähler, benachteiligte dafür aber den sparsamen Verbraucher. Die Berliner Werke begannen mit einem Zählertarif, bei dem der Edisonsche Elektrolytzähler die Lampenbrennstunde maß. Er wurde bald von anderen Ausführungen abgelöst (Stumpner, 1928). Man gab Rabatte je nach Konsum, um den Mehrverbrauch anzukurbeln, oder nach Benutzungsdauer, um die Anlagen gleichmäßiger auszulasten. Doch vermehrter Lichtabsatz führte nur dazu, die Belastungsspitzen in den Morgen- und Abendstunden zu erhöhen. Für die schwach belasteten Tagesstunden bot man einen verbilligten Krafttarif für Elektromotoren und später für das Heizen und Kochen an. Viele Elektrizitätswerke nahmen eine feste, zum Teil nach der Zimmerzahl bestimmte Grundtaxe, zu der noch die Stromverbrauchskosten kamen (Gebührentarif).

Großabnehmer erhielten den Strom zu einem Preis, der weit unter dem für Haushalte lag. Damit schuf man für die Fabriken den Anreiz, auf eigene Anlagen zu verzichten. Die Einbeziehung lag wegen der Belastung am Tag im Interesse der Werke. In diesem Zusammenhang muß darauf hingewiesen werden, daß im Jahr 1906 die installierte Leistung der Einzelanlagen auf das Sechsfache der Werte zentraler Anlagen geschätzt wurde (ETZ, 1907, S. 526). Im Jahr 1908 schätzte man sie auf 6000 MW und den Anschlußwert der Glühlampen auf 1300 MW, den der Bogenlampen auf 700 MW und den der Motoren auf 4800 MW (ETZ, 1908, S. 1188).

Dettmar konnte 1912 stolz feststellen:

«Ein Vergleich der jährlich von Gasanstalten erzeugten Gasmenge und der jährlich erzeugten Kilowattstunden stellt sich z. Zt. ungefähr wie folgt:

Die Gasanstalten in Deutschland erzeugen z. Zt. ungefähr 2400 Mill. cbm Gas.

Die öffentlichen Elektrizitätswerke stellen ungefähr 2150 Mill. kW Std. her. Daraus geht hervor, daß die Leistungsfähigkeit der Elektrizitätswerke heute schon beinahe diejenige der Gaswerke erreicht hat. Die also erst seit kaum 30 Jahren bestehenden Elektrizitätswerke haben die seit ungefähr 85 Jahren in Deutschland eingeführten Gaswerke (insgesamt 1400) somit an Leistungsfähigkeit beinahe erreicht. Das ist wohl eins der besten Zeichen für die Beliebtheit, deren sich die Elektrizität beim Publikum zu erfreuen hat» (ETZ, 1912, S. 261).

Um eine kWh (1 kW über die Zeitdauer von 1 Stunde) zu erzeugen, mußte etwa ein Kubikmeter Gas in einem Gasmotor verbraucht werden.

Elektrizität im Haushalt

‹Alles elektrisch›

Die Betreiber von Elektrizitätswerken hatten sich von Anfang an bemüht, zur gleichmäßigen Auslastung nicht nur Strom für die Beleuchtung zur Nachtzeit zu liefern, sondern auch Abnehmer für den Tag zu gewinnen. Großabnehmer wurden zunächst die elektrischen Straßenbahnen, dann aber auch die Industrie und das Kleingewerbe. Der Konkurrenz von Dampf und Gas konnte nur mit günstigen Tarifen für Kraftstrom begegnet werden. Wie schon bei der Einführung der elektrischen Beleuchtung, mußte für die Elektrizität weiterhin unermüdlich geworben werden: mit Vorträgen, in Büchern und Zeitschriftenartikeln, an Hand praktischer Vorführungen, durch Vermietung von Geräten, mit Zuschüssen bei der Hausinstallation und bei Ausstellungen. ‹Alles elektrisch› wurde zum Schlachtruf der Elektrotechniker.

Liest man kurz vor dem Ersten Weltkrieg erschienene Bücher, die sich diesem Ziel verschrieben haben, so hat man das Gefühl, als ob die elektromotorische Kraft und die Elektrowärme überall Einzug gehalten und alles andere verdrängt hätten. Die Elektroindustrie bot schon damals so ziemlich alles an, was auch heute in unseren Haushalten an elektrischen Geräten vorkommt.

Der Propagierung elektrischer Haushaltsgeräte hatte sich, um nur ein Beispiel zu nennen, auch der Generalsekretär des Verbandes Deutscher Elektrotechniker, Georg Dettmar, verschrieben. In seinem 1911 erschienenen Buch ‹*Elektrizität im Hause*› stellt er ihre Anwendung und Wirtschaftlichkeit auf Grund eigener Erfahrungen dar, um Architekten, Bauherren und Fachkollegen von den Vorteilen der Elektrizität zu überzeugen. Im selben Jahr hatte die Jahresversammlung des Verbandes Deutscher Elektrotechniker das Thema ‹Elektrizität im Hause› für die Jahresversammlung ausgewählt. In seinem Buch widmete sich Dettmar neben der Beleuchtung dem Kochen, Heizen und dem elektrischen Antrieb.

Kochen

Während die Vorteile der elektrischen Beleuchtung größtenteils bekannt und anerkannt waren, lagen die Verhältnisse beim elektrischen Kochen ganz anders. Nicht nur die Laien in Sachen Elektrotechnik, auch die Fachleute sahen das elektrische Kochen wegen der Kosten als eine aussichtslose Sache an.

Beim elektrischen Kochen wird eine Wirkung des Stroms ausgenützt, die sonst in anderen Bereichen unerwünscht ist. In einem Stromkreis wird jeder Leiter erwärmt, und die erzeugte Wärmemenge wird durch das Produkt aus dem Quadrat der Stromstärke, dem Widerstand und der Zeitdauer ausgedrückt. Im Vergleich zu den Glühfäden oder dem Lichtbogen bei der elektrischen Beleuchtung wird beim elektrischen Kochen oder Heizen keine so hohe Temperatur angestrebt. Sieht man einmal von den Verlusten bei der Stromerzeugung und -fortleitung ab, so liegt der Wirkungsgrad sehr hoch, da nur ein geringer Teil der Wärme bei geeigneter Konstruktion an die umgebende Luft abgegeben wird. Dadurch besteht aber die Gefahr, daß sich die Kochvorrichtung, falls der Inhalt verdampft ist, immer mehr aufheizt. Diese Gefahr wurde, wie Dettmar beschreibt, gebannt, indem bei übermäßiger Temperatur sich ein leicht schmelzbarer Teil am Kochtopf löste und der Strom durch Abfallen der Zuführung unterbrochen wurde. Die Regulierung der Wärme kann durch Verändern des Widerstandes und damit des Stromes erfolgen.

Die Heizvorrichtung ließ sich entweder direkt im Kochtopf unterbringen oder, dem herkömmlichen Kochen entsprechend, in einem Herd. Es gab Bratpfannen, Gemüsekocher, Kartoffelkocher, Wärmeschränke,

Tellerwärmer, Kaffeemaschinen, Warmwasserapparate, Wärmeplatten, Toaster, Eierkocher, Kochplatten und vollständige elektrische Küchenherde. Zum Erhitzen von Flüssigkeiten benutzte man Tauchsieder in verschiedenen Formen.

Wie bei der elektrischen Beleuchtung ergaben sich auch für das elektrische Kochen eine Reihe von Vorteilen gegenüber dem bisherigen Kochen: Sauberkeit, keine Luftverschlechterung, schnelle Betriebsbereitschaft, bequeme Regulierbarkeit, einfache Handhabung, Gleichmäßigkeit der Wärmeentwicklung, hoher Wirkungsgrad, keine Vergiftungs- und Explosionsgefahr verbunden mit höchster Feuersicherheit (Dettmar, 1911, S. 75). Dettmar führt anschließend weiter aus:

«Beim elektrischen Kochen wird die Küche ihres bisherigen Charakters ganz entkleidet. Sie erhält vielmehr den gleichen Charakter wie jedes andere Zimmer, da die Entwicklung von Staub, Rauch, Ruß, Abgasen usw. vollkommen wegfällt. Auch ihrer Einrichtung nach nähert sie sich vielmehr dem Charakter eines Wohnzimmers. Das ist von ganz besonderer Bedeutung für die minderbemittelte Bevölkerung, besonders in den Großstädten. Dort bringen bekanntlich die Bewohner der kleinen Wohnungen einen großen Teil des Tages und Abends in der Küche zu, so daß man hier vielfach von sogenannten Wohnküchen spricht ... Die elektrisch eingerichteten Küchen sind dann wirklich für das Bewohnen hygienisch einwandfrei, so daß gewissermaßen dadurch die Bewohner ein Gebrauchszimmer mehr erhalten, ohne daß für das Kochen höhere Ausgaben entstehen wie beim Kochen mit Gas» (Dettmar, 1911, S. 76).

Diese im Prinzip richtigen Überlegungen entsprachen einem Wunschdenken, denn in Berlin zum Beispiel waren kurz vor dem Ersten Weltkrieg nur 5 Prozent der Wohnungen mit Elektrizität versorgt. Zudem hätten die für geringeren Lichtstrom ausgelegten Leitungen für die starken Ströme nicht ausgereicht.

Heizen

Ähnliches galt für die elektrische Heizung. Bei herkömmlichen Öfen oder Heizkörpern von Zentralheizungen war man an eine bestimmte Stelle des Raums gebunden, nicht jedoch bei den transportablen Elektroöfen. Sieht man einmal von der Wirtschaftlichkeit ab, so besticht die elektrische Heizung durch ihre Sauberkeit und durch die schnelle Betriebsbereitschaft. Sie bot sich an für die Übergangszeit und für die Heizung nur vorübergehend benutzter Räume. Als besonders zweckmäßiges Beispiel führte Dettmar die Heizung von Kirchen an, da gerade in der Zeit von Sonnabend abend bis Montag früh der sonstige Elektrizitätsverbrauch gering war.

Für den häuslichen Bereich konnte die Hausfrau auf ein breites Angebot zurückgreifen: elektrische Kamine (mit versteckten Glühlichtern, den echten nachgeahmt), Heizteppiche, Fuß-, Bett-, Schuh-, Leib- und Badetuchwärmer, Brennschere, Haartrockner, Milchflaschenwärmer, Warmwasserapparate, Kaffeeröster, Leimkoch- und Siegelapparate.

Nach 1890 tauchten die ersten elektrischen Bügeleisen auf. Für eine Wäschefabrik in Chemnitz waren 1892 die ersten in Deutschland gefertigten Bügeleisen bestimmt. Als Wärmequelle hatten sie eine Heizwicklung aus Platindraht, die um einen Asbestkern gewickelt und gegen das Eisen durch Asbestpappe elektrisch isoliert war (Schulz, 1931, S. 19). Die herkömmlichen Bügeleisen erhielten ihre Hitze durch glühende Kohlen oder in Öfen erhitzte Bolzeneisen, die in den Hohlraum der Bügeleisen geschoben wurden. Durch die Annehmlichkeiten des elektrischen Bügelns sah Dettmar im Bügeleisen ein «vorzügliches Propagandamittel für die Anwendung der Elektrizität zu Wärmezwecken» (Dettmar, 1911, S. 107).

Sicher waren die Vorteile des elektrischen Kochens und Heizens augenfällig, doch galt hier dasselbe wie beim Übergang von der Gasbeleuchtung zum elektrischen Licht:

«Die Frage der Einführung des Kochens und Heizens ist, das muß ganz besonders hervorgehoben werden, wesentlich eine Frage der Gestaltung des Tarifes. Es wird bei richtiger Bearbeitung dieser Angelegenheit in den meisten Fällen gelingen, alle Bedürfnisse der Konsumenten zu befriedigen, und das Elektrizitätswerk wird noch seinen genügenden Gewinn dabei finden» (Dettmar, 1911, S. 95).

Lag der Preis der kWh in den achtziger Jahren noch bei etwa 80 Pfennigen, so sanken die Preise in den folgenden Jahren kontinuierlich. Neben dem Lichttarif führten die Elektrizitätswerke einen Krafttarif ein, der erheblich unter dem Preis des ersteren lag (Tabelle 9).

Tabelle 9: Mittlere Verkaufspreise der Elektrizitätswerke Deutschlands.

Jahr	Licht Pf/kWh	Kraft Pf/kWh	Zahl der zugrunde gelegten Werke
1900	52,4	20,9	46
1904	43,9	18,7	127
1908	37,7	15,9	183
1912	36,1	14,8	184

Spätestens seit der Wiener Elektrizitätsausstellung 1883 wurden elektrische Koch- und Heizvorrichtungen ausgestellt. Der Erfinder eines elektrischen Samowars schloß seine Beschreibung mit der (verfrühten) Prophezeiung:

«Die Damen mögen hier ersehen, welche Revolution ihrer Küche durch die Elektrizität droht, denn schon in zwei Jahrzehnten kochen wir nicht mehr mit Feuer, sondern mit Elektrizität, weshalb die Elektrotechnik auch notwendig ein Lehrgegenstand der höheren Töchterschulen werden muß» (Schulz, 1931, S. 14).

So weit war die Elektrizifizierung von Haushaltstätigkeiten noch nicht fortgeschritten, obwohl der Elektromotor sich in vielen Bereichen durchsetzte.

Antrieb

Weniger für Privathaushalte als vielmehr für Großküchen und Hotels war der Einsatz des Elektromotors gedacht. Mit einem Haushaltsmotor von ¼ PS, als ein ‹Mädchen für alles› gepriesen (Abb. 95), trieb man über ein Reduktionsgetriebe Messerputzmaschinen, Fleischhackmaschinen, Kaffeemühlen, Brotschneidemaschinen, Bohnenschneidemaschinen, Eismaschinen, Aufwaschmaschinen, Nähmaschinen, Waschmaschinen, Wäscherollen und ähnliches an (Dettmar, 1911, S. 122).

Damit begann eine weitere Stufe der Mechanisierung des Haushalts, die Ersetzung der Muskelkraft durch eine Antriebsmaschine, den Elektromotor:

«Er ist die anpassungsfähigste Antriebsquelle und dabei anspruchslos und fast keiner Pflege bedürftig. Er bedeutete für die Mechanisierung des Haushalts, was die Erfindung des Rades für den Transport von Lasten bedeutete. Er brachte alles ins Rollen. Ohne ihn hätte der mechanische Komfort im Haushalt nur wenig über die

95: Universalmotor für die Küche (1911). Ein Haushaltungsmotor kann an verschiedene Geräte (Eismaschine, Brotschneidemaschine, Fleischwolf, Kaffeemühle usw.) angeflanscht werden. Ein solcher Aufwand lohnte sich sicherlich nicht für eine kleine Familie.

Verhältnisse der sechziger Jahre [des 19. Jahrhunderts] hinausgelangen können» (Giedion, 1982, S. 604).

Wäschewaschen von Hand war für die Hausfrau eine der anstrengendsten und zeitraubendsten Tätigkeiten. In ‹besseren› Haushalten kam dazu eine Waschfrau ins Haus, unterstützt von einem Dienstmädchen. Nach einem Vergleich von Dettmar (1911, S. 131) kam das herkömmliche Waschen fast dreifach so teuer als das Waschen mit einer elektrisch angetriebenen Waschmaschine, die die Waschfrau erübrigte und die Zeitdauer halbierte. Was Dettmar verschwieg, waren die Kosten für die Anschaffung. Solange Dienstboten billig zur Verfügung standen, gab es für solche Haushalte wenig Anreize für den Kauf einer elektrischen Waschmaschine.

Solche Anlagen lohnten sich nur für Großwäschereien, genauso wie Entstaubungsanlagen (Staubsauger) anfangs eher für Hotels als für private Haushalte gedacht waren.

96: Werbung für die Elektrizität: Sicher und billig (1911). Das Argument der Sicherheit stimmte nur bedingt. Mit den höheren Spannungen stiegen auch die Gefahren durch die Elektrizität. Ab 1896 erstellte der Verein Deutscher Elektrotechniker Sicherheitsvorschriften für elektrische Anlagen.

Unfälle

Mit der Elektrizität im Haushalt stiegen auch die Gefahren für den Laien durch das Berühren stromführender Teile und durch von Kurzschlüssen oder fehlerhafter Isolierung verursachte Brände. Einheitliche Installations- und Sicherheitsvorschriften existierten nicht. Als von staatlicher Seite und von den Feuerversicherungsgesellschaften solche Bestimmungen vorgeschlagen wurden, sah die elektrotechnische Industrie darin eine Behinderung ihrer Entwicklung. Daraufhin erstellte der 1893 gegründete Verband Deutscher Elektrotechniker (VDE) eigene Vorschriften, die ab Beginn des Jahres 1896 als ‹Sicherheits-Vorschriften› eingeführt und auch von staatlicher Seite anerkannt wurden. Sie galten für Anlagen bis 250 V zwischen zwei Leitungen oder zwischen einer Leitung und Erde. Die Apparate sollten mit Schutzkästen gegen Berührung durch Unbefugte geschützt werden, und für das Leitungsnetz waren bestimmte Isolationswerte vorgesehen. Nach 1900 wurde teilweise die Erdung nichtstromführender Teile durchgeführt, um bei etwaigem Stromkontakt mit dem Gehäuse den Benutzer zu schützen.

Mit der Ausbreitung der Elektrizität nahmen die tödlichen Unfälle zu, doch, so fragten die Elektrotechniker, ist die Zahl der Unfälle insgesamt durch Einführung des elektrischen Betriebs nicht sogar geringer geworden? (ETZ, 1913, S. 588). Eine kaum entscheidbare Frage, die von den Elektrotechnikern sicher bejaht, von den Anhängern anderer Energiearten angezweifelt wurde (Abb. 96).

Zur Veranschaulichung:

«1910 gab es 138 tödliche Elektrounfälle von insgesamt 850 durch Gas, Petroleum, Acethylen und Elektrizität verursachten Todesfällen. Davon entfielen 62 % auf das Berühren der damals im Rahmen der Elektrifizierung ländlicher Gegenden im großen Umfang gebauten Hochspannungsleitungen. ⅗ dieser 62 % betrafen Fachleute» (Ose, 1982, S. 55).

Die Zahl von 138 tödlichen Elektrounfällen erscheint im Vergleich zu heute ziemlich hoch: In der Bundesrepublik Deutschland ereigneten sich 1976 205 tödliche Elektrounfälle, davon entfielen 80 Prozent auf Männer. Bezogen auf alle tödlichen Unfälle lag der Anteil unter 1 Prozent (Ose, 1982, S. 56).

Elektrizität in Industrie, Gewerbe und Landwirtschaft

Industrie

Bei der Beleuchtung großer Fabrikhallen hatte die Bogenlampe schon längst den ihr zustehenden Platz eingenommen, die Lichtverhältnisse und damit die Möglichkeit der Nachtarbeit verbessert. Der Aufwand hielt sich in Grenzen, vorausgesetzt es war bereits eine Dampfmaschine vorhanden. Der Generator wurde einfach an die Transmission mit angeschlossen, und Akkumulatoren überbrückten etwaige Zeiten des Stillstands.

Man konnte auch einen Schritt weitergehen:

«Dem Elektrotechniker wird jetzt, wo die elektrische Kraftübertragung von Tag zu Tag eine grössere Bedeutung gewinnt, häufig die Aufgabe gestellt, eine Fabrik durch Elektromotoren zu betreiben. Die Aufgabe kann im Wesentlichen je nach den vorliegenden Verhältnissen auf drei verschiedene Arten gelöst werden.
1. Die Fabrik wird durch einen Elektromotor in der selben Weise angetrieben, wie durch eine Dampfmaschine, eine Turbine oder dergleichen; mit anderen Worten anstelle der Fabrikdampfmaschine etc. tritt der Elektromotor.
2. Die Fabrik wird in mehrere Unterabteilungen getheilt und jede derselben durch einen Elektromotor betrieben, sogenannter Gruppenantrieb (Abb. 97).
3. Jede Arbeitsmaschine erhält ihren eigenen Elektromotor, sogenannter Einzelantrieb» (ETZ, 1893, S. 141).

Bei den ersten beiden Punkten waren die baulichen Veränderungen am geringsten. Für große Fabriken kamen nur der Gruppenantrieb und Einzelantrieb in Frage. Dabei wurden die Elektromotoren entweder von einer eigenen Fabrikzentrale oder von einem öffentlichen Elektrizitätswerk versorgt. Voraussetzung für den Gruppenantrieb war die Möglichkeit, Arbeitsmaschinen zu einer Gruppe derart zusammenzufassen, daß Arbeitspausen immer eine ganze Gruppe betrafen. Auf diese Art vermied man eine Haupttransmission, die durch alle Säle ging und mit hohen Verlusten bei der Übertragung behaftet war. Für Maschinen, die mit großen Pausen arbeiteten, wie etwa Kräne, bot sich der Einzelantrieb besonders an. Antrieb, Transmission und Maschine bildeten eine Einheit. Die Transmission, die an der Decke befestigt war und deren Riemen durch den Raum zu den Maschinen führten, fiel weg. Die Arbeitsräume wurden heller und die Unfallgefahr wesentlich gemindert. Die kompakte Bauweise und die Stromzuführung über ein Kabel machten die Maschinen beweglicher und nicht mehr standortgebunden. Elektrotechnische Firmen gingen Anfang der neunziger Jahre des 19. Jahrhunderts als Pioniere voran, um dadurch für ihre Elektromotoren zu werben. So rüstete

97: Fabriksaal mit Riemenantrieb (oben) und elektrischem Einzelantrieb (1893). Aus wirtschaftlichen und sicherheitstechnischen Gründen setzten sich die elektrischen Antriebe gegenüber dem Dampfmaschinenantrieb mit Transmissionen immer mehr durch. Man faßte zunächst mehrere Maschinen zusammen (Gruppenantrieb), bis man jeder Maschine einen eigenen Elektromotor zuordnete (Einzelantrieb).

Siemens & Halske das Charlottenburger Werk 1891 auf Gruppenantrieb um. Andere Firmen folgten und setzten je nach Verwendungszweck und Stromart Gleichstrommotoren mit Nebenschluß (konstante, aber regelbare Drehzahl), Gleichstrommotoren mit Hauptschluß (hohes Anzugsmoment bei geringer Drehzahl) oder Drehstrommotoren ein.

Gewerbe

Wie in den großen Fabriken bei den Werkzeugmaschinen, fand der Elektromotor im Kleingewerbe Eingang. In den Jahren kurz vor dem Ersten Weltkrieg erschienen eine Reihe von Schriften, die die Elektromotoren in der Werkstätte des Handwerkers und in der Landwirtschaft propagierten und auf die wirtschaftlichen Vorteile gegenüber Dampfmaschine und Gasmotor hinwiesen. Eine Voraussetzung dafür war stets das Vorhandensein eines Elektrizitätswerks mit günstigen Tarifen für Kraftstrom, da die Kleingewerbetreibenden ihren Strom nicht selbst erzeugten. Kostenvergleiche ähneln denen bei der Einführung des elektrischen Lichts: Je nach Einstellung der Verfasser schnitt der Elektromotor gut oder schlecht ab.

Wie im Haushalt, so ließ sich auch in den Gewerben und in der Landwirtschaft Licht, Kraft und Wärme elektrisch erzeugen. Hier sei nur eine Auswahl von elektrischen Geräten angegeben, die in die Gewerbebetriebe Einzug hielten.

Bäckerei: Teigknetmaschine, elektrischer Backofen, Semmelreibemaschine, Sackausklopfmaschine erleichterten die Arbeitsbedingungen für das Personal, erhöhten die Qualität, verringerten aber auch die Abhängigkeit des Meisters vom Personal.

Baugewerbe: Bauwinden, Pumpen für die Grundwasserabsenkung, Fallrammen, Hebezeuge, Kräne, elektrische Meißel, Bohrmaschinen, Mörtelmischmaschinen; durch das elektrische Licht wurde die Nachtarbeit möglich.

Gastwirtschaftsgewerbe: Küchenmaschinen, Waschmaschinen, Vakumentstaubung, elektrische Eiserzeugung mit Kühlschrank, elektrisches Kochen, Stiefelputzmaschinen, Geschirrspülmaschinen, Springbrunnen.

Graphisches Gewerbe: Leimkocher, Steinschleifmaschinen für Lithographie, Papierschneidemaschinen, Druckpressen.

Holzbearbeitung: Entstaubungsanlagen, Kreissägen.

Metallbearbeitung: Handbohrmaschinen, Schleif- und Poliermaschinen, elektrisches Schweißen, Lötkolben, elektrische Drehbänke.

Diese Liste ließe sich noch fortsetzen vom Bergbau mit Gesteinsbohrmaschinen und Grubenförderungsmaschinen bis hin zum Zahnarzt mit elektrischem Bohrer (Abb. 98).

98: Zahnärztliches Laboratorium (1891). Die auf der Frankfurter Ausstellung vorgeführte Zahnarztpraxis zeigt mehrere Anwendungen der Elektrizität: eine Plombiervorrichtung mit Motor, einen elektrischen Bohrer, eine Kauterisationsvorrichtung zur Blutstillung und eine Glühlampe zur Beleuchtung.

Landwirtschaft

Kurz vor dem Ersten Weltkrieg eroberte die Elektrizität auch das flache Land durch den Bau von Überlandzentralen. Als ein Argument für die elektrische Versorgung ländlicher Bezirke wurde in der zeitgenössischen Literatur häufig der Arbeitskräftemangel durch die fortschreitende Industrialisierung angeführt. Die elektrische Beleuchtung spielte keine so große Rolle, da den Landbewohnern ja bekanntlich nachgesagt wurde, daß sie ‹mit den Hühnern schlafen gehen›. Viel wichtiger war die elektrische Kraft für Hebevorrichtungen und Transportmittel, für Mühlen, Häckselmaschinen und Dreschmaschinen. Elektrische Pflüge, bei denen zwischen zwei festen Stationen der Pflug an Seilen hin und her gezogen wurde, setzten sich nicht durch. Versuche mit elektrischen Pflügen hatte bereits Werner von Siemens 1880 durchgeführt. Die Mechanisierung der Landwirtschaft setzte erst nach dem Ersten Weltkrieg ein, als Schlepper mit Dieselmotoren die Gespanne langsam ablösten.

Die Versorgung der Landwirtschaft mit Elektrizität vollzog sich nur schleppend. Da Privatunternehmen die ländliche Stromversorgung als nicht wirtschaftlich erschien, griffen die Landgemeinden häufig zur Selbsthilfe. Sie gründeten Genossenschaften, um gemeinschaftlich ein Elektrizitätswerk zu betreiben. Wo Wasserkraft vorhanden war, rüsteten häufig Müller, die durch konkurrierende Dampfmühlen nicht mehr ausgelastet waren, ihre Anlagen mit einem Generator aus, um sich durch Stromverkauf einen Nebenverdienst zu schaffen.

Die Elektrifizierung des Verkehrs

Eisenbahnen

Der Wunsch von Erfindern in den dreißiger und vierziger Jahren des 19. Jahrhunderts, die Dampflokomotive durch den Elektromotor zu ersetzen, ging um 1880 durch den Bau von Straßenbahnen in Erfüllung. Auf der Berliner Gewerbeausstellung Ende Mai 1879 konnte Siemens eine schienengebundene elektrische Lokomotive mit drei kleinen Wagen zur Personenbeförderung vorstellen. Die Ausstellungsbahn für einen Rundbetrieb von 300 m erreichte mit einem Motor von 3 PS eine Fahrgeschwindigkeit von 7 km/h. Der Gleichstrom von 150 V Spannung wurde über ein Flacheisen zwischen den Schienen zugeführt, während die Schienen selbst als Rückleitung dienten.

Als Siemens die Konzession für eine Hochbahn innerhalb Berlins verweigert wurde, baute er eine Versuchsbahn in Lichterfelde von 2,45 km Länge. Die Stromzuführung erfolgte über die Schienen, die nur durch Holzschwellen voneinander isoliert waren. Im Wagen selbst, der einem Pferdebahnwagen ähnelte, wurde der Strom über die eisernen Radkränze, die durch Verwendung von Holzscheibenrädern von den Achsen isoliert waren, zur Dynamomaschine geleitet. Am 12. Mai 1881, dem Tag der offiziellen Abnahme, schrieb Werner Siemens in einem Brief:

«Heute ist endlich die kleine elektrische Bahn in Lichterfelde offiziell probiert und abgenommen. Die einzige Schwierigkeit war und ist noch, die Geschwindigkeit der Wagen dem Reglement entsprechend zu mäßigen. Man wollte nur 20 km per Stunde gestatten, und der Wagen lief bei voller Belastung von 20 Personen [bei einem Gewicht von 4,8 t] auch bergan [maximale Steigung 1:100] noch mit 30 bis 40 km! Ich denke aber, man wird sich an die größere Geschwindigkeit gewöhnen!» (Nach Matschoß, 1916, Bd. 2, S. 691).

Für diese Geschwindigkeit reichte ein Elektromotor von etwa 5½ PS aus (ETZ, 1881, S. 297). Nur wenige Straßenbahnen wurden in den folgenden

Jahren in Europa gebaut, vielmehr lief die Weiterentwicklung über Amerika. So waren schätzungsweise 1891 etwa 500 elektrische Bahnen in den Vereinigten Staaten in Betrieb (Wilke, 1899, S. 320). Die Erfolge wirkten auf Europa zurück, doch verhielt man sich sehr zurückhaltend gegenüber den oberirdischen Leitungen, wie sie in Amerika üblich waren. Die blanken Schienen zur Stromzuführung zu benutzen, verbot sich aus naheliegenden Gründen in den Städten von selbst. Gesonderte unterirdische Stromzuführungen oder die andere Möglichkeit, nämlich die elektrische Betriebskraft in Akkumulatoren mitzuführen, verteuerten den Bau der Bahnen. Schließlich fand man zwei zufriedenstellende Lösungen für die Stromabnahme von der oberirdischen Leitung: die Kontaktstange, bei der eine Rolle gegen den stromführenden Draht gedrückt wird, und den Bügelkontakt, bei dem die Rolle durch einen federnden Drahtbügel ersetzt wurde, der an der Unterkante des Fahrdrahts schleift.

Die Zunahme der Elektrizitätszentralen in den deutschen Städten wirkte sich auch auf den Bau von elektrischen Bahnen aus. Da der Gleichstrommotor mit Hauptschluß wegen seines hohen Anzugsmoments besonders für den Straßenbahnbetrieb geeignet war und der Straßenbahnbetrieb für eine gleichmäßigere Auslastung sorgte, besaßen auch Wechselstrom- und Drehstromzentralen Gleichstromdynamos. Die Zahl der elektrischen Straßenbahnen stieg rasch an. Besaßen 1891 nur drei Städte Straßenbahnen, so fuhren sie neun Jahre später bereits in 104 Städten (ETZ, 1901, S. 279).

Gegenüber den in den meisten Städten vorhandenen Pferdebahnen boten die elektrischen Straßenbahnen folgende Vorteile:

> «Alle Unfälle, die speziell durch die Pferde (ausgleiten etc.) entstehen, fallen fort.
>
> Der Wagen ist mehr in der Gewalt des Schaffners, er kann, eventuell unter Anwendung des Gegenstromes, leichter auf geringerer Wegeslänge zum Stillstand gebracht werden, auch beim etwaigen Bruch der Bremskette.
>
> Elektrische Wagen verursachen viel weniger Geräusch als Pferdebahnwagen.
>
> Der Straßenverkehr wird durch das Fortfallen der grossen Zahl der Pferde ganz erheblich entlastet.
>
> Der von den Pferden aufgewirbelte Staub, die Verunreinigung der Strasse durch die Pferde, das oft wiederkehrende Reparieren des Pflasters usw. fällt fort.
>
> Infolge der grösseren Geschwindigkeit und des rascheren Anhaltens und Anfahrens ist es dann auch möglich, dass unter günstigen Umständen ein elektrischer Wagen in einem Tage (zu 18 Stunden) rund 200 km zurücklegen kann, also 50 % mehr als im allergünstigen Falle bei Pferdebahnen. Es wird dadurch für die Gesellschaften selbst eine bessere Ausnutzung der Wagen erzielt, das Publikum hat zugleich den Vorteil, schneller zum Ziele zu gelangen» (Krieg, 1891, S. 181 f).

Während die Anlagekosten für Pferdebetrieb und elektrischen Betrieb ungefähr gleich hoch waren, betrugen die Betriebskosten für die elektrische Straßenbahn verglichen mit der Pferdebahn nur die Hälfte.

Neben den Straßenbahnen entstanden auch Industriebahnen. So lieferte Siemens & Halske 1882 für das Bergwerk Zaukerode bei Dresden eine elektrische Bahn für eine 700 m lange, 260 m tief unter der Erde liegende Strecke. Bei einer Geschwindigkeit von etwa 12 km/h zog sie eine Last von 8 t (ETZ, 1883, S. 4). Die Förderkosten standen für Elektrizität, Pferdekraft und Menschenkraft im Verhältnis 1:1,5:2,5 (Krieg, 1891, S. 190f).

Ebenso wie für den Stadtverkehr und für Kleinbahnen bot sich die Elektrifizierung des Fernverkehrs an. In einer Studie aus dem Jahre 1891 schlug Zipernowsky für die Strecke Wien–Budapest eine elektrische Eisenbahn mit einer Geschwindigkeit von maximal 250 km/h vor:

«Alle jene Personen, deren Lebensberuf mit häufigen Reisen verbunden ist, empfinden den Zeitverlust, den die Reise selbst involvirt.

Eine Steigerung der Fahrgeschwindigkeit bei der heutigen Lokomotivbahn bis über 100 km per Stunde ist fast ausgeschlossen.

Die hin- und hergehenden Theile der schweren Eilzugslokomotiven veranlassen die bekannten gefährlichen Pendelbewegungen und die starke in Anspruchnahme des Oberbaues und der Betriebsmittel. Deshalb ist man beim Dampfbetrieb an die Einhaltung einer gewissen Maximalfahrgeschwindigkeit gebunden. Beim elektrischen Betrieb giebt es keine oscillirenden Maschinentheile, die Hauptursache der pendelnden Bewegung fällt weg, man kann daher die Fahrgeschwindigkeit steigern, ohne den Oberbau und die Betriebsmittel mehr in Anspruch zu nehmen. Die elektrische Lokomotive braucht keine Kohle, kein Wasser, keinen Tender, keinen Generator für die Triebskraft, bloss den Motor, dessen rotirender Theil direkt auf der Triebachse sitzt.

Der elektrische Betrieb bietet diese hervorragenden Vortheile» (ETZ, 1891, S. 516).

Zipernowsky sah für jeden Waggon vier Elektromotoren zu je 200 PS vor, wobei die Stromzuführung von bis zu 600 A bei 1000 V Spannung über Kontakträder erfolgen sollte.

In Deutschland wurden diese utopischen Vorstellungen 1899 aufgegriffen, als nämlich die Königlich Preußische Eisenbahnverwaltung in Verbindung mit der AEG und Siemens & Halske eine Studiengesellschaft für elektrische Schnellbahnen gründete. Für die weiten Entfernungen kam nur der Drehstrom in Frage. Die Fahrversuche auf der Militäreisenbahnstrecke Marienfelde–Zossen südlich von Berlin führten 1903 zu einem überwältigenden Erfolg: Mit 210,2 km/h stellte der Drehstromtriebwagen der AEG einen Geschwindigkeitsweltrekord für ein halbes Jahrhundert auf. Wegen der hohen Belastung des Gleiskörpers und der dreifachen Oberleitung wurden Drehstrombahnen in Deutschland aber nicht gebaut. Zur selben Zeit kamen Einphasen-Kommutatormotoren auf, die die Grundlage für die Elektrifizierung der Fernbahn bildeten. Dieser Motor ist wie ein Gleichstrommotor aufgebaut nur mit dem Unterschied, daß der Kommutator kurzgeschlossen wird. Durch Verstellen der Bürsten kann der Motor reguliert werden. Wie der Gleichstrommotor mit Hauptschluß, weist er ein hohes Anzugsmoment bei geringer Drehzahl auf.

Die Elektrifizierung der Eisenbahnen wurde von den Militärs nicht besonders gern gesehen, da im Kriegsfall der Betrieb durch Unterbrechung der Leitungen leicht gestört werden konnte.

Elektroautos

Während die elektrische Eisenbahn heute vom Reiseverkehr nicht mehr wegzudenken ist, hat das Elektroauto außer in Sonderfällen kaum Aussichten auf größere Verbreitung. Das war um 1900 anders. Benzinautos gab es erst seit etwa 15 Jahren, also noch nicht einmal so lange wie Straßenbahnen. Die Erfahrungen bei Akkumulatorbahnen ließen sich auf gleislose Fahrzeuge übertragen. Die Vorteile gegenüber den Benzinwagen lagen, besonders im großstädtischen Verkehr, auf der Hand: problemloses, erschütterungsfreies Anfahren, kein Lärm und keine Abgase im Betrieb, Aufladen mit verbilligtem Strom in der Nacht, kein Ver-

99: Ladeeinrichtung für Elektromobile der AEG (1911). Mehrere Firmen, darunter Siemens und die AEG, bauten Elektromobile, die jedoch durch ihre beschränkte Reichweite nicht mit den Benzinautos konkurrieren konnten. Nur in bestimmten Bereichen, z. B. als Elektrokarren im Bahn- und Postbetrieb, fanden sie dauerhaft Verwendung. Die einfache Handhabung beim Aufladen und Schalten soll wohl durch eine Frau verdeutlicht werden.

brauch im Leerlauf (Abb. 99). In den Vereinigten Staaten wurden 1900 fast doppelt so viele Elektrofahrzeuge als Benzinwagen produziert. Wenige Jahre später kehrte sich das Verhältnis um. Im Geschäftsjahr 1905/06 nahmen die Siemens-Schuckert-Werke in Erwartung eines großen Bedarfs an elektrischen Automobilen die Fertigung in Berlin auf (Siemens, Georg, 1961, I, S. 301). Die Nachfrage blieb aus, und die Fabrik mußte auf die Produktion von Benzinautos umgerüstet werden. Mit den schnelleren Benzinautos, und das war das entscheidende Kriterium, konnten die Elektroautos nicht Schritt halten. Kosten und Gewicht des Akkumulators waren im Verhältnis zur gespeicherten Energie zu hoch. Das Elektroauto war in erster Linie damit beschäftigt, seine eigenen Batterien zu transportieren. Der Einsatz von Elektroautos steht und fällt unverändert mit der Entwicklung einer preisgünstigen Batterie mit hoher Energiedichte.

Verbundsystem und Elektrizitätswirtschaft

Seit 1895 entstanden Überlandzentralen und Elektrizitätslieferungsgesellschaften, die mit Spannungen zwischen 2000 und 10000 V mehrere Ortschaften mit Strom versorgten. Charakteristisch ist die zentralisierte Krafterzeugung und ein dezentralisierter Kraftverbrauch.

Als ein Beispiel seien die 1894 gegründeten Isarwerke südlich von München erwähnt. Bereits aus den siebziger Jahren des 19. Jahrhunderts stammten Pläne, die Wasserkraft mechanisch zu nutzen, aber erst die Münchener Elektrizitätsausstellung 1882 eröffnete ganz neue Möglichkeiten zur Realisierung solcher Projekte. Schließlich begann man 1889/90 mit dem Bau einer elektrischen Wasserkraftanlage. Reine Wasserkraftwerke stellten sich, bezogen auf eine bestimmte installierte Leistung, wegen der Baumaßnahmen im Schnitt um 50 Prozent teurer als vergleichbare Dampfkraftwerke. Die Betriebskosten lagen dafür naturgemäß niedriger. Um den Absatz zu sichern, verhandelte man 1893 mit der Stadt München, die jedoch eine Beteiligung ablehnte. Daraufhin wurde der Plan gefaßt, in Obersendling bei München Industrie anzusiedeln, um so die ‹Kunststadt München von allen störenden Fabrikbetrieben zu entlasten›. In einem Seitenkanal der Isar entstanden bis zum Jahre 1903/04 nach und nach drei Kraftstationen mit Turbinen von je 2000 PS. Schon bald erkannte man, daß eine Wasserkraftanlage in sehr kalten Wintern durch Grundeisbildung oder in Trockenzeiten den Betrieb nicht aufrechterhalten konnte. Deshalb wurde 1898 eine Dampfmaschine von 1000 PS als Reserve bereitgestellt. Im Jahre 1907 standen 6000 PS Wasserkraft und 6000 PS Dampfkraft zur Verfügung.

Unter der Bauleitung von v. Miller errichtet, versorgte die Drehstromanlage mit einer Übertragungsspannung von 5000 V 1897 bereits 67 Motoren mit 465 PS, 4420 Glühlampen und 43 Bogenlampen, wobei die Distanz zwischen Zentrale und weitest entferntem Abnehmer fast 17 km betrug. Elf Jahre später belieferten die Isarwerke mit einem Leitungsnetz von 360 km 30 Stadt- und Landgemeinden mit Strom. Angeschlossen waren 46075 Glühlampen, 1721 Straßenlampen, 800 Bogenlampen und 766 Elektromotoren mit 4942 PS, eine Steigerung auf mehr als das Zehnfache. Sieht man sich die Liste der Abnehmer an, so befanden sich darunter landwirtschaftliche und kleingewerbliche Betriebe sowie Fabriken. Die Versorgung mit Kraftstrom, der zu einem Drittel des Preises für Lichtstrom abgegeben wurde, trug zum einen wesentlich zur Industrialisierung bei, zum anderen blieben kleinere Betriebe konkurrenzfähig.

Ab etwa 1910 schlossen sich Elektrizitätswerke zu größeren Unternehmen zusammen, zum Teil unter Wahrung ihrer wirtschaftlichen Selbständigkeit. Es entstanden Verbundsysteme, bei denen zwei oder mehrere Kraftwerke auch mit unterschiedlicher Betriebskraft parallelgeschaltet wurden. So ergänzten sich Dampf- und Laufwasserkraftwerke. Die Erzeugungskosten konnten gesenkt werden, da eine geringere Reserveleistung ausreichte und oft auch eine gleichmäßigere Auslastung erzielt wurde. Der Vorteil für den Stromabnehmer lag in einer sicheren Versorgung. Bei Ausfall eines Maschinensatzes durch Defekt oder bei Reparaturarbeiten übernahm ein anderes Werk dessen Aufgabe. Der Betrieb der Kraftwerke wurde aufeinander abgestimmt, und zwar so, daß die Wasserkraftwerke die Grundlast, die Dampfkraftwerke die Spitzen der Belastung übernahmen.

Hatte man bei der Übertragung Lauffen–Frankfurt versuchsweise die Spannung auf über 30000 V gesteigert, so überschritten die Spannungen für die Freileitungen bald die Grenze von 100000 V. Die erste Anlage in Europa wurde von der Lauchhammer AG von Lauchhammer nach Riesa (nordöstlich von Dresden) errichtet, um die Werke der Gesellschaft, darunter ein Blechwalzwerk, mit Strom zu versorgen. Erfahrung mit hohen Spannungen hatten bereits die Amerikaner gesammelt. In einem 1895 fertiggestellten Werk am Niagarafall fand eine 320 km lange Leitung für 60000 V ihren Ausgangspunkt, 1913 arbeitete man in Kalifornien mit einer Spannung von 150000 V. Mit diesen Hochspannungsleitungen konnten die meist vom Verbraucher weit entfernt liegenden Wasserkraftwerke in die Verbundnetze einbezogen werden.

Die in den Wasserkraftwerken erzeugbare Elektrizität überstieg häufig bei weitem den Verbrauch an Strom für Licht oder motorische Zwecke. Neue chemische und metallurgische Verfahren wie die Aluminiumerzeugung durch Schmelzflußelektrolyse ab Mitte der achtziger Jahre, die Herstellung von Stickstoffverbindungen und Karbid in Lichtbogenöfen oder die Darstellung von Legierungen in Elektroöfen hatten einen gewaltigen Bedarf an Elektrizität zur Folge.

Im Jahr 1913 lag die installierte Kraftwerksleistung eines großen Teils der Elektrizitätswerke in Deutschland unter 100 kW, und deren mittlere Anlagekosten pro kW betrugen etwa das eineinhalbfache der Werte für Werke über 10000 kW (Zahlen für 1911, ETZ, 1912, S. 260). Nicht nur der Neubau der kleinen Werke war im Vergleich zu den großen zu kostspielig, auch bei den Betriebskosten konnten sie mit diesen, wenn die Fernleitungen nicht zu aufwendig waren, nicht mehr konkurrieren.

Ein Wegbereiter für den Bau von Großkraftwerken und deren Vereinheitlichung wurde Georg Klingenberg (1870–1925), seit 1902 Vorstandsmitglied bei der AEG. Er veröffentlichte nicht nur 1913 ein Lehrbuch über den Bau großer Elektrizitätswerke, sondern leitete selbst den Bau von über 70, zum Teil sehr großen Werken.

In der *Elektrotechnischen Zeitschrift* forderte er 1916, sicher auch auf Grund der Bedürfnisse des Krieges, den Bau weniger, aber großer Elektrizitätswerke und die staatliche Mitwirkung bei der Erzeugung der Elektrizität und deren Fortleitung im Großen (ETZ, 1916, S. 297). Aus seinen Untersuchungen folgerte er, daß ein Großkraftwerk von etwa 15 bis 20 MW den Strom um rund 40 Prozent billiger als ein mittleres Werk und dreimal billiger als ein kleines erzeugen könnte (ETZ, 1916, S. 316). Dies hing mit den geringeren Betriebskosten, den günstigeren Anlagekosten, der besseren Wärmeausnutzung und der geringeren Reserve zusammen. Die Größe des Versorgungsgebietes eines Großkraftwerkes war bestimmt durch die Kosten der elektrischen Übertragung im Vergleich mit dem mechanischen Transport von Steinkohle oder Braunkohle.

Die Großkraftwerke, für Preußen schlug Klingenberg etwa 25 vor, müßten miteinander verkuppelt werden, darin sollte ihr wesentlicher Vorteil liegen:

«Durch Verkupplung der Werke lassen sich endlich die Wasserkräfte wesentlich besser und wirtschaftlicher ausnutzen, als es bisher, solange sie nur den örtlichen Verbrauch deckten, der Fall war. Ein großes verkuppeltes Leitungsnetz stellt gleichsam einen aufnahmefähigen Behälter dar, in den sich alle vorhandene Wasserkraft ergießen kann. Während früher das Wasser zu Zeiten kleinen Strombedarfs unausgenutzt wegfloß (Niederdruckwasserkräfte), falls es nicht in Stauweihern aufgespeichert werden konnte, läßt sich jetzt der letzte Wassertropfen in Arbeit verwandeln» (ETZ, 1916, S. 332).

Das erste große Flußkraftwerk war bereits zwischen 1895 und 1898 im schweizerischen Rheinfelden am Oberrhein errichtet worden, wobei man den Gleichstrom zu den benachbarten chemischen Fabriken und den Drehstrom sogar über die Landesgrenzen hinwegleitete. Nach dem Ersten Weltkrieg, bedingt durch den Verlust deutscher Kohlegebiete im Osten, strebte man eine möglichst große Autarkie auf dem Energiesektor an. Dabei übernahm der Staat den Ausbau der Wasserkräfte (Christaller in: Das Zeitalter der Elektrizität, 1967, S. 42).

So entstand unter anfänglicher Beteiligung von v. Miller zwischen 1918 und 1924 das als Speicherwasserwerk gebaute Walchenseewerk, dessen erster Entwurf bis in das Jahr 1904 zurückreicht. Bei diesem Werk wird der 200 m große Höhenunterschied zwischen dem Walchensee und dem Kochelsee genutzt.

Durch die Möglichkeit der Stromfortleitung wurden nicht nur die Wasserkräfte erschlossen, sondern auch die Braunkohlevorkommen. Wegen des hohen Wassergehalts und des geringen Heizwerts lohnte sich der mechanische Transport der Rohbraunkohle auf weite Strecken nicht, wohl aber die Verstromung am Ort wie im Gebiet östlich von Köln und im Bereich der mitteldeutschen Braunkohlegebiete Niederlausitz und Halle/Leipzig. Gefördert wurde der Bau von Großkraftwerken auf Braunkohlebasis zur Zeit des Ersten Weltkriegs durch die Rationierung der Steinkohle, durch den Ausbau der Werke für Aluminiumelektrolyse (Aluminium im Flugzeugbau und als Ersatzstoff für Kupfer) und die Stickstoffgewinnung aus der Luft (Stickstoff als Grundlage für die Düngemittel- und Pulverherstellung).

So baute man 1915 nordöstlich von Bitterfeld bei der Braunkohlengrube Golpa das Kraftwerk Zschornewitz, für das die AEG zur Stromversorgung Berlins 1913 Pläne entworfen und Kohlengruben erworben hatte

100: Großkraftwerk Zschornewitz, Baujahr 1915. Es war das größte Wärmekraftwerk seiner Zeit. Da kein Flußwasser zur Verfügung stand, errichtete man zur Rückkühlung des Kühlwassers Kühltürme. Zusammen mit den großen Kesselanlagen zur Verfeuerung von Braunkohle geben sie im Gegensatz zu früheren Bauten Klingenbergs diesem Kraftwerk sein besonderes Gepräge.

(Abb. 100). Die Bauzeit für das Großkraftwerk mit einer ersten Ausbauleistung von 90 MW betrug trotz Mangel an Arbeitskräften und Einschränkungen durch die Kriegswirtschaft nur neun Monate. Es besaß acht Turbinen von je 16 MW Leistung, die Dampf aus 64 Kesseln erhielten. Mit einer 80-kV-Leitung wurden die 25 km entfernten Reichsstickstoffwerke und mit einer 6-kV-Leitung die neben den Kraftwerken errichtete Salpetersäurefabrik versorgt (Allgemeine Elektricitäts-Gesellschaft, 1956, S. 249–250). Im Jahr 1918 belieferte das Kraftwerk über eine 100-kV-Leitung das 150 km entfernte Berlin.

Der rasche Ausbau solcher Großanlagen wurde mit Landes- und Reichsmitteln finanziert, weshalb die Länder oder das Reich oft selbst die Werke übernahmen, also das eintrat, was Klingenberg gefordert hatte. Die staatlich gelenkte Stromversorgung, die aus Gründen besserer Wirtschaftlichkeit und sicherer Stromversorgung den Zusammenschluß größerer Gebiete zum Ziel hatte, stieß bei den kommunalen Werken auf Widerstand. Dennoch wurde nach dem Ende des Ersten Weltkriegs, um der Zersplitterung in der Elektrizitätswirtschaft Einhalt zu gebieten, am 31. 12. 1919 ein Gesetz betreffend die Sozialisierung der Elektrizitätswirtschaft erlassen, in dem es hieß:

«Das Reichsgebiet ist bis spätestens 1. Oktober 1921 zum Zwecke der Elektrizitätsbewirtschaftung in Bezirke einzuteilen, die sich nach wirtschaftlichen Gesichtspunkten gliedern.

Für diese Bezirke sind unter Führung des Reiches Körperschaften oder Gesellschaften zu bilden, in denen jedenfalls die der Erzeugung und Fortleitung elektrischer Arbeit dienenden Anlagen zusammenzuschließen sind, mit Ausnahme derjenigen Unternehmungen, die die von ihnen erzeugte elektrische Arbeit ausschließlich oder ganz überwiegend für eigenen Betriebe verbrauchen» (Boll, 1969, S. 57).

Zudem war das Reich befugt,

«... das Eigentum oder das Recht der Ausnutzung von Leitungen ab 50 kV aufwärts und von Erzeugungsanlagen mit einer installierten Maschinenleistung (bzw. von Wasserkraftkonzessionen mit einer Leistungsfähigkeit) von 5 MW und mehr zu übernehmen» (Boll, 1969, S. 57).

Das Gesetz, mit dem die Stromversorgung im Großen und die Verbundleitungen in Reichsbesitz gebracht werden sollten, blieb in den folgenden Jahren ohne Auswirkung. Dies hing u. a. damit zusammen, daß man bei Überführung von Privat- in Reichsbesitz ein Einschreiten der Siegermächte auf Grund des Versailler Vertrages befürchtete.

Die Bearbeitung der erforderlichen Ausführungsgesetze wurde zwar einem im Sozialisierungsgesetz beschlossenen Elektrizitätsbeirat aus Vertretern des Reichs, der Länder und der Unternehmungen übertragen, doch fanden die Verhandlungen keinen Abschluß. Zur Klärung strittiger Fragen wurden Gutachten über die weitere Entwicklung der deutschen

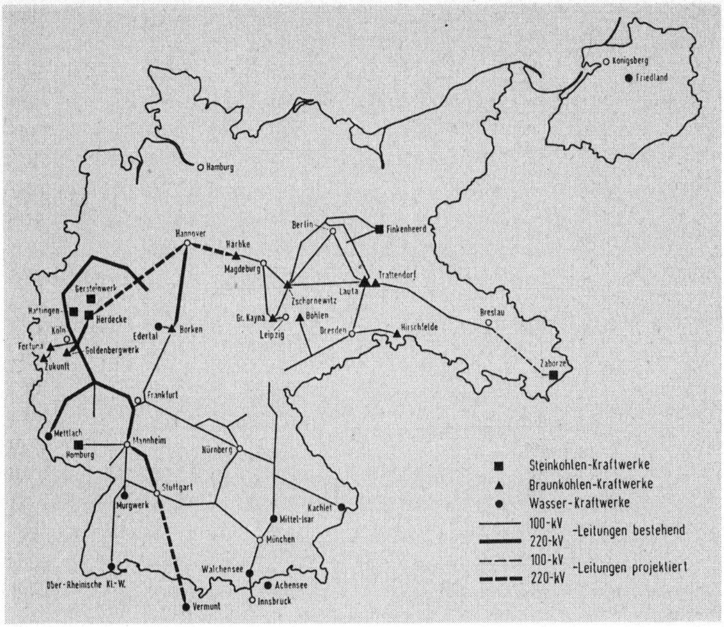

101: Deutsches Hochspannungsnetz 1930. Nach dem Ersten Weltkrieg entstanden große, teilweise länderübergreifende Elektrizitätsversorgungsunternehmen, deren Werke sich durch Verbundnetze gegenseitig aushalfen. So reichte das Netz der Rheinisch-Westfälischen Elektrizitätswerk AG (RWE) von der holländischen Grenze bis zum Bodensee und umfaßte Steinkohlen-, Braunkohlen- und Wasserkraftwerke.

Elektrizitätsversorgung auf der Grundlage neuer Erhebungen angefordert. Im Einvernehmen mit dem Reichswirtschaftsminister erstellte v. Miller ein 1930 gedrucktes Gutachten, das vom Stand des Jahres 1925 ausgehend den für 1935 zu erwartenden Verbrauch im Deutschen Reich ermitteln sollte. Von Miller schätzte die Steigerung des Verbrauches von 8,6 Milliarden kWh (das entspricht der Stromerzeugung in Berlin [West] für 1983) auf das 3,5fache. Das bedeutete einen Ausbau der Kraftwerke mit Laufwasser auf das 3fache, mit Speicherwasser auf das 6,4fache, mit Braunkohle und Torf auf das 2,2fache und der Werke mit Steinkohle und Öl nur auf das 1,6fache (Boll, 1969, S. 59). Für den räumlichen Ausgleich im Deutschen Reich sah v. Miller ein 220-kV-Verbundnetz vor mit einer ringförmigen Sammelschiene (Abb. 101), um so die Wasserkräfte des Südens im Norden zu nutzen und umgekehrt in den Wintermonaten den Strom aus den Kohlegebieten nach Süden zu leiten (Abb. 102).

Die Stromerzeugung der öffentlichen Elektrizitätswerke steigerte sich

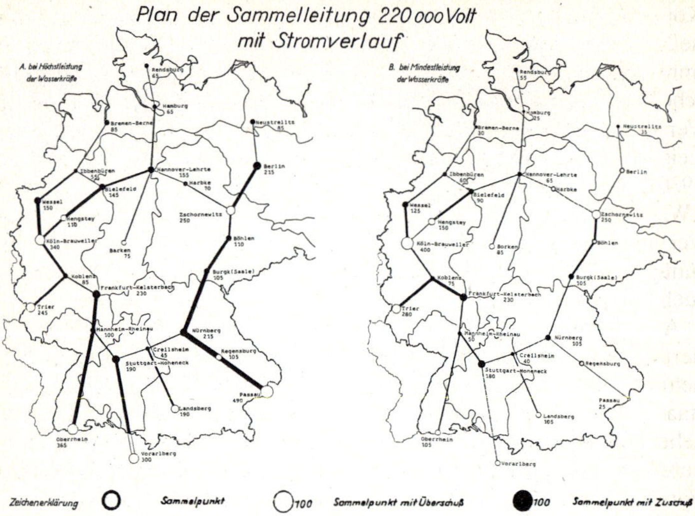

102: Leitungen und Netzlasten im deutschen Verbundnetz nach dem Gutachten von v. Miller 1930. Von der ringförmigen Sammelschiene ausgehend versorgen Ausläufer die Hauptkonsumgebiete bzw. schließen weitere größere Werke an. Je nach Jahreszeit werden die 220-kV-Doppelleitungen zwischen den etwa 30 Sammelpunkten unterschiedlich belastet (Leistung in MW).

zwar von 1925–1929, sank dann aber wegen der Wirtschaftskrise und erreichte 1935 mit rund 22 Milliarden kWh einen Wert, der erheblich unter der Vorhersage v. Millers von 31 Milliarden kWh blieb.

Inzwischen waren die Nationalsozialisten an die Macht gelangt, und die Regierung ordnete noch im Jahr 1933 erneute Untersuchungen zur deutschen Stromversorgung an, in die auch wehrpolitische Überlegungen Eingang fanden. Die Meinungen der Fachleute waren geteilt. Während die einen die Vorteile der Verbundwirtschaft wie längere Benutzungsdauer, höhere Betriebssicherheit bei geringeren Maschinenreserven, wirtschaftliche Ausnutzung der Erzeugungsmöglichkeiten und gegenseitige Hilfe bei Störungen hervorhoben, vertraten andere die auch in Kreisen der nationalsozialistischen Partei geteilte Ansicht, daß die Kosten für die Fernleitungen ein Mehrfaches der Erzeugungskosten betrügen. Letztere propagierten Hauszentralen mit Benzinmotoren, lehnten weitere Rationalisierungen im Hinblick auf die damalige Arbeitslosigkeit ab und forderten aus volkswirtschaftlichen Gründen den Ausbau von Kleinwasserkraftwerken und nicht den von Großwasserkraftwerken (Boll, 1969, S. 68 und S. 73ff). Kritiker der Fernstromerzeugung in Wärmekraftwerken wiesen auf die Vorteile der erst in Ansätzen vorhandenen Kraft-Wärme-

Kopplung bei Kraftwerken in der Nähe der Verbraucher hin, denn nur so ließe sich die Abwärme für Heizzwecke nutzen. Ein Hauptargument für immer größere Wärmekraftwerke waren jedoch der günstigere spezifische Wärmeverbrauch (das Verhältnis von Kilokalorie pro kWh) und die Verminderung der spezifischen Anlagekosten (Kapital pro installierte Leistung von 1 kW). Bei den Berliner Werken sank zwischen 1885 und 1930 der Wärmeaufwand von 25000 auf 4000 Kilokalorien pro erzeugte kWh (Matschoß u. a., 1934, S. 147). Die Frage, ob Großkraftwerken mit Verbundsystem oder Kleinkraftwerken der Vorzug zu geben ist, ist heute, fünfzig Jahre später und unter anderen Rahmenbedingungen, wieder aktuell geworden und heftig umstritten.

Am 13. Dezember 1935 wurde das noch heute gültige Gesetz zur Förderung der Energiewirtschaft erlassen. Die Energieversorgungsunternehmen (für Gas und Elektrizität) sind unabhängig von ihrer Rechtsform staatlicher Aufsicht unterstellt. Für bestimmte technische und wirtschaftliche Veränderungen gilt eine Anzeigepflicht gegenüber dem Staat, der unter Umständen eingreifen kann, weiterhin besteht für das jeweilige Versorgungsgebiet Anschluß- und Versorgungspflicht. Unabhängig von den verschiedenen Standpunkten kann man doch den damaligen und heute noch geltenden Gesichtspunkten zustimmen:

«Die Energiewirtschaft soll auf lange Sicht

1. den Bau und Ausbau von Energieerzeugungs- und -verteilungsanlagen so lenken, daß die billigste und sicherste Bereitstellung der erforderlichen Energie erreicht wird;
2. die Energietarife so beeinflussen, daß sie den Bedürfnissen der Verbraucher angepaßt, volkswirtschaftlich zweckmäßig und schließlich gebietsweise und im ganzen Reichsgebiet möglichst angeglichen sind;
3. die Abnehmerkreise, welche praktisch einem Versorgungsmonopol gegenüberstehen, gegen einen Mißbrauch der wirtschaftlichen Machtstellung schützen» (Boll, 1969, S. 77).

Der Sicherstellung der Energieversorgung, der entsprechend dem wirtschaftlichen Aufschwung in der Nachkriegszeit Vorrang eingeräumt wurde, entsprach der Ausbau der Elektrizitätswerke und die Steigerung der installierten Leistung.

Die Elektrizität hat mit ihren verschiedensten Anwendungsformen in den letzten Jahrzehnten das wirtschaftliche Leben und das des einzelnen Menschen immer mehr durchdrungen. Andererseits nehmen wir im täglichen Leben die Verteilung der Elektrizität, da sie in den Städten unterirdisch erfolgt, und ihre Erzeugung, da die großen Werke zumeist außerhalb der Städte liegen, kaum mehr war.

Die Erzeugung der Elektrizität, oder korrekt, die Umwandlung von Primärenergien in die Sekundärenergie Elektrizität bildet heute das große Problem in der Energieversorgung. Uns steht heute im Vergleich zu früher eine viel größere Palette von Primärenergieträgern zur Verfügung: Stein- und Braunkohle, Wasserkraft, Erdgas, Heizöl, Windenergie, Atomkraft und Solarenergie (abgesehen von der Tier- und Menschenkraft). Aus technischer Sicht können alle für die Energieversorgung herangezogen werden. Alle haben im Vergleich zueinander Vor- und Nachteile bezogen auf Verfügbarkeit und Umwelteinflüsse. Damit entzieht sich, auch wenn wir durch die bisherige Entwicklung des elektrischen Versorgungssystems weitgehend gebunden sind, die Entscheidung für den einen oder anderen Energieträger oder für eine Kombination einer rein technischen Betrachtung, die, die Gesamtzusammenhänge außer acht lassend, zu kurz greifen würde.

8. Studien im Deutschen Museum

Der Besucher des Deutschen Museums findet eine Fülle von Gegenständen, Modellen und Demonstrationen zur Geschichte der Elektrotechnik. In der Physikabteilung wird eine Einführung in die grundlegenden Phänomene der Elektrizität und des Magnetismus gegeben. Die Abteilung Elektrische Energietechnik umfaßt die praktische Erzeugung, Verteilung und Anwendung des elektrischen Stroms seit etwa 1830. Die Geschichte der Nachrichtentechnik ist zwar nicht Gegenstand dieses Buchs, doch empfiehlt sich zur Ergänzung ein Besuch in dieser Abteilung.

Aber auch andere Abteilungen besitzen Objekte, bei denen die Elektrizität eine Rolle spielt und die zeigen, wie weit die Elektrotechnik andere Technikbereiche prägt, zum Beispiel die Eisenbahn oder den Bergbau (erste Elektrolokomotive). Nicht vergessen werden dürfen die Abteilungen, in denen Dampfmaschinen, Wasserturbinen und Verbrennungsmotoren sowie die Primärenergieträger als Voraussetzung für die Stromerzeugung behandelt werden.

Die Elektrodynamik in der Abteilung Physik
(Abb. 103, 104)
Entsprechend der historischen Entwicklung steht am Eingang der Abteilung eine Vitrine mit Bernstein. Die Abbildung mit der Guerickeschen Schwefelkugel leitet über zu den verschiedenen Typen von Reibungselektrisiermaschinen, die Reibkörper in Kugel- bzw. Zylinderform und Scheibenform besitzen. Die Wirksamkeit der Elektrisiermaschinen konnte mit den seit 1745 bekannten Leidener Flaschen (Kondensatoren) erhöht werden. Die in der Abteilung ausgestellte Batterie von Flaschen und die dazugehörige Maschine wurden von Ohm benutzt. In der gegenüber stehenden Dampfelektrisiermaschine aus der Zeit nach 1840 läßt sich durch ausströmenden Dampf, und zwar durch Reibung der Wasserteilchen im Ausflußkanal, ebenfalls Elektrizität gewinnen. Noch stärkere Wirkungen konnten mit der 1865 erfundenen und für physikalische Demonstrationen benutzten Influenzelektrisiermaschine erzielt werden, deren Spannung durch Selbsterregung unter Ausnutzung der Influenza, ausgehend von kleinen Werten, enorm gesteigert wurde.

Versuchsanordnungen ermöglichen es dem Besucher, selbständig mit der Reibungselektrizität zu experimentieren. Zum Nachweis und zur Messung der Elektrizität dienen Elektroskope, Elektrometer und eine Coulombsche Drehwaage. Mit einer solchen Waage bestimmte Coulomb 1784 die Gesetzmäßigkeiten für Anziehung und Abstoßung zwischen geladenen Körpern.

Der anschließende Teil ist dem Magnetismus und dem Erdmagnetismus gewidmet, deren Erforschung im wesentlichen mit Gilbert im Jahre 1600 beginnt. Ausgestellt sind armierte Magneteisensteine, Stahlmagnete, Kompasse und Apparate zur Erforschung des Erdmagnetismus.

Eine neue Epoche in der Geschichte der Elektrizitätslehre leiteten die galvanischen Elemente ein, zu deren Erfindung durch Volta im Jahre 1800 die auf Stichen gezeigten Froschschenkelversuche Galvanis den Anstoß bildeten. Ausgestellt sind

1. Obergeschoß

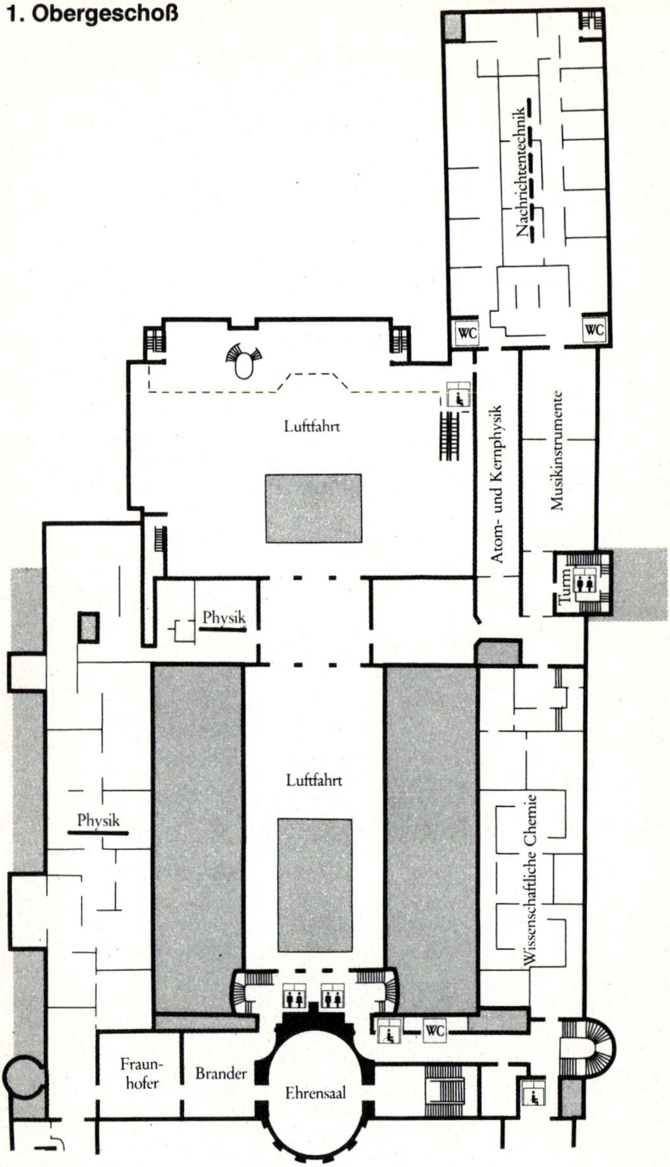

103: Lageplan der Abteilung Physik im 1. Obergeschoß des Deutschen Museums.

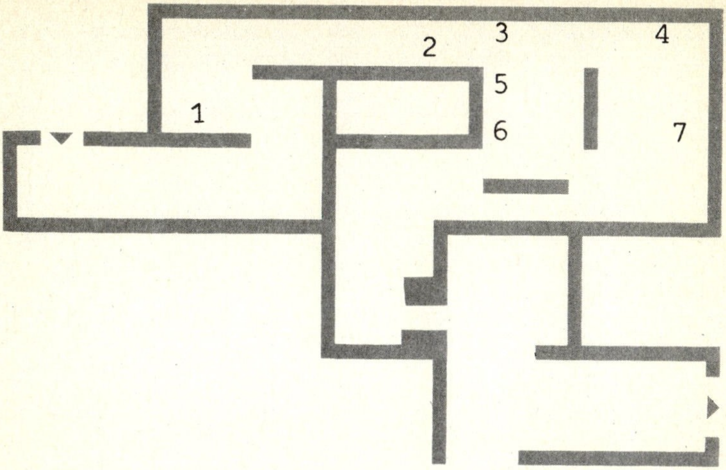

104: Raumplan des Bereichs Elektrizität und Magnetismus in der Abteilung Physik: 1 = Reibungselektrizität; 2 = Influenzmaschinen und Magnetismus; 3 = Strom- und Spannungsmessung; 4 = Magnetfeld elektrischer Ströme; 5 = Galvanische Elemente; 6 = Elektrolyse; 7 = Elektromagnetische Induktion.

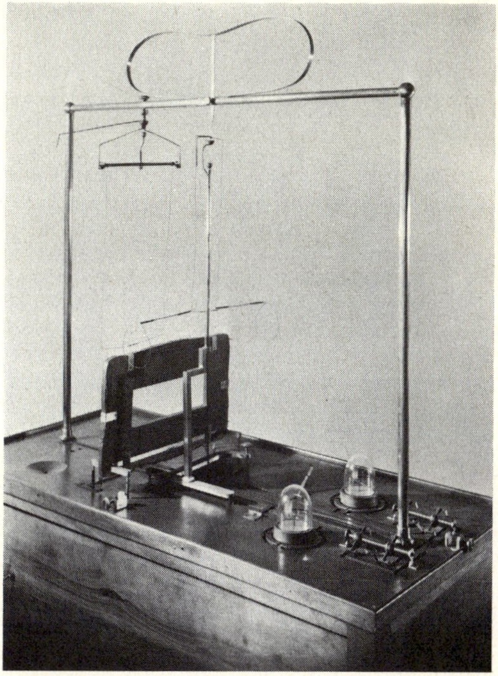

105: Experimentiertisch von A. M. Ampère, 1824. Der von Ampère entwikkelte Tisch wurde von H. Pixii in Paris in mehreren Exemplaren gebaut. Rechts von den beiden Galvanometern befinden sich zwei Ampèresche Wippen zum Umschalten des Stroms für die große Spule und die aufgehängten Drähte.

Nachbildungen der Voltaschen Säule und der Tassenkrone und neben anderen Primärelementen auch ein Daniellelement. Die galvanischen Elemente bilden den Ausgangspunkt für die Elektrolyse.

Die bekannteste Gesetzmäßigkeit in der Elektrotechnik, das Ohmsche Gesetz, wird in der gegenüberliegenden Vitrine an Hand von Originalapparaten erläutert. Die von Ohm 1826/27 benutzte Drehwaage fußt auf der Entdeckung von Oersted im Jahr 1820, die zusammen mit der Entdeckung der elektromagnetischen Induktion durch Faraday 1831 zu den Grundlagen der Elektrotechnik zählt. Ein Experimentiertisch, den Ampère 1821/24 entwickelte, vermittelt einen Eindruck von der damaligen Arbeitsweise eines Forschers (Abb. 105).

In weiteren Vitrinen werden Begriffe wie Strom, Spannung, Widerstand, elektrische Energie erläutert und Meßapparate für die jeweilige elektrische Größe vorgestellt. Besonderes Interesse verdienen abschließend die in dieser Abteilung ausgestellten elektromagnetischen bzw. magnetelektrischen Maschinen, die allein durch ihre geringe Größe weniger als brauchbare Maschinen als vielmehr als physikalische Spielereien einzustufen sind. Wie weit solche Maschinen als Kombination von Stahl-, Elektromagneten und Weicheisensankern verbreitet waren, zeigen die Namen der Konstrukteure: Froment aus Frankreich, Stöhrer aus Sachsen, Page aus den USA und Kravogl aus Tirol, dessen Maschine aus dem Jahre 1867 stammt.

Abteilung Elektrische Energietechnik
(Abb. 106, 107)
Wenn es sich einrichten läßt, dann sollte der Rundgang durch die Abteilung Elektrische Energietechnik mit der Vorführung der Hochspannungsanlage (1) beginnen. Mit dem Stoßgenerator (1200000 V) lassen sich Blitzeinschläge simulieren, die die Gefährlichkeit der ungebändigten Elektrizität eindrucksvoll demonstrieren.

Im danebenliegenden, kleineren Saal (Abb. 108) werden uns die Grundlagen der elektrischen Maschinen (2), wie wir sie bereits von der Abteilung Physik kennen, noch einmal ins Gedächtnis gerufen.

Auf die ersten Anwendungen dieser Prinzipien in den dreißiger Jahren des 19. Jahrhunderts weisen die Zeichnung eines von Jacobi erbauten Elektromotors und die zahlreichen Originale von magnetelektrischen Maschinen (Generatoren) hin, unter denen die von Pixii (3) die älteste ist. Ein Bild der Maschine von Woolrich, die für die Galvanotechnik verwandt wurde, und die riesige Alliance-Maschine, die, wie im Diorama gezeigt, bei Leuchttürmen eingesetzt wurde, veranschaulichen die Generation von elektrischen Maschinen (4) vor der Entdeckung des dynamoelektrischen Prinzips.

Die 1866 konstruierte Dynamomaschine von W. v. Siemens, dessen Büste in der Wand darüber eingelassen ist, verdient besondere Beachtung (5). Mit dem dynamoelektrischen Prinzip ist der Aufschwung der Elektrotechnik eng verbunden; für die erfolgreiche Anwendung dieses Prinzips bedurfte es jedoch weiterer Verbesserungen, wie zum Beispiel der Erfindungen des Ringankers durch Pacinotti und Gramme und des Trommelankers durch v. Hefner-Alteneck (6).

Die Dynamomaschine ersetzte in vielen Fällen die teuren Batterien, sie erforderte jedoch eine Antriebskraft. Die elektrischen Maschinen sind als Glieder einer Kette anzusehen: Antriebskraft (z. B. Dampfmaschine oder Verbrennungsmotor)

Erdgeschoß

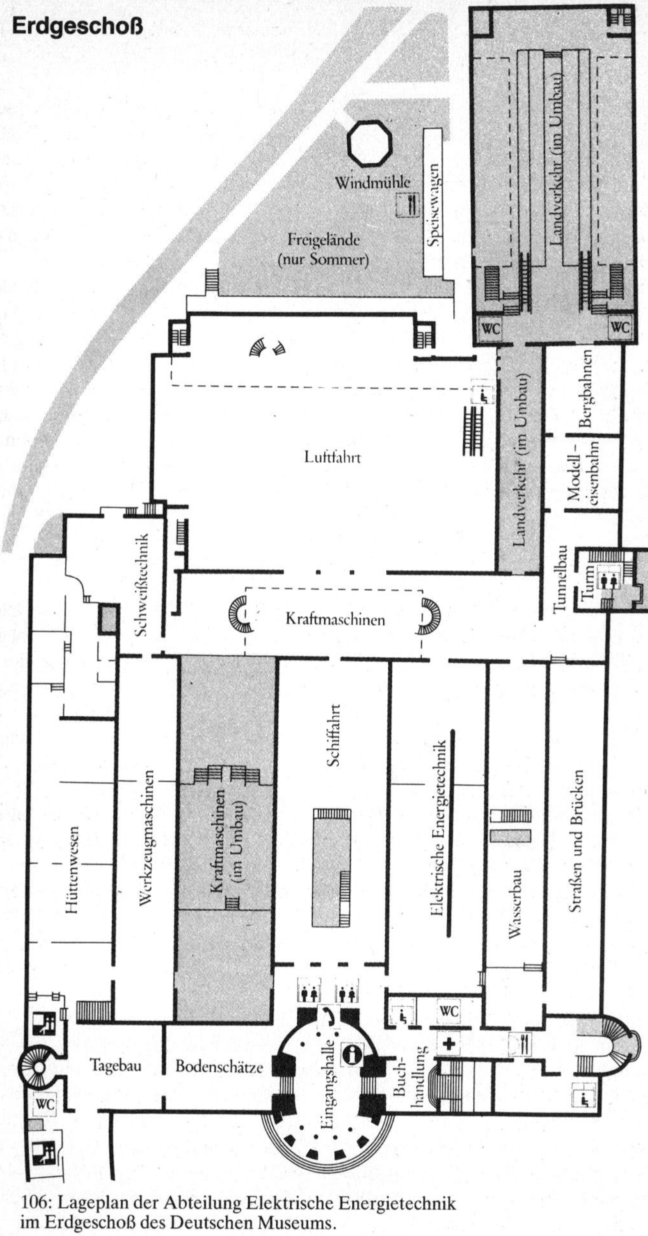

106: Lageplan der Abteilung Elektrische Energietechnik im Erdgeschoß des Deutschen Museums.

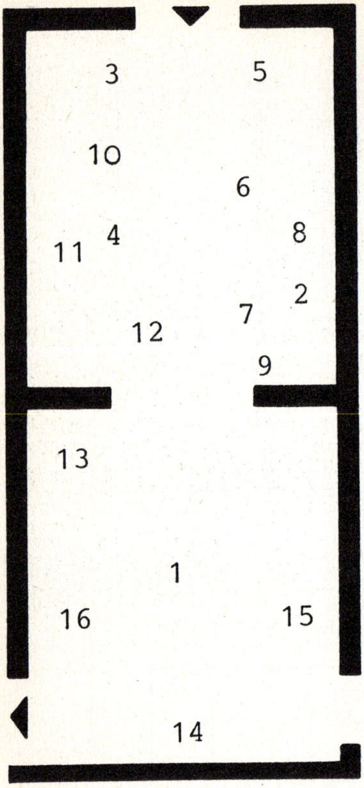

107: Raumplan der Abteilung Elektrische Energietechnik (Erläuterung der Zahlen im Text).

– Stromerzeuger (Generator) – Übertragung – Stromverbraucher (z. B. Elektromotor oder elektrische Beleuchtung). Leider gehen diese Zusammenhänge bei den isoliert aufgestellten Maschinen oft verloren.

Während bei den Einzelanlagen (Beleuchtungswagen: Dampflokomobile, Dynamomaschine und Bogenlampe) Stromerzeuger und Stromverbraucher eng beieinander liegen (7), sind sie bei den Zentralstationen (Diorama Pearl Street Station in New York) getrennt (8).

Die Vielfalt der Maschinen in Größe, Konstruktion und Leistung veranschaulichen die Gleichstrommaschinen aus der Zeit von 1868 bis 1900, die im Prinzip sowohl als Generator als auch als Motor betrieben werden konnten (9). So benutzte man 1882 bei der Gleichstromübertragung von Miesbach nach München für den Generator in Miesbach den gleichen Maschinentyp wie für den Motor der Pumpe in München.

Wurden bis jetzt Gleichstrommaschinen (mit Ausnahme einiger weniger Maschinen für die elektrische Beleuchtung) vorgestellt, so gewinnt mit der Stromübertragung über weite Strecken die Wechselstrom- und Drehstromtechnik an Bedeutung.

108: Blick in den Raum Elektromaschinenbau der Abteilung Elektrische Energietechnik. Im Vordergrund Beispiele aus der frühen Entwicklung der Dynamomaschinen, in der Mitte ein dampfbetriebener Beleuchtungswagen von Siemens & Halske aus dem Jahr 1878, im Hintergrund rechts Experimentiereinrichtungen zu Anwendungen des Drehstroms.

Für die Verteilungssysteme mit Wechsel- und Drehstrom waren die Transformatoren unentbehrlich, von denen der Ringtransformator der Ungarn Déri, Blathy und Zipernowsky angeführt werden soll (10). Durch das Umformen niedriger Spannungen auf hohe Spannungen konnten die neuen Stromarten im Gegensatz zum Gleichstrom über große Entfernungen mit geringen Verlusten übertragen werden.

Eine weitere, für den Erfolg ausschlaggebende Voraussetzung, bildete der Bau leistungsfähiger Wechsel- und Drehstrommotoren. Die Erzeugung von Drehfeldern wird vorgeführt, und die Wirkungsweise des Drehstroms durch ein hydraulisches Modell anschaulich gezeigt (11). Eine Schlüsselstellung in der Anwendung des Drehstroms nimmt der Drehstrommotor mit Kurzschlußläufer von v. Dolivo-Dobrowolsky ein, der an Einfachheit und Aufbau kaum zu übertreffen ist (12).

Von der damals als sensationell empfundenen Drehstromübertragung Lauffen–Frankfurt a. M. anläßlich der Internationalen Elektrizitätsausstellung 1891 stammen der Drehstromgenerator und der dazugehörende Drehstromtransformator (13).

Damit sind wir bereits bei den Kraftwerken und Kraftwerkseinrichtungen sowie der Verteilung elektrischer Energie im beginnenden 20. Jahrhundert angelangt. Eine abschließende Zusammenschau bietet der Abschnitt Elektrizitätswirtschaft für die vielfältigen Einzelentwicklungen. Exemplarisch wird der Weg des Stroms vom Erzeuger (Kraftwerk) zum Verbraucher aufgezeigt (14).

Wer nach diesem Rundgang noch überschüssige Kräfte besitzt, kann an einem Dynamo mit Tretrad (15) erfahren, was eine Kilowattstunde, die Einheit der elektrischen Arbeit, bedeutet. Die Umwandlung des so erzeugten elektrischen Stroms in mechanische und chemische Energie sowie in Licht und Wärme werden in der gegenüberliegenden Vitrine im Prinzip dargestellt (16). Damit stehen der Elektrizität vielfältige Anwendungen offen, wie sich durch den Besuch anderer Abteilungen des Deutschen Museums leicht feststellen läßt.

Anhang

Literatur- und Quellenverzeichnis

Abkürzungen von benutzten Zeitschriften

AEMC	Annals of Electricity, Magnetism and Chemistry;
AJS	American Journal of Science and Arts;
APC	Annalen der Physik und Chemie;
BGTI	Beiträge zur Geschichte der Technik und der Industrie;
BSAP	Bulletin Scientifique publié par L'Academie Imperiale des Sciences de Saint-Pétersbourg;
BULL SEV/VSE	Bulletin des Schweizerischen Elektrotechnischen Vereins/des Verbandes Schweizerischer Elektrizitätswerke;
DMAB	Deutsches Museum, Abhandlungen und Berichte;
DPJ	Dinglers Polytechnisches Journal;
ETZ	Elektrotechnische Zeitschrift;
GEE	Geschichtliche Einzeldarstellungen aus der Elektrotechnik;
JCP	Journal für Chemie und Physik;
NTM	Zeitschrift/Schriftenreihe für Geschichte der Naturwissenschaften, Technik und Medizin;
Phil.Trans.	Philosophical Transactions of the Royal Society;
SAA	Siemens-Archiv-Akte, Siemens Museum, München;
TG	Technikgeschichte;
VSWG	Vierteljahrschrift für Sozial- und Wirtschaftsgeschichte;
Zeitschr. f. angew. Elektr.lehre	Zeitschrift für Angewandte Elektricitätslehre.

Benutzte Archive

1: Bayerisches Hauptstaatsarchiv, München.
MA 8724, $9r^2 - v^2$.
2: Zentrales Staatsarchiv, Merseburg.
Rep. 120 D XIV 2, No. 36, Vol. 1, Bl. 71 v.
3: Fürstlich Fürstenbergisches Archiv, Donaueschingen.
Hauptabtlg. = OB^{19}, Vol. LXXII, Korr. «W», Fürst Karl Egon II. 28.10.1841.

Ahrens, Willy (Hg.): Briefwechsel zwischen C. G. J. Jacobi und M. H. Jacobi. Leipzig 1907. (Abh. z. Gesch. d. math. Wissenschaften mit Einschluß ihrer Anwendungen, XXII. Heft)

Albanus, L. T. u. Böse, Ch. H.: Materialien für Elektriker. 2. Lieferung Halle 1790.

Allgemeine Elektricitäts-Gesellschaft (Hg.): 50 Jahre AEG. Berlin 1956.

Allgemeiner Bericht über die Internationale Elektrotechnische Ausstellung in Frankfurt am Main 1891. Hg. v. Vorstand der Ausstellung, Frankfurt a. M. 1893.

Ampère, André Marie u. Babinet, Jacques: Darstellung der neuen Entdeckungen über die Electricität und den Magnetismus von Oersted, Arago, Ampère, H. Davy, Biot, Erman, Schweigger, de la Rive u. s. w. aus dem Französischen. Leipzig 1822.

Amtlicher Bericht über die achtzehnte Versammlung der Gesellschaft deutscher Naturforscher und Aerzte zu Erlangen im September 1840. Erlangen 1841.

Balmer, Heinz: Beiträge zur Geschichte der Erkenntnis des Erdmagnetismus, Aarau 1956 (= Veröffentl. d. Schweizer. Gesellsch. f. Gesch. d. Medizin u. d. Naturwiss., XX).

Boll, Georg: Entstehung und Entwicklung des Verbundbetriebs in der deutschen Elektrizitätswirtschaft bis zum europäischen Verbund. Frankfurt a. M. 1969.

Bowers, Brian: Die Frühgeschichte des Elektromotors. In: Philips Technische Rundschau 35 (1975/76), Nr. 4, S. 85–104.

Bowers, Brian: A History of Electric Light & Power. London 1982.

Braun, Hans-Joachim: Gas oder Elektrizität; Zur Konkurrenz zweier Beleuchtungssysteme, 1880–1914. In: TG 47 (1980), S. 1–19.
Buchheim, Gisela: Die Entwicklung des elektrischen Meßwesens und die Gründung der Physikalisch-Technischen Reichsanstalt. In: NTM 14 (1977), Heft 1, 16–32.
Buchheim, Gisela: Zu einigen Voraussetzungen für das Entstehen der Elektrotechnik als technikwissenschaftliche Disziplin. In: Dresdener Beiträge zur Geschichte der Technikwissenschaften, Heft 2, 1980, S. 53–67.
Buddensieg, Tilmann: Industriekultur. Peter Behrens und die AEG 1907–1914. Berlin 1979.
Büggeln, Heinrich: Die Entwicklung der öffentlichen Elektrizitätswirtschaft in Deutschland. Stuttgart 1930.
Caneva, Kenneth L.: From Galvanism to Electrodynamics: The Transformation of German Physics and its Social Context. In: Historical Studies in the Physical Sciences 9 (1978), S. 63–159.
Chipmann, R. A.: The earliest electromagnetic instruments. In: U.S.National Museum Bulletin 240. Washington 1964. S. 121–136.
Clarke, C. E. M.: A Description of a Magnetic Electrical Machine. In: AEMC 1 (1837), S. 145–155.
Czada, Peter: Die Berliner Elektroindustrie in der Weimarer Zeit. Berlin 1969. (= Einzelveröffentlichung der Historischen Kommission zu Berlin, Bd. 4)
Die Dampfkraft ersetzt durch eine neue mindestens zehnmal wohlfeilere (45 Pferde = 2 Thlr. täglich) und dabei gefahrlose Kraft ... Leipzig 1841.
Dettmar, Georg: Elektrizität im Hause. Berlin 1911.
Dettmar, Georg: Die Entwicklung der Starkstromtechnik in Deutschland, Bd. I bis 1890. Berlin 1940.
Dibner, Bern: Early Electrical Machines. Norwalk, Conn. 1959.
Dictionnaire d'électricité et de magnétisme. Hg. von Julien Lefèvre, Paris 1891.
Die Elektrotechnik in Frankfurt am Main. Festschrift zur 6. Jahresversammlung des Verbandes deutscher Elektrotechniker in Frankfurt a. M. 2.–5. Juni 1898. Frankfurt a. M. 1898.
Dolivo-Dobrowolsky, Michael von: Über den Wirkungsgrad von Transformatoren. In: GEE, Berlin 1928, 1. Bd., S. 57–73.
Dub, Julius: Der Elektromagnetismus. Berlin 1861.
Dunsheath, Percy: A History of Electrical Engineering. London 1962.
Elektromotor oder Verbrennungskraftmaschine. Hg. v. Vereinigung der Kleingasmotoren-Fabrikanten, Berlin 1910.
Zur Erinnerung an die Kraftübertragung Lauffen–Frankfurt 1891. Hg. v. Württembergischen Portland-Cement-Werk. Heilbronn 1966.
Faraday, Michael: Experimental-Untersuchungen über Elektricität. Übers. v. S. Kalischer, Bd. I, Berlin 1889, S. 68–97.
Fierz, Markus: Die Entwicklung der Elektrizitätslehre als Beispiel der physikalischen Theorienbildung. Basel 1951.
Finn, Bernhard S.: Output of eighteenth-century electrostatic machines. In: British Journal for the History of Science, 5 (1971), Nr. 19, S. 289–291.
Fischer, Ludwig: Werner Siemens und der Schutz der Erfindungen. In: Wissenschaftliche Veröffentlichungen aus dem Siemens-Konzern, 2 (1922), S. 1–69.
Franklin, Benjamin: Des Herrn Benjamin Franklins Esq. Briefe von der Elektricität, aus dem Englischen und nebst Anmerckungen von Johann Carl Wilcke. Leipzig 1758.
Franklin, Benjamin: Experiments and Observations on Electricity made in Philadelphia in America. London 1769.
Fricke, Heinz: 150 Jahre Physikalischer Verein Frankfurt a. M., Frankfurt a. M. 1979.
50 Jahre Elektrotechnischer Verein. Festschrift zum fünfzigjährigen Bestehen des elektrotechnischen Vereins. Hg. v. Hans Görges. Berlin 1929.
Fürst, Arthur: Das elektrische Licht. Von den Anfängen bis zur Gegenwart. Nebst einer Geschichte der Beleuchtung. München 1926.
Galvani, Luigi (Aloisius): Abhandlung über die Kräfte der Electricität bei der Muskelbewegung (1791), auf Deutsch hg. v. A. J. v. Oettingen, Leipzig 1894. (= Ostwald's Klassiker, Nr. 52).
Die Gartenlaube. Illustriertes Familienblatt. Leipzig Jg. 1891.
Gehler: Johann Samuel Traugott Gehler's Physikalisches Wörterbuch. Hg. v. Heinrich Wilhelm Brandes, Leopold Gmelin, Johann Caspar Horner u. a. Leipzig 1825–1845.
Gerlach, Walter: Die Entwicklung der Physik der Elektrizität im 19. Jahrhundert. In: TG 33 (1966), S. 365–387.

Giedion, Sigfried: Die Herrschaft der Mechanisierung. Frankfurt 1982 (aus d. Engl. 1948).
Gilbert, William: De Magnete. London 1600. Englische Übersetzung v. P. Fleury Mottelay, 1893 (Reprint 1958). Deutsche Übersetzung ausgewählter Kapitel bei Balmer 1956.
Gross, Arnold Th.: Zeittafel zur Entwicklung der Elektrizitäts-Versorgung. In: BGTI 25 (1936), S. 126–138.
Guericke, Otto v.: Neue (sogenannte) Magdeburger Versuche über den leeren Raum. Lateinisch (Amsterdam 1672). Übers. u. hg. v. Hans Schimank, Düsseldorf 1964.
Hackmann, W. D.: Electricity from Glass: the History of the Frictional Electrical Machine, 1600–1850. Alphen aan den Rjin 1978.
Heidelberger, Michael: Der Wandel der Elektrizitätslehre zu Ohms Zeit. (Diss.) München 1979.
Heilbron, John L.: Electricity in the 17th and 18th centuries. Norwalk, Conn. 1979.
Heintzenberg, Friedrich: Werner Siemens und die Entstehung der Dynamomaschine. Berlin 1941. (= DMAB 13 [1941], Heft 4).
Heintzenberg, Friedrich: Friedrich von Hefner-Alteneck. München und Düsseldorf 1951. (= DMAB 19 [1951], Heft 2).
Hennig, Richard: Aus der Geschichte des Blitzableiters, in: BGTI 16 (1926), S. 183–199.
Henry, Joseph: The Papers of Joseph Henry. Hg. v. Nathan Reingold. Bisher 4 Bde. Washington 1972–1981.
Hermann, Armin (Hrsg.): Johann Wilhelm Ritter. Die Begründung der Elektrochemie und Entdeckung der ultravioletten Strahlen. Frankfurt a. M. 1968.
Hermann, Armin: Der Kraftbegriff bei Michael Faraday und seine historische Wurzel. In: Physikalische Blätter 26 (1970), S. 247–252; II, S. 298–301.
Hillebrand, Franz: Zur Geschichte des Drehstromes. In: ETZ-A 80 (1959), S. 409–421, 453–461.
Hoppe, Edmund: Die geschichtliche Entwicklung des Akkumulators. In: BGTI 1 (1909), S. 145–175.
Hoppe, Edmund: Geschichte der Elektrizitätslehre. Leipzig 1884. (Reprint, Wiesbaden 1969).
100 Jahre elektrische Eisenbahn 1879–1979. Starnberg 1979.
Hunt, Robert: Ueber die Anwendbarkeit des Elektromagnetismus als Triebkraft. In: DPJ CXVIII (1850), S. 26–30.
Imhof, A.: Die ersten Elektromotoren. In: Bulletin SEV/VSE 70 (1979), 23, S. 1242–1246.
Jacobi, Moritz Hermann: Mémoire sur l'application de l'électromagnétisme au movement des machines. Potsdam 1835.
Jacobi, Moritz Hermann und Emil Lenz: Über die Gesetze der Electromagnete. In: BSAP 4 (1838), Sp. 337–367. Fortgesetzt in: BSAP 5 (1839), Sp. 257–272.
Jacobi, Moritz Hermann: Die Galvanoplastik, ... Petersburg 1840 (zuerst auf Russisch 1840).
Jacobi, Moritz Hermann: Über die Principien der electromagnetischen Maschine. In: APC 51 (1840), S. 358–372 (zuerst auf Englisch 1840).
Jacobi, Moritz Hermann: Ueber den gegenwärtigen Stand der Versuche mit elektromagnetischen Maschinen. In: DPJ 85 (1842), S. 437–442 (Auszug aus BSAP 10 [1842]).
Jaeger, Wilhelm: Die Entstehung der internationalen Maße der Elektrotechnik. Berlin 1932 (= GEE, 4. Bd.).
Kaiser, Walter: Theorien der Elektrodynamik im 19. Jahrhundert. Hildesheim 1981.
King, W. James: The development of electrical technology in the 19th century, Part 1: The Electrochemical Cell and the Electromagnet. (= United States National Museum Bulletin 228 [1962], S. 231–271), Washington, D.C. 1962.
King, W. James: The Development of Electrical Technology in the 19th century, Part 3: The Early Arc Light and Generator. (= United States National Museum Bulletin 228 [1962], S. 334–407), Washington, D.C. 1962.
Klemm, Friedrich: Wozu Wissenschafts- und Technikgeschichte? In: ETZ-A 98 (1977), H. 1, S. 94–95.
Kocka, Jürgen: Siemens und der aufhaltsame Aufstieg der AEG. In: Tradition 17 (1972), H. 3/4, S. 125–142.
Kocka, Jürgen: Unternehmensverwaltung und Angestelltenschaft am Beispiel Siemens 1847–1914. Zum Verhältnis von Kapitalismus und Bürokratie in der deutschen Industrialisierung. Stuttgart 1969.
Krämer, O. P. u. a.: Die Geschichte der Galvanotechnik und die Entwicklung der galvanischen Metallüberzüge bis zur Neuzeit. Saulgau 1959.
Krieg, Martin: Die elektrischen Motoren und ihre Anwendungen in der Industrie und im Gewerbe sowie im Eisen- und Strassenbahnwesen. Leipzig 1891.

Kuhn, Carl: Handbuch der angewandten Elektricitätslehre mit besonderer Berücksichtigung der theoretischen Grundlagen. (= Allgemeine Encyklopädie der Physik, Bd. XX), Leipzig 1866.
Landes, David S.: Der entfesselte Prometheus. Technologischer Wandel und industrielle Entwicklung in Westeuropa von 1750 bis zur Gegenwart. Köln 1973.
Larsen, Absalon: The Discovery of Electromagnetism made in the Year 1820 by H. C. Oersted. Copenhagen 1920.
Lehmhaus, Friedrich: Von Miesbach–München 1882 zum Strom-Verbundnetz München. Düsseldorf 1983. In: (= DMAB 51 [1983], H. 3).
Leiner, Wolfgang: Geschichte der Elektrizitätswirtschaft in Württemberg, Bd. 1: Grundlagen und Anfänge. Stuttgart 1982.
Leithäuser, Joachim G.: Die unsichtbare Kraft. Berlin 1959.
Lerner, Franz: Bürgersinn und Bürgertat. Geschichte der Frankfurter Polytechnischen Gesellschaft 1816–1966. Frankfurt a. M. 1966.
Liebknecht, Wilhelm Friedrich: Karl Marx zum Gedächtnis. Nürnberg 1896.
Loewe, Josef: Elektrotechnische Industrie. In: Schriften des Vereins für Socialpolitik, Bd. CVII: Die Störungen im deutschen Wirtschaftsleben während der Jahre 1900 ff. Leipzig 1903, S. 77–155.
Lux, Heinrich: Die öffentliche Beleuchtung in Berlin. Berlin 1896.
Lux, Heinrich: Das moderne Beleuchtungswesen. Leipzig, Berlin 1914.
Mahr, Otto: Die Entstehung der Dynamomaschine. Berlin 1941. (= GEE, Bd. 5).
Mahr, Otto: Zeittafel zur Geschichte der Elektrotechnik. In: TG 30 (1941), S. 46–56.
Mann, Gunther: Schinderhannes, Galvanismus und die experimentelle Medizin in Mainz um 1800. In: Medizinhistorisches Journal 12 (1977), H. 1/2, S. 21–80.
Martin, Thomas Commerford u. Joseph Sachs; Electrical Boats and Navigation. New York 1894.
Matschoß, Conrad, E. Schulz, A. Th. Groß: 50 Jahre Berliner Elektrizitätswerke 1884–1934. Berlin 1934.
Matschoß, Conrad: Die geschichtliche Entwicklung der Allgemeinen Elektricitäts-Gesellschaft in den ersten 25 Jahren ihres Bestehens. Berlin 1909.
Matschoß, Conrad: Werner Siemens. Ein kurzgefaßtes Lebensbild nebst einer Auswahl seiner Briefe. 2 Bde. Berlin 1916.
Mauel, Kurt: Die Aufnahme naturwissenschaftlicher Erkenntnisse und Methoden durch die Ingenieure im 19. Jahrhundert. In: Naturwissenschaft, Technik und Wirtschaft im 19. Jahrhundert, hg. v. Wilhelm Treue u. Kurt Mauel, Teil 1, S. 330–350. Göttingen 1976.
May, Gustav: Die Weltliteratur der Elektrizität und des Magnetismus v. 1860–1883. Wien 1884. (= Elektrotechn. Bibl. Bd. 20).
Miller, Oscar von: Beschreibung und Darstellung Elektrischer Werke welche nach den Projecten und unter Leitung des Technischen Bureaus Oskar von Miller, München, ausgeführt sind o. O., o. J. 1900.
Miller, Oskar von: Erinnerungen an die Internationale Elektrizitätsausstellung im Glaspalast zu München im Jahre 1882. Berlin 1932. (= DMAB 4 [1932], Heft 6).
Miller, Oskar von: Die geschichtliche Entwicklung der elektrischen Kraftübertragung auf weite Entfernung. In: ETZ 52 (1931), H. 40, S. 1241–1245.
Miller, Rudolf von: Ein Halbjahrhundert deutsche Stromversorgung aus öffentlichen Elektrizitätswerken. In: BGTI 25 (1936), S. 111–125.
Mitkevitch, V. Th. (Hg.): The Electromotor in its Historical Development
Documents and Materials. Moskau 1936. Originaltexte mit russischer Übersetzung und Kommentar.
Mottelay, Paul Fleury: Bibliographical history of electricity and magnetism. London 1922.
Naglo, Emil: Die ersten 25 Jahre des Elektrotechnischen Vereins. Berlin 1904.
Natalis, Friedrich: Die erste Dynamomaschine von Werner Siemens im Lichte neuzeitlicher Meßtechnik. In: Wiss. Veröffentlichungen aus den Siemens-Werken 14 (1935), S. 1–15.
Oberliesen, Rolf: Informationen, Daten und Signale. Geschichte technischer Informationsverarbeitung. Reinbek 1982. (= Kulturgeschichte der Naturwissenschaften und der Technik, rororo 7709).
Oersted, Hans Christian: Versuche über die Wirkung des electrischen Conflicts auf die Magnetnadel. In: APC 6 (1820), S. 295–304.
Oettingen, A. J. von (Hg.): Experimental-Untersuchungen über Elektricität von Michael Faraday. Leipzig 1896 (Ostwald's Klassiker der exakten Wissenschaften, Nr. 81).
Offizieller Bericht über die im Königlichen Glaspalaste zu München 1882 unter dem Protekto-

rate Sr. Majestät des Königs Ludwig II. von Bayern stattgehabte Internationale Elektricitäts-Ausstellung verbunden mit elektrotechnischen Versuchen. Bearbeitet und herausgegeben von der Prüfungs-Commission, Redaction W. v. Beetz, O. v. Miller, E. Pfeiffer, München 1883.
Ohm, Georg Simon: Bestimmung des Gesetzes, nach welchem Metalle die Contaktelektricität leiten, nebst einem Entwurfe zu einer Theorie des Voltaischen Apparates und des Schweiggerschen Multiplicators. In: JCP 16 (1826), S. 137–166.
Ohm, Georg Simon: Die galvanische Kette, mathematisch bearbeitet. Berlin 1827.
Ose, Karl: 100 Jahre schalten, steuern, schützen. Ein Beitrag zur Geschichte der Niederspannungs-Schaltgeräte in Deutschland. Hg. v. Klöckner-Moeller Elektrizitäts GmbH. Bonn 1982.
Ostwald, Wilhelm: Elektrochemie. Ihre Geschichte und Lehre. Leipzig 1896.
Ott, Hugo u. a.: Historische Energiestatistik am Beispiel der öffentlichen Elektrizitätsversorgung Deutschlands. In: VSWG 68 (1981), S. 325–348.
Parsons, R. H.: The Early Days of the Power Station Industry. Cambridge 1939.
Peschkau, Emil: Die Poesie der Elektrotechnischen Ausstellung. In: Die Gartenlaube, Illustriertes Familienblatt. Leipzig Jg. 1892, S. 619–622.
Petrus Peregrinus: Epistola de magnete (Handschrift 1269). Deutsche Übersetzung in: Balmer, 1956, S. 261–271.
Priestley, Joseph: The History and Present State of Electricity, London 1767. Deutsche Übersetzung d. 2. Aufl. 1769 von D. Johann Georg Krünitz, Berlin und Stralsund 1772. (Reprint der deutschen Übersetzung Hannover 1983).
Prinz, Hans: 200 Jahre Experimentierkunst mit Reibungselektrizität. In: Bull. SEV 55 (1964), S. 2–21.
Protokolle der Deutschen Bundesversammlung vom Jahre 1841 ff. Frankfurt a. M. 1841 ff.
Riedler, Alois: Emil Rathenau und das Werden der Großwirtschaft. Berlin 1916.
Ritchie, William: Experimental Researches in Electro-Magnetism and Magneto-Electricity. In: Phil. Trans. Part II, 1833, S. 313–321.
Ritter, Johann Wilhelm: Die Begründung der Elektrochemie und Entdeckung der ultravioletten Strahlen. Eine Auswahl aus den Schriften des romantischen Physikers. Ausgewählt und kommentiert von Armin Hermann. Frankfurt a. M. 1968. (Ostwald's Klassiker der exakten Wissenschaften, Neue Folge, Bd. 2).
Rödl, Ernst u. a.: Der gebändigte Blitz, illustrierte Geschichte der elektrischen Entdeckungen und Erfindungen. Oldenburg u. Hamburg 1972.
Roller, Duane H. D.: The De magnete of William Gilbert. Amsterdam 1959.
Roller, Duane u. Duane H. D. Roller: The Development of the Concept of Electric Charge. In: Harvard Case Histories in Experimental Science, Vol. 2, S. 543–639. Cambridge, Mass. 1966.
Rotschuh, K. B.: Von der Idee bis zum Nachweis der tierischen Elektrizität. In: Sudhoffs Archiv 44 (1960), S. 25–44.
Rotth, August: Die Entwicklung der Starkstromtechnik in ihren Hauptzügen. Berlin 1922.
Royal Society of London: Catalogue of Scientific Papers 1800–1900. Cambridge 1914.
Sattelberg, Kurt: Vom Elektron zur Elektronik. Berlin 1971. (2. Aufl. Aarau 1982).
Schallenberg, Richard H.: The Electric Battery, 1800–1900, Diss. Yale Univ. 1973.
Schallenberg, Richard H.: Bottled Energy: Electrical Engineering and the Evolution of Chemical Energy. Philadelphia 1982.
Schimank, Hans: Geschichte der Elektrisiermaschine bis zum Beginn des 19. Jahrhunderts. In: Zeitschrift für technische Physik 16 (1935), S. 245–254.
Schimank, Hans: Die Entdeckung der elektromagnetischen Induktion. In: BGTI 21 (1931), S. 1–24.
Schivelbusch, Wolfgang: Lichtblicke. Zur Geschichte der künstlichen Helligkeit im 19. Jahrhundert. München, Wien 1983.
Schongs, W. W.: Uitvindingen door Nederlanders in de vroege begintijd van de elektrotechniek. In: Polytechnisch Tijdschrift, Elektrotechniek, Elektronica 32 (1977), S. 362–368.
Schreier, Wolfgang: Zur Herausbildung der Elektrotechnik. In: NTM 14 (1977), Nr. 2, S. 73–83.
Schüler, L.: Die Geschichte des Transformators. In: GEE 1. Bd., Berlin 1928. S. 1–39.
Schütt, Hans Werner: Zur Geschichte der Elektrolyse. In: Chemie-Ing. Techn. 43 (1971), Nr. 1, A125–A127.
Schütz, Wilhelm: Michael Faraday. Leipzig 1968.
Schulthess, Rudolph: Ueber Electromagnetismus, nebst Angabe einer neuen durch electromagnetische Kräfte bewegten Maschine: Drey Vorlesungen. Zürich 1835.

Schultz, Adolf W.: Der Elektromotor im Dienste des Handwerks und Kleingewerbes. Köln 1909.
Schulz, W.: Entwicklung der elektrischen Heizung im 19. Jahrhundert. In: BGTI 21 (1931/32), S. 12–24.
Schulz-Hansen, Klaus: Die Stellung der Elektroindustrie im Industrialisierungsprozeß. Berlin 1970.
Schuster, P.: Der Elektromotor in der Werkstätte des Handwerkers und in der Landwirtschaft. Reutlingen 1909.
Sequenz, Heinrich: 100 Jahre Elektrotechnik in Österreich, 1873–1973. (Schriftenreihe der TH Wien, Bd. 3). Wien 1973.
Sequenz, Heinrich: Die erste elektrische Kraftübertragung bei der Wiener Internationalen Ausstellung im Jahre 1873. In: Elektrotech. u. Masch.-Bau, 84 (1967), Nr. 9, S. 377–9.
Seyffer, Otto Ernst Julius: Geschichtliche Darstellung des Galvanismus. Stuttgart, Tübingen 1848.
Siemens, Georg: Der Weg der Elektrotechnik – Geschichte des Hauses Siemens. Freiburg 1961.
Siemens, Werner v.: Lebenserinnerungen. Berlin 1892 (17. Aufl. 1966).
Siemens, Werner v.: Wissenschaftliche und technische Arbeiten. Berlin. 2. Aufl. Bd. I: Wissenschaftliche Abhandlungen und Vorträge 1889, Bd. II: Technische Arbeiten 1891.
Stratingh, S. u. C. Becker: Über die elektromagnetische Triebkraft und deren Anwendung auf einen elektromagnetischen Wagen. In: DPJ 61 (1836), S. 247–254.
Stumpner, W.: Zur Geschichte des Elektrizitätszählers. In: GEE Bd. 1, Berlin 1928, S. 78–98.
Sydenham, P. H.: Measuring instruments: tools of knowledge and control. London 1979.
Teichmann, Jürgen: Zur Entwicklung von Grundbegriffen der Elektrizitätslehre, insbesondere des elektrischen Stromes bis 1820. Hildesheim 1974.
Teichmann, Jürgen: 150 Jahre Ohmsches Gesetz – 1826 bis 1976. In: ETZ-A, 97 (1976), H. 10. S. 594–600.
Teichmann, Jürgen: Zur Entdeckungsgeschichte des Ohmschen Gesetzes, 1775–1826. In: ETZ-A, 98 (1977), H. 1, S. 96–99.
Teuteberg, Hans J.: Anfänge kommunaler Stromversorgung – dargestellt am Beispiel Hamburgs. In: Wissenschaft, Wirtschaft und Technik. Hg. v. Karl-Heinz Manegold. München 1969. S. 363–378.
Thomälen, Adolf: Zur Geschichte der Dynamomaschine. Die Entwicklung des Dynamobaues bei der Firma Siemens & Halske (1866–1879). In: BGTI, 7 (1917), S. 134–168.
Uppenborn, F.: Geschichte der Transformatoren. München, Leipzig 1888.
Uppenborn, F.: Der gegenwärtige Stand der Elektrotechnik und ihre Bedeutung für das Wirthschaftsleben. In: Volkswirthschaftliche Zeitfragen H. 108, Jg. 14, H. 4, Berlin 1892.
Urbanitzky, Alfred von: Die elektrischen Beleuchtungsanlagen. Wien, Pest, Leipzig 1883.
Urbanitzky, Alfred von: Das elektrische Licht und die hierzu angewandten Lampen, Kohlen und Beleuchtungsanlagen. Wien, Pest, Leipzig 1883.
Urbanitzky, Alfred von: Die Elektrizität im Dienste der Menschheit. Wien, Pest, Leipzig 1895.
Vajda, P.: Wechselstrom oder Gleichstrom. In: NTM 9 (1972), Nr. 1, S. 49–55.
Vögtle, Fritz: Thomas Alva Edison. Reinbek 1982. (= Rowohlts Monographien Bd. 305).
Voigt, Heinrich: Nachdenkliches und Heiteres aus den ersten Jahrzehnten der Elektrotechnik. Leipzig 1925.
Voigt, Johannes H. (Hg.): Festschrift zum 150jährigen Bestehen der Universität Stuttgart. Stuttgart 1979.
Volta, Alessandro: Briefe über thierische Elektricität (1792), auf Deutsch hg. v. A. J. v. Oettingen, Leipzig 1900 (= Ostwald's Klassiker, Nr. 114).
Volta, Alessandro: Untersuchungen über den Galvanismus (1796–1800), auf Deutsch hg. v. A. J. v. Oettingen, Leipzig 1900 (= Ostwald's Klassiker, Nr. 118).
Vorsselmann de Heer P. O. C.: Ueber den Elektromagnetismus als bewegende Kraft. In: APC 47 (1839), S. 76–100.
Wagner, Johann Philipp: siehe Protokolle der Deutschen Bundesversammlung; Briefe im Fürstlich Fürstenbergischen Archiv, Donaueschingen.
Wagner, Johann Philipp: Ueber Elektromagnetismus als Triebkraft. In: DPI 80 (1841), S. 372–377.
Weber, Josef v. (Hg.): Der Galvanismus. Eine Zeitschrift. Landshut 1802.
Weiher, Sigfrid von: Berlins Weg zur Elektropolis. Berlin 1974.
Weiher, Sigfrid von und Herbert Goetzeler: Weg und Wirken der Siemens-Werke im Fortschritt der Elektrotechnik 1847–1980. Berlin und München 1981.

Wheatstone, Charles: Ueber die Verstärkung der Kraft eines Magneten durch die Reaction der von ihm selbst erzeugten inducirten Ströme. In: DPJ 184 (1867), S. 15–22.
Wilke, Arthur: Der Elektrotechnische Beruf. 3. Aufl., Leipzig 1902.
Wilke, Arthur: Die Elektrizität. 4. Aufl., Leipzig 1899.
Williams, Pearce L.: Michael Faraday. London 1965.
Wißner, Adolf: Entwicklungslinien der Starkstromtechnik. In: TG 33 (1966), S. 388–401.
Das Zeitalter der Elektrizität. 75 Jahre Vereinigung Deutscher Elektrizitätswerke. Frankfurt a. M. 1967.
Zenneck, J.: Georg Simon Ohm. Berlin 1939. (= DMAB 11 [1939], H. 3),
Züllig, Sergio: Luigi Galvani 1732–1789. Der Entdecker der Bioelektrizität. (Diss. Basel 1969), o. O., o. J. (richtig: 1737–1798!)
Die Zweite Industrielle Revolution. Frankfurt und die Elektrizität 1800–1914. Bearbeitet v. Jürgen Steen. Frankfurt a. M. 1981.

Personen- und Sachregister

Bildquellen

1 Holzschnitt aus M. Cortés: Breve compendio de la sphera y de la arte de navegar, con nuevos instrumentos y reglas exemplificado con muy subtiles demonstationes ... Sevilla 1556 (Drucker A. Alvarez). Hier aus: Neudrucke von Schriften und Karten über Meteorologie und Erdmagnetismus (Hg. G. Hellmann), No. 10 – Rara magnetica. Berlin 1898

2 Holzschnitt aus P. Grasser: Petri Peregrini Maricurtensis De magnete, seu rota perpetui motus, libellus (das Manuskript des P. P. Peregrinus stammt aus dem Jahre 1269). Augsburg 1558. Hier aus: Neudrucke von Schriften und Karten über Meteorologie und Erdmagnetismus (Hg. G. Hellmann), No. 10 – Rara magnetica. Berlin 1898

3 Titelkupferstich aus W. Gilbert: Tractatus sive physiologia nova de magnete, magneticisque corporibus et magno magnete tellure ... (Hg. W. Lochman). Stettin 1628 (Drucker Gölzle)

4 Foto (nach einem Stich) aus der Portraits-Sammlung des Deutschen Museums München

5 Textseite (Ausschnitt) mit Holzschnitt aus W. Gilbert: De magnete, magneticisque corporibus, et de magno magnete tellure; Physiologia nova, plurimis & argumentis, & experimentis demonstrata. London 1600 (Drucker P. Short). S. 49

6 Kupferstich aus O. v. Guericke: Experimenta nova (ut vocantur) Magdeburgica de vacuo spatio ... Amsterdam 1672 (Drucker J. Janssonius á Waesberge). Taf. 18 (Fig. 5 und 6). S. 148

7 Kupferstich aus Fr. Hauksbee: Physico-Mechanical experiments on various subjects containing an account of several surprizing phaenomena touching light and electricity ... London 1719 (Drukker J. Senex, W. Taylor). Taf. 7

8 Kupferstich aus J. G. Doppelmayr: Neu-entdeckte Phaenomena von bewunderns-würdigen Würckungen der Natur, welche bey der fast allen Cörpern zukommenden Electrischen Krafft, und dem dabey in der Finstern mehrentheils erscheinenden Liecht ... Herr Hauksbee u. Herr Gray in Londen und ... Monsieur du Fay in Paris durch viele Experimenta ... mitgetheilet, ... in einem Systemate vorstellig gemacht ... Nürnberg 1744 (Drucker J. J. Fleischmann). Taf. 2, Fig. 5

9 Kupferstich von B. de Bakker nach Zeichnung von W. Hendriks aus M. van Marum: Beschryving eener ongemeen groote Electrizeer-Machine, geplaatst in Teyler's Museum to Haarlem, en van de proefneemingen met dezelve in't werk gesteld ..., Bd. 1. Haarlem 1785. Nach S. 32

10 Kupferstich aus J. H. Winkler: Die Stärke der electrischen Kraft des Wassers in gläsernen Gefäßen, welche durch den Musschenbrökischen Versuch bekannt geworden ... Leipzig 1746. Taf. 8

11 Kupferstich von C. G. Nestler aus B. Franklin: Sämmtliche Werke, Bd. 1. Dresden 1780. Aus der Portraits-Sammlung des Deutschen Museums München

12 Stahlstich aus L. Figuier: Les merveilles de la science, ou description populaire des inventions modernes, Bd. 1. Paris 1867. Abb. 267, S. 521

13 Stahlstich aus: Trattato sul modo di preservare le abitazioni dal fulmine e le campagne dalla grandine del sig. Lapostolle. Milano 1821

14 Kupferstich von A. Marchi nach Zeichnung von F. Spagnoli aus der Portraits-Sammlung des Deutschen Museums München

15 Kupferstich aus A. Galvani: Abhandlungen über die Kräfte der thierischen Elektrizität auf die Bewegung der Muskeln ... (Übersetzung des Werkes, das 1791 in Bologna unter dem Titel «De viribus electricitatis in motu musculari commentarius» erschienen ist – Übersetzer J. Mayer). Prag 1793. Taf. 4

16 Stahlstich von L. Rados nach Zeichnung von R. Foccosi – 1828. Aus der Portraits-Sammlung des Deutschen Museums München

17 Kupferstich von Basire zum Brief von A. Volta an J. Banks (26. 6. 1800), veröffentlicht in: Philosophical transactions of the Royal Society of London. London 1800. Taf. 17 (nach S. 430)

18 Stahlstich von P. Lasinio nach Zeichnung von Cianfanelli aus G. Rosini: Descrizione della Tribuna inalzata da S.A.I.E.R. il granduca Leopoldo II di Toscana alla memoria del Galileo. Florenz 1841. Letzte Tafel

19 Kupferstich aus J. J. A. Sprenger: An-

wendungsart der Galvani-Voltaischen Metall-Electrizität zur Abhelfung der Taubheit und Harthörigkeit. In: Annalen der Physik, Bd. 11 (Hg. L. W. Gilbert). Halle 1802. Nr. 17, Taf. 4 (nach S. 374)

20 Ölgemälde von N. W. Marstrand (Nationalhistoriski Museum Frederiksborg, Hillerød, Dänemark). Foto aus der Portraits-Sammlung des Deutschen Museums München

21 Kupferstich aus: Journal für Chemie und Physik ..., Bd. 31 (Hg. I. S. C. Schweigger u. Meinecke). Nürnberg 1821. Taf. 1, Fig. 10

22 Kupferstich von J. B. Taylor nach Zeichnung von C. Varley aus: Transactions of the Society of arts, manufactures & commers, Bd. 43, London 1825. Taf. 3, Fig. 13, 14

23 Foto von Heintz, Erlangen – um 1845. Aus der Portraits-Sammlung des Deutschen Museums München

24 Kupferstich aus G. S. Ohm: Bestimmung des Gesetzes, nach welchem Metalle die Contaktelektrizität leiten, nebst einem Entwurfe zu einer Theorie des Volta'schen Apparates und des Schweigger'schen Multiplicators. In: Journal für Chemie und Physik ..., Bd. 46 (Hg. I. S. C. Schweigger u. Fr. W. Schweigger-Seidel). Halle 1826. Taf. 3, Fig. 1

25 Ölgemälde – 1850 Museum of the History of Science Oxford. Foto aus der Portraits-Sammlung des Deutschen Museums München

26 Kupferstich aus M. Faraday: On some new electro-magnetical motions, and on the theory of magnetism. In: The Quarterly Journal of science, literature, and the arts, Bd. 12. 1822. Tafel 7

27 Kupferstiche von J. Basire aus M. Faraday: Experimental researches in electricity. In: Philosophical transactions of the Royal Society of London. London 1832. Taf. 3, Fig 1(a), 2(b), 4(c), 7(d)

28 Kupferstich aus H. Davy: The Bakerian lecture for 1809. On some new electrochemical research, on various objects, particularly the metallic bodies, from the alkalies, and earths, and on some combinations of hydrogene. In: Philosophical transactions of the Royal Society of London. London 1810. Taf. 2 (nach S. 74), Fig. 6

29 Kupferstich von J. Basire nach Zeichnung von L. Martin aus dem Brief von Fr. Daniell an M. Faraday (6. 4. 1836), veröffentlicht in: Philosophical Transactions of the Royal Society of London. London 1836. Taf. 9, Fig. 1–3

30 Stahlstich aus: La lumière electrique. Journal universel d'électricité. Revue scientifique illustrée (Hg. Th. Du Moncel), Bd. 10. Paris 1880. S. 302

31 Stahlstich aus Th. Du Moncel: Exposé des applications de l'électricité, Bd. 3. Paris 1856–62. Taf. 4, Fig. 4

32 Stahlstich aus Ch. T. Jackson: Notice of the revolving electric magnet of Mr. Pixii of Paris. In: The American Journal of Science and Arts, Jg. 24. New York, New Haven 1833. S. 146

33 Kupferstich von J. Basire aus W. Ritchie: Experimental researches in electro-magnetism and magneto-electricity. In: Philosophical transactions of the Royal Society of London. London 1833. Taf. 7 (bei S. 316), Fig. 3

34 Stahlstiche aus E. M. Clarke: A description of a magnetic electrical machine. In: Annals of Electricity, magnetism and chemistry, Bd. 1. London 1836/37. Fig. 1, 2, 3, 5, 6, 7, 10, 11

35 Foto der elektromagnetischen Maschine zum Galvanisieren (gebaut 1844 von J. S. Woolrich). City of Birmingham Museums and Art Gallery-Department of Science and Industry

36 Kupferstiche aus: English patents of inventions specifications, Bd. 39. London 1857. Patentnummer 2628 (Magnetoelectric machines von Fr. Hale Holmes), Fig. 1 u. 2

37 Foto aus E. Allard: Phares et balises. In: Les travaux public de la France (Hg. L. Reynaud), Bd. 5. Paris 1883. Taf. 48

38 Kupferstich aus P. Barlow: A curious electro-magnetic experiment. In: The London, Edinburgh and Dublin philosophical magazine and journal of science, Bd. 59. London 1822. Taf. 4, Fig. 4 (links) Stahlstich aus P. Barlow: An essay on magnetic attractions. London 1824. Fig. 21 (rechts)

39 Stahlstich aus J. Henry: On a reciprocating motion produced by magnetic attraction and repulsion. In: The American journal of science and arts, Bd. 20. New York 1831. S. 342

40 Kupferstich von Marlire aus Sal. dal Negro: Nuova machina élettro-magnetica ... In: Annali delle scienze del regno Lombardo-Veneto. Opera periodica di alcuni collaboratori (Hg. A. Fusinieri). Padua, Vicenza 1834. März Nr., Taf. 4, Fig. 4

41 Stahlstich aus: Scientific memoirs, Bd. 1 (Hg. R. Taylor). London 1837. Tafel 7

42 Kupferstich von J. Basire aus W. Ritchie: Experimental researches in elec-

tro-magnetism and magneto-electricity. In: Philosophical transactions of the Royal society of London, 1833. Taf. 7, Fig. 2 (bei S. 316)

43 Lithografie von R. Hoffmann nach einer Fotografie von L. Levitzky – 1856. Aus der Portraits-Sammlung des Deutschen Museums

44 Stahlstich aus M. H. Jacobi: Mémoire sur l'application de l'électro-magnétisme ou mouvement des machines. Potsdam 1835. Fig. 1

45 Stahlstich aus L. Figuier: Les merveilles de la science ou description populaire des inventions modernes, Bd. 2. Paris 1868. Abb. 238, S. 389

46 Stahlstich aus S. Stratingh und C. Bekker: Über die elektro-magnetische Triebkraft und deren Anwendung auf einem elektro-magnetischen Wagen. In: Allgemeenen Konsten Letter-Bode. Haarlem 1835. Hier aus der deutschen Übersetzung in: Polytechnisches Journal. Bd. 61 (Hg. J. G. Dingler). Stuttgart 1836. Taf. 4, Fig. 83, 84, 85

47 Kupferstich aus: English patents of inventions specifications, Bd. 155 (old series). London 1839. Patentnummer 8255 (Electro-Magnetic Machine von W. Taylor). Fig. 1 (Abb. links)
Stahlstich aus: Mechanics' Magazine, Museum, Register, Journal. and Gazette, Bd. 32. London 1840. Nr. 874, Titelseite (Abb. rechts)

48 Poster der Ausstellung elektro-magnetischer Maschinen von R. Davidson (um 1844) aus B. Bowers: A history of electric light & power. In der Reihe: History of technology, Series 3 (Hg. B. Bowers). London, P. Peregrinus Ltd mit Science Museum London 1982. Abb. 4.7, S. 51

49 Kupferstich aus M. H. Jacobi: Die Galvanoplastik, oder das Verfahren cohärentes Kupfer in Platten oder nach sonst gegebenen Formen, unmittelbar aus Kupferauflösungen, auf galvanischem Wege zu produciren. St. Petersburg 1840. Fig. 21, 22, 23, 26, 27

50 Stahlstich aus L. Figuier: Les merveilles de la science ou description populaire des inventions modernes, Bd. 2. Paris 1868. Abb. 223, S. 364

51 Foto – 1860. Siemens Museum München

52 Foto – um 1870. Siemens Museum München

53 Stahlstich aus A. Wilke: Die Elektrizität, ihre Erzeugung und ihre Anwendung in Industrie und Gewerbe. Leipzig 1899. Abb. 52, 53, 54, S. 53

54 Aufbau und Querschnitt der ersten elektrodynamischen Maschine von W. v. Siemens. Zeichnung: Siemens Museum München. Original der Maschine aus den Sammlungen des Deutschen Museums; Fachgebiet: Elektrische Energietechnik; Bereich: Gleichstromtechnik. Foto: Deutsches Museum München, Bildstelle

55 Stahlstich aus A. Pacinotti: Descrizione di una macchinetta elettro-magnetica. In: Il nuovo cimento, giornale di fisica, di chimica e delle loro applicazioni alla medicina, alla farmacia ..., Bd. 19, Pisa 1863

56 Foto von P. Petit – um 1895. Aus der Portraits-Sammlung des Deutschen Museums München

57 Stahlstich aus E. Zetzsche: Zur Geschichte der Magnetoinductions-Maschine mit ununterbrochenem Strom von unveränderlicher Richtung. In: Dingler's Polytechnisches Journal, Bd. 216, Augsburg 1875, Taf. 10, Fig. 32.

58 Stahlstich aus E. Zetzsche: Die Magneto-Inductions-Maschine von Siemens & Halske (System v. Hefner-Altenneck). In: Dingler's Polytechnisches Journal, Bd. 217. Augsburg 1875. Taf. 5, Fig. 5

59 Stahlstich aus: Große dynamoelektrische Maschine für Rein-Metall-Gewinnung im hüttenmännischen Betriebe. Von Siemens & Halske. In: Elektrotechnische Zeitschrift, Jg. 2 (Hg. K. E. Zetzsche). Berlin 1881. Hf. 2, S. 55

60 Stahlstich aus: Revue industrielle, Jg. 7 (Hrsg. H. Fontaine und A. Buquet). Paris 1876. Hf. 18, Taf. 12, Fig. 2 u. 3 (nach S. 184)

61 Stahlstiche aus: La lumière électrique. Journal universel d'électricité (Hg. Th. Du Moncel), Bd. 4. Paris 1881. Nr. 31, Abb. 1 u. 2, S. 68

62 Stahlstich aus: La lumière électrique. Journal universel d'électricité (Hg. Th. Du Moncel), Bd. 4. Paris 1881. Nr. 31, Abb. 3, S. 69

63 Stahlstiche aus: Neue Apparate für elektrisches Licht. In: Journal für Gasbeleuchtung und verwandte Beleuchtungsarten sowie für Wasserversorgung, Jg. 21 (Hg. N. H. Schilling u. H. Bunte). München 1878. Hf. 18, Abb. 8 u. 9, S. 569

64 Stahlstiche aus: La lumière électrique. Journal universel d'électricité (Hrsg. Th. Du Moncel), Bd. 2. Paris 1880. Nr. 12, Abb. 2, S. 229 (Maschinenraum des Hippodroms) und Nr. 15, S. 304 (Hippodrome)

65 Stahlstich aus: La lumière électrique.

Journal universel d'électricité (Hg. Th. Du Moncel), Bd. 1. Paris 1879. Nr. 11, S. 203

66 Stahlstich aus: La lumière électrique. Journal universel d'électricité (Hg. Th. Du Moncel), Bd. 1. Paris 1879. Nr. 11, S. 203

67 Foto – um 1878. Aus der Portraits-Sammlung des Deutschen Museums München

68 Stahlstiche aus F. Uppenborn: Verzeichnisse der bis 1879 incl. veröffentlichten Constructionen elektrischer Lampen. In: Zeitschrift für angewandte Elektricitätslehre ..., Bd. 2. München und Leipzig 1880. Hf. 4, Abb. 18, S. 102 (links) und Abb. 19, S. 103 (rechts)

69 Stahlstich aus: La lumière électrique. Journal universel d'électricité (Hg. Th. du Moncel), Bd. 4. Paris 1881. Nr. 41, Abb. 2, S. 227

70 Zeichnungen aus A. Fürst: Das elektrische Licht. Von den Anfängen bis zur Gegenwart. Nebst einer Geschichte der Beleuchtung. München 1926. Abb. 54, S. 99 (oben links); Abb. 58, S. 103 (oben Mitte); Abb. 57, S. 102 (oben rechts); Abb. 59, S. 104 (unten)

71 Stahlstich aus: Scientific American, Bd. 47. New York 1899, Nr. 9, S. 121

72 Stahlstiche aus G. B. Prescott: Dynamo-electricity: its generation, application, transmission, storage and measurement. New York 1884. Abb. 141, S. 267 (Glühbirne von J. W. Swan – links); Abb. 137, S. 256 (Grubenlampe von J. W. Swan – rechts)

73 Foto – um 1891. Aus der Portraits-Sammlung des Deutschen Museums München

74 Stahlstich aus: La lumière électrique. Journal universel d'électricité (Hg. Th. du Moncel), Bd. 14. Paris 1884, S. 339

75 Zeichnungen aus O. v. Miller: Ueber die verschiedenen Systeme der Stromvertheilung zur Beleuchtung und Kraftübertragung in den Städten, mit anschliessenden Erläuterungen seitens der Aussteller. In: Elektrotechnische Zeitschrift (Centralblatt für Elektrotechnik), Jg. 12. Berlin u. München 1891. Hf. 46, Abb. 4–7, S. 614

76 Stahlstich aus A. v. Urbanitzky: Die elektrische Beleuchtung und ihre Anwendung in der Praxis. Mit besonderer Berücksichtigung der Ergebnisse der internationalen elektrischen Ausstellung in Paris im Jahre 1881. In der Buchreihe: A. Hartleben's Chemisch-Technische Bibliothek, Bd. 95, Wien, Pest, Leipzig 1882. Abb. 81, S. 187

77 Zeichnung aus: Catalog für die Internationale Elektricitäts-Ausstellung verbunden mit elektro-technischen Versuchen im K. Glaspalaste zu München. München 1882

78 Plan aus: Catalog für die internationale Elektricitäts-Ausstellung verbunden mit elektro-technischen Versuchen im K. Glaspalaste zu München. München 1882

79 Stahlstiche aus E. Kittler: Handbuch der Elektrotechnik, Bd. 1. Stuttgart 1892. Abb. 461, S. 619 (a, b, c); Abb. 463, S. 627 (d–h); Abb. 464, S. 632 (i); Abb. 465, S. 636 (j); Abb. 466 (k, l, m)

80 Tabelle aus: Programm der Großherzogl. hessischen technischen Hochschule zu Darmstadt für das Studienjahr 1884/85 (vollständiger Studienplan der «Elektrotechnischen Schule»). Aus: Elektrotechnische Zeitschrift, Jg. 5 (Hg. E. Zetzsche u. A. Slaby). Berlin 1884. Hf. 8, S. 345/346

81 Textspalten aus «Chronik» in: Elektrotechnische Zeitschrift (Centralblatt für Elektrotechnik), Jg. 11. Berlin u. München 1890. Hf. 22, S. 315/316 (Ausschnitt)

82 Stromverteilungssystem mit Ringtransformator von M. Déri, O. T. Bláthy und C. Zipernowsky – 1885. Zeichnungen aus F. Uppenborn: Geschichte der Transformatoren. München u. Leipzig 1888. Abb. 23, S. 38 (oben). Original des Ringtransformators aus den Sammlungen des Deutschen Museums; Fachgebiet: Elektrische Energietechnik; Bereich: Wechsel- und Drehstromtechnik. Foto: Deutsches Museum München, Bildstelle

83 Holzstich aus: Frankfurter Kleine Presse (24. 9. 1891). Hier aus: Die Zweite Industrielle Revolution. Frankfurt und die Elektrizität. Bilder und Materialien zur Ausstellung im Historischen Museum. Frankfurt am Main 1981. S. 217

84 Stahlstich aus S. P. Thompson: Dynamo-electric machinery. A manual for students of electrotechnics. London 1892. Abb. 455, S. 705 und nach Abb. 456, S. 706

85 Stahlstiche aus M. v. Dolivo-Dobrowolsky: Kraftübertragung mittels Wechselströmen von verschiedener Phase (Drehstrom). In: Elektrotechnische Zeitschrift (Centralblatt für Elektrotechnik), Jg. 12. Berlin u. München 1891. Hf. 12, Abb. 4–7, S. 151

86 Stahlstiche aus A. Wilke: Die Elektrizi-

tät, ihre Erzeugung und ihre Anwendung in Industrie und Gewerbe. Leipzig 1899. Abb. 457, S. 366 (oben) und Abb. 458–461, S. 367 (unten)

87 Erster Drehstrommotor mit Kurzschlußläufer von M. v. Dolivo-Dobrowolsky – 1889. Aus den Sammlungen des Deutschen Museums; Fachgebiet: Elektrische Energietechnik; Bereich: Wechsel- und Drehstromtechnik. Foto Deutsches Museum München, Bildstelle.
Stahlstiche aus M. Dolivo-Dobrowolsky: Aus der Geschichte des Drehstromes. In: Elektrotechnische Zeitschrift (Zentralblatt für Elektrotechnik), Jg. 38 (Hg. E. C. Zehme, F. Meißner, K. Perlewitz). Berlin 1917. Hf. 26, Abb. 8, S. 355

88 Stahlstiche aus A. Wilke: Die Elektrizität, ihre Erzeugung und ihre Anwendung in der Industrie und Gewerbe. Leipzig 1899. Abb. 481, 482, S. 376

89 Dreiphasen-Wechselstrommaschine. Stahlstich aus: Allgemeiner Bericht über die Internationale elektrotechnische Ausstellung in Frankfurt am Main 1891. Frankfurt a. M. 1893. Abb. 271, S. 382 (unten). Stahlstich (Konstruktionszeichnung) aus A. Wilke: Die Elektrizität, ihre Erzeugung und ihre Anwendung in Industrie und Gewerbe. Leipzig 1899. Abb. 484, S. 378

90 Foto – 1891. Deutsches Museum München, Bildstelle

91 Fotos aus A. Fürst: Das elektrische Licht. Von den Anfängen bis zur Gegenwart. Nebst einer Geschichte der Beleuchtung. München 1926. Abb. 108, S. 169

92 Foto – 1891. Siemens Museum München. Stahlstich aus: Katalog der Erzeugnisse der Firmen Siemens & Halske und Siemens Schuckertwerke im Deutschen Museum München. Berlin 1906. Nr. 160, S. 113 (kleines Bild)

93 Zeichnung aus G. Dettmar: Die Statistik der Elektrizitätswerke in Deutschland nach dem Stande vom 1. April 1913. In: Elektrotechnische Zeitschrift (Centralblatt für Elektrotechnik), Jg. 34 (Hg. E. C. Zehme, F. Meißner). Berlin 1913. Hf. 51, Abb. 2, S. 1449

94 Zeichnung aus G. Dettmar: Die Statistik der Elektrizitätswerke in Deutschland nach dem Stande vom 1. April 1913. In: Elektrotechnische Zeitschrift (Centralblatt für Elektrotechnik), Jg. 34 (Hg. E. C. Zehme, F. Meißner). Berlin 1913. Hf. 51, Abb. 1, S. 1448

95 Foto des Haushaltungsmotors mit Haushaltungsmaschinen (AEG, um 1910) aus G. Dettmar: Elektrizität im Hause. In ihrer Anwendung und Wirtschaftlichkeit dargestellt. Berlin 1911. Abb. 128, S. 123

96 Foto (um 1910) aus G. Dettmar: Elektrizität im Hause. In ihrer Anwendung und Wirtschaftlichkeit dargestellt. Berlin 1911. Abb. 31, S. 48

97 Fotos aus: Elektrotechnische Zeitschrift (Centralblatt für Elektrotechnik), Jg. 14 (Hg. F. Uppenborn). Berlin u. München 1893. Hf. 10, Abb. 5 u. 6, S. 143

98 Kupferstich aus: Allgemeiner Bericht über die Internationale elektrotechnische Ausstellung in Frankfurt am Main 1891. Frankfurt a. M. 1893. Abb. 407, S. 505

99 Foto (um 1910) aus G. Dettmar: Elektrizität im Hause. In ihrer Anwendung und Wirtschaftlichkeit dargestellt. Berlin 1911. Abb. 182, S. 160

100 Foto (um 1917) aus Th. Schwartze: Licht und Kraft. Grundlagen und Anwendungen der Elektrizität (14. Auflage – neubearbeitet von E. Welter). Leipzig 1922. Abb. 415, S. 371

101 Zeichnung aus G. Boll: Entstehung und Entwicklung des Verbundbetriebs in der deutschen Elektrizitätswirtschaft bis zum europäischen Verbund. Ein Rückblick zum 20jährigen Bestehen der Deutschen Verbundgesellschaft e. V. – DVG Heidelberg. Frankfurt a. M., Verlags- und Wirtschaftsgesellschaft der Elektrizitätswerke m.b.H. VWEW 1969. Abb. 25, S. 68

102 Zeichnungen nach O. v. Miller: Gutachten über die Reichselektrizitätsversorgung. Berlin 1930. Plan 21

103 Plan des 1. Obergeschosses des Deutschen Museums München mit den Fachgebieten Physik und Nachrichtentechnik. Zeichnung des Graphischen Ateliers des Deutschen Museums

104 Raumplan des Fachgebietes Physik, Bereich Elektrizität und Magnetismus. Zeichnung des Graphischen Ateliers des Deutschen Museums München

105 Experimentiertisch nach Angaben von A. M. Ampère von dem Pariser Ingenieur H. Pixii gebaut – 1824. Aus den Sammlungen des Deutschen Museums; Fachgebiet: Physik; Bereich: Elektrizität und Magnetismus. Foto: Deutsches Museum München, Bildstelle

106 Plan des Erdgeschosses des Deutschen Museums München mit dem Fachgebiet Elektrische Energietechnik. Zeichnung des Graphischen Ateliers des Deutschen Museums

107 Raumplan des Fachgebietes Elektrische Energietechnik. Zeichnung des Graphischen Ateliers des Deutschen Museums München

108 Foto aus den Sammlungen des Deutschen Museums München, Fachgebiet Elektrische Energietechnik. Foto Deutsches Museum München, Bildstelle

Tabellen

1 Nach B. S. Finn: Output of eighteenth-century electrostatic machines. In: British journal for the history of science, Bd. 5. London 1971. Nr. 19, S. 290

2 Nach W. J. King: The development of electrical technology in the 19th century, Part 3 (The early arc light and generator). In: United States National Museum Bulletin, Nr. 228. Washington 1962. S. 364–367

3 Nach: Zeitschrift für angewandte Elektricitätslehre mit besonderer Berücksichtigung der Telegraphie, des elektrischen Beleuchtungswesens, der Galvanoplastik und verwandter Zweige, Jg. 2, Bd. 2 (Hg. Ph. Carl). München u. Leipzig 1880. Nr. 4, S. 108–112

4 Nach Bemerkungen über den gegenwärtigen Stand der Beleuchtung. München 1885. Nach: Centralblatt für Elektricitätslehre (Hg. F. Uppenborn jun.), Jg. 7. München und Leipzig 1885. Nr. 25, S. 513–519

5 Nach P. Czada: Die Berliner Elektroindustrie in der Weimarer Zeit. In der Reihe: Einzelveröffentlichungen der Historischen Kommission zu Berlin, bei Friedrich-Meinecke Institut der FU Berlin, Bd. 4. Berlin 1969. Taf. 6

6 Nach P. Czada: Die Berliner Elektroindustrie in der Weimarer Zeit. In der Reihe: Einzelveröffentlichungen der Historischen Kommission zu Berlin, bei Friedrich-Meinecke Institut der FU Berlin, Bd. 4. Berlin 1969. Taf. 4

7 Nach P. Czada: Die Berliner Elektroindustrie in der Weimarer Zeit. In der Reihe: Einzelveröffentlichungen der Historischen Kommission zu Berlin, bei Friedrich-Meinecke Institut der FU Berlin, Bd. 4. Taf. 36

8 Nach H. Büggeln: Die Entwicklung der öffentlichen Elektrizitätswirtschaft in Deutschland. Stuttgart 1930. Und nach Statistiken in der Elektrotechnischen Zeitschrift

9 Nach G. Siegel: Die Statistik der Vereinigung der Elektrizitätswerke für das Jahr 1912 bzw. 1912/13. In: Elektrotechnische Zeitschrift (Centralblatt für Elektrotechnik), Jg. 35 (Hg. E. C. Zehme u. E. Meißner). Berlin 1914. Hf. 26, S. 736ff